植物免疫与植物疫苗

——研究与实践

邱德文　主编

科学出版社

北京

内 容 简 介

本书从植物与激发子物质或微生物互作角度系统介绍了植物疫苗在植物免疫诱导中的作用机理和应用实践。本书共分15章，主要论述了生化类激发子，如病毒衣壳蛋白、蛋白类激发子、壳寡糖、脱落酸和聚γ-谷氨酸等，以及具有诱导免疫功能的微生物，如木霉、枯草芽孢杆菌、病毒弱毒株系等研究与应用的现状及发展趋势。

本书适合从事植物诱导免疫、生物制药、分子植物病理学、分子生物学、化学生物学等领域研究和教学工作的教师、研究生及科研人员参考。

图书在版编目(CIP)数据

植物免疫与植物疫苗：研究与实践/邱德文主编.—北京：科学出版社，2008

(现代生物技术前沿)

ISBN 978-7-03-021271-9

Ⅰ.植… Ⅱ.邱… Ⅲ.①植物学：免疫学②植物-疫苗 Ⅳ.S423.2 R979.9

中国版本图书馆CIP数据核字(2008)第030306号

责任编辑：王海光/责任校对：张小霞

责任印制：吴兆东/封面设计：陈 敬

科学出版社出版

北京东黄城根北街16号

邮政编码：100717

http://www.sciencep.com

北京华宇信诺印刷有限公司印刷

科学出版社发行 各地新华书店经销

*

2008年4月第 一 版 开本：B5(720×1000)

2025年3月第五次印刷 印张：13 1/2

字数：258 000

定价：80.00 元

(如有印装质量问题，我社负责调换)

编委会名单

主　编　邱德文

副主编　赫伟时

编　委　谢联辉　杨怀文　焦　阳
邱德文　杨秀芬　曾洪梅
杜昱光　陈　捷　谭　红
王　琦　王振中　刘　波
陈守文　陈功友　齐放军
袁京京　唐宏琨　李　唐

主要编著者名单

（按章节先后顺序排列）

邱德文　中国农业科学院植物保护研究所，北京 100081

杨秀芬　中国农业科学院植物保护研究所，北京 100081

曾洪梅　中国农业科学院植物保护研究所，北京 100081

谢联辉　福建农林大学植物病毒研究所，福州 350002

陈启建　福建农林大学植物病毒研究所，福州 350002

杜昱光　中国科学院大连化学物理研究所，大连 116023

赵小明　中国科学院大连化学物理研究所，大连 116023

陈　捷　上海交通大学农业与生物学院，上海 200240

谭　红　中国科学院成都生物研究所，成都 610041

王　琦　中国农业大学农学与生物技术学院，北京 100094

牛　犇　中国农业大学农学与生物技术学院，北京 100094

刘　波　福建省农业科学院生物技术研究所，福州 350013

蓝江林　福建省农业科学院生物技术研究所，福州 350013

陈守文　华中农业大学农业微生物学国家重点实验室，武汉 430070

谢国生　华中农业大学植物科学技术学院，武汉 430070

王振中　华南农业大学植物病理生理学研究室，广州 510642

李云锋　华南农业大学植物病理生理学研究室，广州 510642

陈功友　南京农业大学植物保护学院，南京 210000

齐放军　中国农业科学院植物保护研究所，北京 100094

张文蔚　中国农业科学院植物保护研究所，北京 100094

袁京京　中国农业科学院植物保护研究所，北京 100081

前　言

长期探索和大量研究的结果证明，植物中同样存在与动物免疫系统相似的可诱导的抗性系统。植物免疫诱导抗性的研究在国内外已有近百年的历史，科学家们发现了很多对植物具有诱导抗性的功能物质并应用到植物病害的治理实践中。随着科学技术的发展，诱导抗性如果只停留在研究水平上，是不能适应现代农业发展需要的，为了能将此领域的研究成果为农业生产应用与实践服务，我们在植物免疫诱导抗性理论和实践的基础上，拓展了植物疫苗的概念。

现代植物免疫系统可分为两类：一类是通过跨膜的模式识别受体（pattern recognition receptor，PRR），该模式与微生物或病原菌相关分子模式（MAMP 或 PAMP）的识别在进化上相当稳定，并具有系统性，MAMP 的核心分子一般不会改变，这种免疫系统也称为先天免疫或基础免疫；另一类属于胞内的 R 基因主导的识别模式，即无毒基因与 R 基因编码产物 NB-LRR 互作的识别。根据识别的作用特点，植物疫苗主导的免疫反应主要属于第一种免疫系统。考虑到植物免疫系统与哺乳动物的免疫系统的差异，植物疫苗应该对植物诱导抗性形成具有较高的贡献率（至少在 65%以上）。植物疫苗的概念对诱导抗性提出了新的要求，需要利用新的研究手段和新工艺开展植物疫苗的开发，以适应现代农业发展的需求。

研究和利用植物疫苗防治植物病害，是我国现代农业研究中的一个新的重要课题。在植物未受到病原菌侵染前进行疫苗接种，使植物获得免疫抗性，减少或减轻病害的发生，这样可以从根本上减少农药使用量，从源头上减少农药对环境和农产品的污染。深入开展植物疫苗的研究对中国农业可持续发展具有重要的理论和实践意义。

本书系统地介绍了植物免疫诱导抗性的现状与发展趋势（第一章）；在植物免疫诱导抗性理论和实践的基础上，拓展了植物疫苗的概念（第二章）；总结了植物病毒病疫苗的研究成果与理论（第三章）；介绍了激活蛋白的最新研究进展，分析了微生物蛋白激发子作为植物病害疫苗调节植物新陈代谢，激活植物的免疫系统和生长系统的实践与应用前景（第四章）；介绍了壳寡糖诱导植物产生抗病性相关酶系，提高植物抗病能力，抑制根腐病菌、黑星病菌等病原菌的作用机理及分析技术（第五章）；探讨了木霉菌及其功能蛋白诱导免疫的作用机理和研究技术（第六章）；介绍了脱落酸诱导植物免疫抗性机理和脱落酸研究现状与应用实践及存在的问题，并指出了今后的发展方向（第八章）；介绍了有关弱毒株系诱导植物免疫抗性的原理与实践技术（第九章）；推出和分析了一种新的聚 γ-谷氨酸疫苗的生物功能与实践应用（第十章）；本书还对激发了的发现、概念发展以及激发子的分类等进行了阐述（第十一章）；对激发子诱导植物的抗性机理、植物-病原物互作分子免疫的理论基础、植物对激发子的识别和激发子的应用前景进行了全面的分析(第十二章);从分子生物学方面分析了病原菌效应子对植物免疫抗性激活及抑制的分子机理(第十三章);分析指出了植物疫苗在我国实践的可行性与前景展望(第十四章);此外,本书最后还介绍了上述这些研究形成的初试产品所进行的田间示范应用,以及部分已经获得农药临时登记的植物疫苗制剂(第十五章)。随着植物免疫诱导抗病机理和植物疫苗研究的不断深入,将会开发出更多、效果更高的植物疫苗为现代农业生产服务。

本书所有参编作者均是国内本研究领域的知名专家、教授,相关章节的内容凝聚了作者多年的研究成果和丰富的实践经验。为了拓展读者范围,照顾到不同读者的兴趣及要求,本书各章作者在介绍最新研究成果的基础上,增加了研究背景知识的介绍。植物疫苗是新的研究领域,发展迅速,因此本书内容难免存在某些不足,希望读者提出宝贵建议,我们将诚恳改进。希望通过本书交流促进我国植物疫苗研究领域的广泛协作,共同推进植物疫苗研究的快速发展,为中国农业可持续发展做出应有的贡献。

邱德文

2008年2月

目　录

第一章　植物免疫的理论与实践

20世纪初，免疫学尚是一门实践科学，到20世纪末，免疫学已经发展成为在分子水平研究生命活动机理的综合科学。免疫学的应用，为人类征服疾病做出了巨大贡献，由于广泛使用了能抵御重大疾病的疫苗，使人类重大传染性疾病如天花、鼠疫、霍乱、结核、黄热病、登革热和脊髓灰质炎等在全球范围内得到了彻底控制和消灭（陈慰峰，2004）。20世纪，诺贝尔生理学与医学奖已有15次授予杰出的免疫学家，居该奖项的生命科学及医学领域获奖次数之首，有力证明了免疫学对人类做出的巨大贡献。免疫系统成为人类研究最多，研究手段和方法最为完善的体系，免疫方法成为应用最广、最有效的防治疾病和诊断疾病的重要手段。

一、植物免疫的概念

免疫学对人类和动物的重大疾病诊断和治疗做出了巨大的贡献，自然界有关动物和人类疾病的免疫也早就为人所知，长期以来人们一直在探索和研究植物中是否也存在与动物相类似的免疫系统，这也是植物病理学工作者长期面临的一个重要课题。近年来，随着科学研究的发展，国内外科学工作者从不同角度，不同研究领域，用不同的研究手段获得了越来越多的实验结果，证明了植物存在免疫抗性，这种免疫抗性可被自然界中的多种诱抗因子或诱导子诱导或激活。

植物在长期的进化中，不但逐步获得了适应不良环境的能力，而且还形成了抵抗病原菌侵入的各种机制。100多年前，人们就观察到对植物接种致病菌、非致病性生理小种以及一些病菌的代谢产物可使植物产生对一些相关病害的免疫作用。自20世纪50年代以来，人们陆续发现真菌、细菌、病毒可诱导烟草、蚕豆、豇豆等多种植物产生抵抗病菌的能力。1933年，Kuc提出了“植物免疫”这一专有名词，即植物在外界因子的诱导下，能抵抗一部分病害，从而使自己免遭病害或减轻病害。能使植物产生免疫效果的诱导因子很多，Yarwood、Cruikshank、Mandryk和Müller等分别发现真菌能诱导植物对其病害产生免疫（Cruickshank，1963）。60年代初，Ross发现以病毒为诱导因子可使烟草、蚕豆、豇豆产生抵抗病毒侵染的能力（Ross，1966）。进一步研究发现，除病毒、真菌外，细菌也可作为周围免疫的诱导因子，由此可见，自然界存在许多可作为诱导植物产生免疫作用的生物或微生物代谢产物。

2002年的*Nature*杂志中报道了植物本身存在有效的保护机制、可帮助植物抵抗细菌及霉菌的侵染。美国马萨诸塞州总医院分子生物部 Jen Sheen 博士也发现了能使植物对致病菌产生抗性的途径（Jen Sheen，2002）。2006 年美国科学家在 *Nature* 上提出了植物免疫系统的概念（Jonathan et al.,2006）。2007 年德国科学家在 *Science* 杂志发表文章指出：自然界中的植物具有特殊的可以识别细菌、病毒和霉菌等微生物入侵的免疫传感器（Shen，2007）。2007 年，美国康奈尔大学植物研究所的 Klessig 研究确定了植物免疫响应过程中的一个关键信号——水杨酸甲酯（methyl salicylate）（Sang，2007）。研究已明确植物的这种免疫系统由两级免疫传感器组成，第一级是植物细胞表面可以针对不同微生物的入侵，促使植物细胞分泌出具有抵抗功能的调节蛋白；第二级是植物细胞内本身就存在的特殊抗体蛋白，可以与植物细胞的分泌物一起抵御病原微生物的入侵。

二、植物免疫的诱导因子及作用机理

植物在生长过程中受到各种病原菌的侵染，发生不同程度的各种病害，但是植物并没有因此而灭绝，这一现象说明植物与动物一样也具有免疫功能，并且植物在长期的演化过程中，形成了许多抵抗病原生物侵袭的能力和特性，其中包括植物自身的免疫抗性和由外界因子诱导或激发子诱导的免疫抗性。

（一）植物自身免疫的物质基础及理化作用

植物在长期的进化过程中，为适应自然界环境的变化和抵抗病原微生物的入侵形成了多种自身免疫的功能物质。植物的自身免疫抗性可分为物理免疫和化学免疫。物理免疫主要指叶面等部位形成的角质层、蜡质层，受伤组织周围形成的木栓组织，植物组织的高度木质化，组织分泌的各种树浆和树脂等防御病原微生物的入侵能力；化学免疫主要是指植物本身形成的次生物质对某些病原物的杀灭或抑制作用。目前已知的次生物质种类多达两万多种，主要是含氮化合物、类帖和酚类物质等。

细胞壁是植物抵御外来入侵的第一道有效屏障，当病原物侵染时，植物在组织上形成物理或化学屏障。如叶表面等部位的角质层、蜡质层，此外有些植物组织在微生物侵染部位迅速产生木质素，高度木质化。木质素是酚类化合物的聚合物，酚类化合物的前体对真菌、细菌是有毒的，因此，木质素是一种重要的抗菌物质，可以防止病原菌产生的毒素进入植物体内。诱导因子导致木质素在细胞壁沉积而构成致密、不易穿透的屏障，阻止病菌的繁殖，从而保护细胞免受侵害。此外，木质素可在多糖分子和蛋白质分子的外面包上一层膜，这样植物组织不致被病原菌水解。有些植物茎的表皮和果实的果皮细胞壁中还含有鞣酸、硅酸盐和碳酸钙等无机化合物，这些坚固的屏障可以阻止病菌孢子的侵入。

植物体内的酶系统，除了完成调节植物正常生理活动的使命外，还担负着防御病菌侵入的任务。病菌一旦进入植物的某一组织后，这个部位的氧化酶就异常活跃，呼吸作用加强，从而氧化分解病菌产生的毒素，起到“消毒”的作用。植物呼吸作用的加快，还可抑制病菌水解酶的作用，使其不能分解利用植物的有机物而死亡。此外，植物旺盛的呼吸作用，还能促进植物伤口部位形成木栓层，加快伤口的愈合，将健康组织与受害部位隔离开来，阻止病菌的进一步蔓延。诱导剂除了引起植物富含羟脯氨酸糖蛋白（HRGP）的变化，导致木质素在细胞壁沉积，使植物形成物理防御机制外，还能导致内源水杨酸（SA）的累积，形成氧化激增，植物局部程序性细胞死亡而产生过敏反应（hypersensitive reaction，HR）。

有些次生物质可在植物健康状态即非诱导条件下产生，参与植物正常的生理代谢，如吲哚乙酸、赤霉素作为植物激素直接参与生命活动的调节；叶绿素、类胡萝卜素参与光合作用；木质素是细胞次生壁的重要组成成分。而多数次生物质包括小分子质量的酚类、醌类、萜类化合物等和高分子质量的单宁、抗菌蛋白和抗菌肽、溶菌酶、蛋白酶抑制剂等对维持生命有机体的基本生命过程无直接关系，并非生命活动所必需的，它们是预先生成的抑菌物质，当植物受感染时参与植物的免疫作用（彭有良等，2006）。

植物还能采取一些有效的“战术”与病菌做斗争。其一是分泌抗菌物质，直接杀灭病菌。一些花卉植物叶片细胞能产生类似人体干扰素的物质，这种植物干扰素能有效阻止花卉花叶病毒的繁殖；其二是植物在受到病菌侵袭时会产生“过敏反应”。过敏反应是植物抗病（病毒病、细菌病、真菌病）的基本反应，局部枯斑的产生可以抑制病原菌在其体内扩展，并诱导植物的主动防卫机制，如氧爆发（oxidative burst）、植保素和抗菌物质的产生、防卫基因的启动以及病程相关蛋白（pathogenesis-related protein，PRP）的合成，植物最终表现出局部获得抗性（local acquired resistance，LAR）和系统获得抗性（systemic acquired resistance，SAR）。普遍认为过敏反应不仅是一种抗病反应，也是一种诱导植物系统抗性的途径。

（二）诱导或激发子诱导的植物免疫及作用原理

激发子（elicitor）能诱导植物产生抗性，有些生物激发子是无毒基因的产物，因此是专化性的，大部分激发子是非专化性的。诱导或激发植物免疫抗性的物质称为诱导子或激发子。目前发现的诱导或激发因子主要有病毒衣壳蛋白、寡核苷酸、小分子多肽、脱落酸、寡糖和激活蛋白等，当这些诱导子或激发子与植物接触后，有的通过叶表进入植物体内，如病毒衣壳蛋白、脱落酸等，有的则通过细胞表面的膜蛋白如激活蛋白、过敏蛋白，有的通过气孔或水孔如寡糖等而作用于植物组织，这些物质通过信号转导诱导植物产生乙烯、水杨酸、吲哚乙酸、茉莉酸、植保素和病程相关蛋白等，提高植物抵御病原菌的能力。

1968年，Cruickshank和Perrin首次从丛梗孢属（*Monilinia fructicola*）菌丝中得到一种多肽诱导物——Monilicolin A，它能诱导一种植保素——菜豆素在豆荚中积累，并且仅在 10^{-9} mol/L的低浓度诱导非寄主菜豆产生菜豆素（Cruickshank et al.,1968）。目前研究比较深入的例子是从一种能引起大豆根和茎腐烂的大雄疫霉大豆专化型真菌（*Phytophthora megasperma* f. sp. *glycianea*）菌丝细胞壁分离得到的中性多聚糖诱导物。通过部分酸水解、凝胶过滤和高压液相层析，确定了具有诱导活性的最小分子是一个由七个β-葡糖苷组成的多聚体，并且其间的糖苷键必须按一定的顺序排列才有活性。研究证明，从大雄疫霉碱水解得到的糖蛋白也具有诱导物的活性。此外，从引起番茄枝孢叶霉病的黄枝孢霉（*Cladosporium fulvnm*）中分离的半乳糖苷露聚糖的多肽能诱导番茄叶片和果实产生植保素；从刺盘孢属（*Colletotrchum*）真菌的培养滤液中都可得到多聚糖诱导物，除含有葡糖残基外，还含有鼠李糖、半乳糖苷、甘露糖苷残基以及蛋白质，这一诱导物能引起蚕豆积累植保素和褐色化。

植保素是能抑制微生物生长的小分子化合物，主要是一些酚类和萜类物质。植保素种类繁多，例如在豆科植物中发现了120种植保素，其中84种为异苋酮的衍生物。马铃薯、番茄、辣椒等茄科植物中已发现43种，其中34种是萜类衍生物。植保素在健康植物中是不存在的，是植物在外界因子的诱导下产生的，此外植物产生的抗菌物质还有绿原酸、咖啡酸、奎尼酸等。

诱导或激发因子对植物所产生的抗病信号经内源信号转导物质水杨酸（SA）、茉莉酸（JA）、乙烯（Et）和一氧化氮（NO）可转导到整个植株，经过一系列抗病相关基因的调控和表达引起寄主防御酶系如苯丙氨酸解氨酶（PAL）、β-1,3-葡聚糖酶（β-1,3-glucanase）、几丁质酶（chitinase）、过氧化物酶（POX）等以及抗病物质如木质素与植保素等的变化及病程相关蛋白的调控与表达，以此来抵抗病原菌的侵入和发展，减轻和防止病害的发生。上述这些植物免疫抗性大多是由外在的诱导或激发因子诱导和激发产生的，人们利用植物这一诱导免疫抗性，将诱导或激发因子开发成诱抗剂或免疫剂，并针对其功能用于植物病害的防治。

（三）活体微生物诱导的植物免疫抗性及作用机理

活体微生物主要指真菌、细菌和病毒等，其中包括病原菌和非病原菌，病原菌中主要是无毒或弱致病力的菌株。一般来说，植物免疫的诱导因素来源于病原微生物的直接感染，如植保素是在诱导条件下产生的，致病和非致病的菌株都能诱导植保素的形成。具有诱导植物产生免疫抗性的细菌包括死体和活体病原细菌或非病原细菌及细菌的不同成分，如细菌 *hrp* 基因产物可诱导非寄主植物产生过敏性，进而获得系统抗性。在美国，枯草芽孢杆菌被用于控制黄瓜和番茄上的瓜果腐霉和烟草疫霉（*Phytophthora nicotianae*），它不仅对病害有防治作用，也能促进作物的生长（Grosch et al.,1999）。植物促生根际菌（plant growth-promoting rhizobacteria，PGPR）增产菌可诱导植物对一些叶部病害的抗性。例如 PGPR 生防菌 *Pseudomonas fluorescens* 菌株 Wes417r 在番茄根部的定殖可以使植株的抗生活性提高，减轻对土传病菌 *Fusarium axysporum* f. sp. *raphani* 引起的枯萎症状以及 *Pseudomonas syringae* pv. *tomato* 引起的叶部症状（Van peer，1991）。目前，发现具有这种作用的细菌有农杆菌（*Agrobacterium paspali*）、自生固氮菌（*Azotobacter putida*）、矮小芽孢杆菌（*Bacillus pumilus*）、枯草芽孢杆菌（*B. subtilis*）、荧光假单孢菌（*Pseudomonas fluorescence*）、臭味假单孢菌（*P. putida*）、黏质雷氏菌（*Serratia marcescens* ）和链霉菌（*Streptomyces* sp.）等。我国也发现了能防治镰刀菌的枯草芽孢菌，中国农业大学陈延熙等发现枯草芽孢杆菌能诱导多种农作物对多种植物病害的抗性。

此外，真菌不同结构有机组分中一些不饱和脂肪酸和氧化脂肪酸也可诱导系统获得抗性，如花生四烯酸、亚麻酸、亚油酸和油酸可系统诱导番茄对 *Phytophthora infestans* 的抗性，Cohen 等（1991）认为花生四烯酸天然存在于晚疫病菌的孢子中，侵染后释放到植物组织中，可能具有激发孢子的作用。

普遍认为，活体微生物附着在植物根部的表皮和皮层外部，在土壤及根部周围产生黄草次甙的物质，从而诱导作物抗性。此外，还能在作物感病部位引起木质素积累，使病菌不能在细胞外生长，抑制病斑扩展。诱导植物产生过氧化酶（POD）、多酚氧化酶（PPO）、壳聚糖酶、β-1,3-葡聚糖酶等各种与防卫代谢相关的酶，从而降低病菌活性，抑制病菌的生长也是诱导抗病机制之一。

根据基因对基因假说，病原菌与寄主植物的关系分亲和与不亲和两种类型，即病原菌具有毒基因和无毒基因，寄主植物具有感病基因和抗性基因，只有当携带无毒基因的病原菌感染携带抗性基因的寄主植物时，才会诱导植物产生抗性，否则就会导致植物被感染致病。病原无毒基因直接或间接编码信号分子（激发子），被植物抗病基因所识别，而编码病原信号分子的受体，两者互作激活与抗病有关的信号转导级联网络，最终使植物表达一系列的防卫反应。目前已经研究发现，虽然植物种类不同，所拮抗的病原生物类型也不一样，但植物抗病基因产物的序列结构有许多共同特征，如许多植物抗病基因编码的蛋白均有 C 端的富亮氨酸重复序列（LRR）和 N 端的核苷酸结合位点（NBS）等。在植物与病原生物的互作中，这些蛋白可作为受体识别有病原生物无毒基因编码的激发子，从而激发一系列防卫反应，使植物表现出抗病性。另外，科学家推测还有可能通过病原生物与寄主植物发生基因亲和或植物通过修饰甚至“丢弃”亲和基因的作用受体而实现抗性。在植物的抗病基因识别病原生物的无毒基因过程中，信号转导是如何进行的，目前尚不清楚，编码蛋白的结构和功能及其在细胞中的定位以及植物抗病基因与相关基因的关系等诸多问题也有待进一步研究。

（四）非生物因子诱导的植物免疫抗性及机理

非生物诱导因子包括物理诱导和化学诱导。物理诱导中包括机械损伤、紫外光、加热和触摸等均能诱导植物产生抗性；化学诱导因子及其代谢产物在离体或活体条件下无直接杀菌活性，可通过调节植物-病原物间的互作而产生非亲和性互作。目前研究比较多的有水杨酸（SA）、二氯异烟酸（DCINA）及其酰胺（1NA）。水杨酸是植物系统获得抗性所必需的内源信号分子，在介导 SAR 的信号转导中起着十分重要的作用。水杨酸结合蛋白（SABP）与 SA 结合能抑制过氧化氢酶的活性，使植物细胞中过氧化氢水平升高，促使 SAR 的产生。水杨酸可诱导多种植物产生抗性，但由于外源使用水杨酸时，在植物体内迅速转化成以β-葡萄糖基存在的形式，因此不能被植物有效利用。二氯异烟酸及其酰胺在离体条件下有微弱抗菌活性，在田间和温室条件下均能起到保护黄瓜、水稻等作物抗真菌和细菌性病害的作用。Kogel（1994）用二氯异烟酸处理大麦感病品种，诱导了对 *Erysiphe graminis* f. sp. *hordei* 的系统抗性，并发现系统获得抗性的表达与 PR 蛋白、POD、几丁酶的积累存在相关性。此外，1996 年新发现的苯并噻重氮（benzothiadiazol，BTH）具有诱导剂的功能，其结构与水杨酸和酰胺有相似之处，可诱导许多植物的广谱系统获得抗性，目前已商品化生产，商品名为 BION，在大田试验中取得良好的诱导效果（Hammerschmidt et al.，2001；Oostendorp et al.，2001）。研究发现使用 BTH 后，植物中的过氧化物酶（POD）、多酚氧化酶（PPO）、苯丙氨酸解氨酶（PAL）、几丁质酶、β-1,3-葡聚糖酶等均受到影响。此外，同一种诱导剂对不同植物的作用机理也不尽相同，诱导植物免疫的抗性机理涉及非常复杂的网络传导过程中多种相关酶和相关物质的变化，随着研究的不断深入，人们对机理的解释和对激发子的认识会越来越明确。

三、植物免疫的系统获得抗性

诱导子或激发子和活体微生物均能引起植物的系统获得抗性（SAR）或诱导系统抗性（ISR），使植物形成对病原菌和逆境因子的抗性反应。植物系统获得抗性是植物受到病原菌侵染后所激发的一种防卫反应，它是通过植物抗病基因（*R*）与病原微生物的无毒基因（*avr*）相互识别和相互作用来实现的。SAR 是一种植物主动防御机制，从发生过敏反应到植物系统获得抗性的产生，需要一系列信号的转导，SAR 信号途径也可由模拟自然信号的化学物质激活，这些激活剂的应用是发展绿色农药的新思路。

系统获得抗性在模式植物烟草中研究的较多，烟草茎部注射烟草霜霉菌

(*peronospora? tabacina*) 孢囊孢子，同时叶片接种烟草花叶病毒，可诱导烟草对病毒病的系统抗性。研究发现，这种抗性可通过注射过霜霉病菌的烟草叶片经组织培养传到新植株，但所结的种子以及由这种植株经组织培养所获植株的种子中没有这种抗性（Kuc，1982）。Ajlan 和 Potter（1992）报道，烟草花叶病毒诱导的烟草系统获得抗性对病原真菌、细菌和病毒均产生广谱抗性。Anfoka 和 Buchenauer（1997）用烟草坏死病毒预接种番茄和马铃薯，诱导了对 CMV 株系 Y 的系统抗性，从而延缓了病情发展，降低了病情指数。研究诱导系统获得抗性的生化机理发现，过氧化物酶（POD）活性明显增强，并且与诱导抗性呈正相关。

我国在植物系统获得抗性的研究中也取得了一些成绩。朱明华（1990）用 *Colletotrichutn lagennarium* 或 *Pseudomonas lachrymans* 诱导黄瓜产生抗性，并且发现处理后的第二片真叶上的 6-磷酸脱氢酶（G6PD）、PAL 酶、4-肉桂酸羧化酶（4CL）和 POD 酶活性升高，木质素含量提高 2 倍。用黄瓜炭疽病的弱毒系诱导黄瓜获得对该病菌和黄瓜霜霉菌的系统抗性（张元恩，1987）。烟草花叶病毒可诱导心叶烟、三生烟、珊西烟和蔓陀罗对烟草花叶病毒、烟草环斑病毒和 PVX 产生非特异性和广谱抗性（安德荣，1993）。

系统获得抗性（SAR）潜在的开发领域是对转基因作物响应的整体控制，SAR 过程会诱发产生防御蛋白，如 PR 蛋白，这类蛋白在抗病性转基因作物中早已有了基本表达。在拟南芥中已鉴别出几种具有 SAR 基本表达的突变体，表明这种表型会自然产生，但这种 SAR 基本表达对田间作物的影响尚不清楚。无论 SAR 在作物保护中是否具有直接的实用性，但了解 SAR 现象，特别是与其他植物防御响应之间的关系，对开发提高作物对病虫害抗性的基因策略是有价值的。

四、植物免疫与农业可持续发展

植物在为自然界提供巨大的物质财富、为人类及动物提供赖以生存的食物资源的同时，也饱受病原微生物及自然界各种灾害的侵袭，尽管植物在长期的进化过程中，在大自然和各种病虫害的选择压力下，形成了形式多样的防御系统，但是这种自然免疫及诱导抗性对植物的保护还不能保障日益增长的人口和牲畜对粮食资源的需要，为了提高作物产量，人们在农事操作、提高农作物产量和防治植物病害的生产过程中，通过使用化肥和化学农药保证了一段时期的生活需要，但长期大量使用化学农药造成的环境污染已经直接危害到人类的健康，成为全球普遍关注的问题。同时随着人类生活水平的提高，农业产业结构已由追求产量调整为开发精品农业。在农业生产中，减少或放弃使用化肥和化学农药，发展“有机农业”和“绿色食品”是人类的共同愿望和努力方向。

在科学研究和农作物生产实践中，人们发现了植物自然免疫抗性和诱导系统性获得抗性，随着科学研究的不断深入，生物诱导剂的优良性能越来越引起科学家的广泛关注，人们已开始探索研制诱导植物产生抗病性的生物诱导物质——生物诱抗剂或称之为植物疫苗。植物疫苗是利用生物诱导抗性的原理，通过提高植物免疫能力开发的一种新型生物农药，通过调节植物的新陈代谢，激活植物的免疫系统和生长系统，从而增强植物抗病和抗逆能力。研究开发高活性植物病害疫苗是我国现代农业研究领域的一个新的重要课题。人们利用诱导免疫抗性，可以针对植物病害的发生发展规律制定防治对策，提高植物病害的防治水平，减少化学农药的使用，从根本上减少农药对环境和农产品的污染。我国具有丰富的植物资源，深入研究植物的防御机理，除具有重要的学术价值外，还可利用植物的防御物质有效地开发生物诱导剂或植物疫苗，服务于农业可持续发展。

近年来，随着免疫商品制剂的出现，使诱导植物抗病性进入了实用化阶段。目前世界几家农化公司已经相继开发出了商品化的植物抗病诱导剂，如美国Eden Bioscienes公司的Messenger、Redox Chemicals公司的Oxycom、Morse公司的KeyPlex、瑞士先正达公司的Actigard、日本化药公司的NCI、韩国旭化学公司的Chitosan等在某些国家市场上已经开始销售。有效成分源于火疫病菌中的harpin蛋白植物抗病诱导剂Messenger，可用于防治柑橘、胡椒、番茄、黄瓜、草莓等白粉病。有效成分是某些有机酸和微肥的Oxycom和KeyPlex，用于防治柑橘和香蕉叶斑病。来源于虾蟹等生物外壳的Chitosan，用于处理小麦、水稻、大豆等种子，具有防病增产作用，还可用于蔬菜病害防治和果品保鲜。近年来有报道将植物抗病诱导剂Actigard与杀菌剂混用防治西瓜霜霉病，能够显著提高杀菌剂的效果，大大降低化学农药的使用量。

免疫农药具有许多优越性，对病原靶标没有直接杀死作用，主要是通过激发植物自身的免疫系统达到抗病、增产和改善品质的目的。因此植物疫苗农药对环境更安全，并且不会引起病原微生物的抗性，符合农业健康生产的要求，是发展优质高效农业和生产绿色食品的重要措施，具有广阔的应用前景。

我国植物疫苗农药即抗病诱导剂的研究虽然尚处于起步阶段，但已经取得了一些进展，如中国农业大学陈延熙等（1985；1990）利用枯草芽孢杆菌诱导多种农作物对多种植物病害的抗性；中国科学院大连化学物理研究所杜昱光等利用寡糖诱导多种植物对植物真菌病害的抗性（赵小明等，2006）；中国农业科学院植物保护研究所邱德文等用来源于细极链格孢菌的激活蛋白诱导多种植物对病毒病等多种植物病害的抗性（邱德文等，2005；张志刚等，2007；李丽等，2005），这些研究都已形成产品，并且已经开始在我国田间应用，取得了较好的抗病增产效果。随着人们对植物抗病机理和抗病诱导剂研究的不断深入，将开发出更多、效果更好的植物抗病诱导剂。中国已经把新世纪植保策略从有害生物综合治理转向有害生物可持续控制。植物疫苗即植物抗病诱导剂的出现，适应了这一需求，它们作用于植物，对人、畜、天敌生物无毒，对环境无污染，因此在未来可持续植物保护体系的地位将会不断提高，并将在实现中国农业可持续发展过程中发挥重要作用。

（邱德文　杨秀芬）

参考文献

安德荣，吴妹，慕小倩. 1993. 烟草花叶病毒系统诱发抗性的研究. 西北农业学报，2 (3)：94～96

陈慰峰. 2004. 医学免疫学. 第四版. 北京：人民卫生出版社

陈延熙. 1990. 增产菌的机理和植物生态工程. 中国微生态学杂志，(2)：57

陈延熙，陈璧，潘贞德等. 1985. 增产菌的应用与研究 . 中国生物防治，1 (2)：2～23

李丽，邱德文，刘峥等. 2005. 植物激活蛋白对番茄抗病性的诱导作用. 中国生物防治，21 (4)：265～268

骆桂芬. 1996. 东北霜霉菌对黄瓜霜霉病的免疫作用. 植物病理学报，2 (4)：359～364

理查德 N. 斯特兰奇. 2006. 植物病理学导论. 彭有良等译. 北京：化学工业出版社

邱德文，杨秀芬，刘峥等. 2005. 植物激活蛋白对烟草抗病促生和品质的影响. 中国烟草学报，11 (6)：33～36

张元恩. 1987. 植物诱导抗病性研究进展. 生物防治通报，3 (2)：88～90

张志刚，邱德文，杨秀芬等. 2007. 极细链格孢蛋白激发子诱导棉花抗病性及相关酶的变化. 中国生物防治，23 (3)：292～294

张宗申，彭新湘，姜子德等. 1998. 非生物诱抗剂草酸对黄瓜叶片中过氧化物酶的系统诱导作用. 植物病理学报，28 (1)：145～150

赵小明，杜昱光. 2006. 寡糖激发子及其诱导植物抗病性机理研究进展. 中国农业科技导报，8 (6)：26～32

朱明华. 1990. 黄瓜免疫植株中 G6PD、PAL、POD 活性和木质素含量的变化. 上海农业学报，6 (20)：21～26

Ajlan AM，Potter DA. 1992. Lack of effect of tobacco mosaic virus induced systemic acquired resistance on *Arthropod herbivores* in tobacco. Phytopathology，82：647～651

AnfokaG，Buchenauer H. 1997. Systemic acquired in tomato against *Phytophtora infestans* by pre-inoculation with tobacco necrosis virus. Phys Mol Plant Path，50：85～101

Cohen YG，Mosinger E. 1991. System resistance of potato plant against *Phytophthora infestans* induced by unnaturated fatty acid. Physil Mol Plant Path，38：255～268

Cruickshank IAM，Perrin DR. 1968. Isolation and partial characterization of monilicolin A，a polypeptide with phaseolin inducing activity from *Monolinia fructicola*. Life Science，7：449～468

Cruickshank IAM. 1963. Phytoalexins. Annu Rev Phytopathol，1：351～374

Grosch R, Junge H, Krebs B, et al. 1999. Use of *Bacillus subtilis*as a biocontrol agent. Ⅲ. Influence of *Bacillus subtilis* on fungal root diseases and on yield in soilless culture. Z Pflanzenkr Pflanzen- Schutz, 106: 568 ～580

Hammerschmidt, Metraux JR, Van Loon L. 2001. Inducing resisitance: a summary of papers presented at the First International Symposium on Induced Resisitance to Plant Disease. European Journal of Plant Pathology, 107: 1～6

Jen Sheen. 2002. Researchers discover mechanism of plant resistance to pathogens. Science Daily, 2: 28

Jonathan DG, Jones, Jeffery L, et al. 2006. The plant immune system. Nature, 444: 323～329

Kogel KH, Beckhove U, Dreschers J, et al. 1994. Acquired resistance in barley: the resistance mechanism induced by 2, 6-dichloroisonicotinic acid is a phenocopy of a genetically based mechanism governing race-specific powdery mildew resistance. Plant Physiol, 106: 1269～1277

Kuc J, Richmond S. 1977. Aspect of the protection of cucumber against *Collectotrichum* by *C. lagenarium*. Phytopathology, 67: 533～536

Kuc J, Schockley G. 1933. Protectionof cucumber against *Colletotrichum lagenarium* by *Colletotrichum lagenarium*. Plant Path, 7: 195～199

Kuc J. 1982. Induced immunity to plant disease. Bioscience, 32: 854～860

Oostendorp M, Kunz W, Dietrich B, et al. 2001. Induced disease resisitance in plants by chemicals. European Journal of Plant Pathology, 107: 19～28

Ross A. 1966. Systemic effects of local lesion formation. In: virus of plants. Beemster A, Dykstras, eds. North Holland: Amsterdam. 127～150

Sang WP, Evans K, Dhirendra K, et al. 2007. Methyl salicylate is a critical mobile signal for plant systemic acquired resistance. Science, 318 (5847): 113～116

Shen QH, Saijo Y, Mauch S, et al. 2007. Nuclear activity of MLA immune receptors links isolate-specific and basal disease-resistance responses. Science, 315 (5815): 1098～1103

Van Peer R, Niemann GJ, Schippers B. 1991. Induced resisitance and phytoalexin accumulation in biological control of *Fusarium* wilt of carnation by *pseudonas* sp. strain WCS417R. Phytopathology, 81: 728～734

第二章　植物疫苗的概念——从免疫诱导抗性到植物疫苗

一、人类免疫与人用疫苗

自 17 世纪微生物学家 Pasteur 偶然发现了鸡霍乱弧菌减毒株并把它制作成“疫苗”以来，疫苗作为预防传染性疾病的重要工具，不仅消灭了天花、麻疹等人类灾害性疾病，而且有效地控制和降低了众多传染性疾病的发生率。目前，人们已将疫苗作为抵抗微生物引起的一些重要疾病的有效武器。

不同的疫苗随着科学技术的发展而发展，随着人们对疫苗的认识与实践，根据不同疾病的特征与不同方法的选用，产生了多种疫苗。不同方式所生产的疫苗其功能与效果也不尽相同，让我们首先认识人类在不同阶段利用疫苗的特点，为研究植物疫苗提供借鉴的科学依据，以促进植物疫苗的发展。

人类目前所利用的疫苗主要种类有 10 种，即灭活死疫苗、减毒活疫苗、亚单位疫苗、基因工程亚单位疫苗、合成肽疫苗、基因工程活载体疫苗、基因工程缺失减毒苗、抗独特型抗体疫苗、基因疫苗和转基因植物疫苗（金璐娟等，2003）。

1. 死疫苗

采用加热或灭活等理化方法将病原微生物杀死，而后制成死疫苗。此疫苗安全，但由于部分抗原成分被破坏，导致免疫力降低。

2. 活疫苗

选用减毒或无毒力的活体微生物。当人或动物接种后，这些低毒或无毒的微生物在其体内生长繁殖，就好像发生了一次轻微的感染，使人或动物获得的免疫力持久而坚强。此疫苗由于选用的是活体微生物，一旦所接种的微生物发生突变或恢复毒力，就会存在发生疾病的风险，因此安全性较差。

3. 亚单位疫苗

此类疫苗是通过去除病原微生物中有害的部分和对激发人体免疫无用的部分，获得一种或几种主要抗原而制成的疫苗。此类疫苗只含有特异性的保护性抗原，不含其他无关成分，其毒性低，安全性好，接种后不引起过敏反应或其他副作用（刘晓等，2004）。流感病毒的血凝素疫苗属于此类疫苗。

4. 基因工程亚单位疫苗

将免疫原或抗原决定簇的编码基因导入细菌、酵母菌、昆虫细胞或能连续传代的哺乳动物细胞内，通过基因工程技术生产大量抗原，由此制备出只含免疫原的纯化疫苗（刘建杰等，2005）。此类疫苗不含致病因子的核酸成分，安全可靠，免疫原性稳定。

5. 合成肽疫苗

通过研究设计、合成或以基因工程技术制备出的类似天然抗原或小肽所研制而成的一类疫苗（许家喜，1997）。该多肽含有免疫优势决定簇，它进入机体能产生保护性免疫。所合成小肽分子小，免疫原性比完善蛋白或灭活病毒弱得多。当前已合成的多肽疫苗有乙型肝炎、流感、脊髓灰质炎等疫苗。

6. 基因工程活载体疫苗

选择免疫原的编码基因，插入到活的微生物载体，随着微生物在宿主体内的繁殖，基因得到表达（蔡云珠等，1999）。该疫苗兼具减毒活疫苗和死疫苗的优点，并能同时容纳几种病原微生物或一种病原微生物几个血清型的免疫原编码基因以及白细胞介素基因，制成多联或多价疫苗。但活载体疫苗一次免疫常常免疫期不长，而二次免疫因受到已建立的免疫应答排斥而导致无效。目前国外用痘苗病毒构建的重组疫苗有流感疫苗等。

7. 基因工程缺失疫苗

利用基因工程手段在 DNA 或 cDNA 水平上将与病原体毒力有关的基因缺失，但不明显影响其复制能力，不破坏其作为疫苗株的免疫性（钱建飞和钟声，1999）。此种疫苗毒力弱，不会返祖，安全性好。

8. 抗独特型抗体疫苗

对于目前尚不能培养及培养很困难、产量很低的病原体，所采用的是抗独特型抗体替代抗原作为免疫原，此类疫苗以抗体作为免疫原，没有直接采用病原体制备疫苗的危险性（宋文冲，2002），选用此类疫苗的有仙台病毒、呼肠弧病毒3型、委内瑞拉脑炎病、肺炎链球菌、结核杆菌、大肠杆菌 K-B、单核细胞增多性李氏杆菌等。

9. 基因疫苗

将编码抗原的 DNA 克隆到细菌表达载体上，再将重组质粒 DNA 注射到动物体内，通过载体表达产生的抗原，激活机体的免疫系统，引起免疫应答（周宗安和王延茹，2003）。此类疫苗又称 DNA 疫苗或核酸疫苗。存在的主要问题是可能导致宿主细胞发生恶性转化。此类疫苗有流感和结核等疫苗。

10. 转基因植物疫苗

通过转基因方法将外源保护性抗原基因导入可食用植物基因中，外源抗原便可在植物中有效表达和积累，动物食用后就可以达到免疫接种的目的（刘宇和袁进，2007）。常用的转基因植物有香蕉、马铃薯、番茄等。该类疫苗的最大优点是可大规模生产，无病原污染的机会；可直接食用获得免疫，无副作用。目前的转基因植物疫苗有大肠杆菌 *LT-B* 基因等。

这些疫苗的研制和生产为保障人类的生存及身体健康起到了极其重要的作用，在人类与天花、麻疹、肺结核、鼠疫、霍乱、流感、乙肝及脊髓灰质炎等重要疾病的斗争中做出了重要贡献，正因为如此，疫苗作为人类与疾病抗争的有效手段，现在已被广泛认同并不断发展与完善。

二、动物免疫与动物疫苗

随着动物禽流感、口蹄疫、疯牛病等重大动物疫病在全世界的频繁爆发，猪链球菌、禽流感的跨种间感染和 SARS 等动物源性人类新发病的接连出现，不仅使全球畜产经济遭受巨大损失，而且引发了一系列严重的公共安全问题，使动物疫病防控成为全世界关注的问题。科学家们借鉴疫苗在防控人类重大疾病中的原理和技术，将人用疫苗科学所取得的成就和知识应用到对动物重大疾病的防控中，成功研制出了诸多的动物疫苗，如利用基因工程亚单位疫苗方法制备获得仔猪大肠杆菌基因工程亚单位疫苗；选用合成肽疫苗技术获得了口蹄疫疫苗；采用基因工程活载体疫苗法制备获得了狂犬病、鸡新城疫、鸡传染性支气管炎等疫苗；通过抗独特型抗体疫苗法选育成功获得了狂犬病病毒、鸡新城疫病毒疫苗；运用基因疫苗技术获得了猪瘟、牛疱疹病毒、牛病毒性腹泻和狂犬病疫苗。

我国科学家在利用转基因植物生产动物疫苗方面也取得了较大进展，获得了狂犬病病毒糖蛋白基因疫苗和口蹄疫病毒 VP1 基因疫苗；利用基因工程缺失疫苗技术成功研制出了猪伪狂犬病胸腺核苷激酶基因缺失疫苗（TK 和 gp3）（郭万柱，1999）。目前，猪伪狂犬病毒、禽痘病毒和火鸡疱疹病毒分别作为猪用和禽用的活载体得到了广泛应用，并取得了显著的成就（方六荣等，2004）；以禽痘病毒为载体，表达新城疫病毒和 H5 亚型禽流感病毒免疫原性蛋白的重组活载体疫苗已在美国获得生产许可证。荷兰学者 Van Gennip 和 Peeters 等分别构建了猪瘟和新城疫的基因缺失疫苗（Widjojoatmodjo et al.，2000；Peeters et al.，2001），美国和澳大利亚学者构建了牛传染性鼻气管炎病毒（IBRV）TK 基因缺失苗等。

在动物疫苗的应用过程中以猪病和禽病最复杂。猪和禽饲养期内通常要免疫 5～9 种疫苗，免疫次数多的可达 20 余次，肉用猪在其半年多的生长期里，仅口蹄疫疫苗就至少需免疫 3 次。目前还有许多动物疫病的疫苗免疫保护力有限，只能保护临床不发病，而不能保护不感染，如口蹄疫、禽流感等。有些疫病至今还没有研制出有效的疫苗，如蓝耳病、猪圆环病毒病等，可见动物疫苗的研究还面临重大挑战。

三、植物免疫与植物疫苗

（一）植物免疫是研究植物疫苗的物质基础

人类和动物对疾病具有免疫能力这一生物特性，使人们发现了疫苗，疫苗在人类的生存与家畜的生产中起到了十分重要的作用。那么，植物是否也像人类和动物一样具有免疫能力？植物是否可以像人接种牛痘一样，通过疫苗制剂也能获得后天的免疫能力呢？长期以来，人们一直在探索和研究植物是否存在一种与动物免疫系统相类似的可诱导的抗性系统。

植物在自然界中经常会受到各种病菌的侵染而发病，但是植物并没有因此而灭绝，这种现象表明植物与动物一样也具有免疫功能。人们经过长期探索与大量的研究，证明了植物对于病、虫的入侵也存在与人类和动物一样的免疫反应。当植物受到植物病虫的侵入时，植物会通过释放植保素、乙烯、水杨酸和茉莉酸及多酚类物质来抵御外来入侵，这些植物的初始反应就如同人类和动物的免疫反应。大量研究表明，通过采用各种诱导因子或激发子接种于幼小植物，植物就能获得系统性免疫，抵抗各种病虫的入侵。

植物免疫是植物在长期进化过程中对周围环境和其他生物影响做出的防御反应之一，是生物之间协同进化的结果。植物免疫分为被动抗病性和主动抗病性两种途径。植物由于没有哺乳动物所具有的移动防卫细胞和适应性免疫反应，因此必须通过每个细胞的先天免疫以及从侵染点经过植物中特有的物质循环来传递信号进行免疫。这种先天免疫引起的抗病性称为被动抗病性（passive resistance）。植物直接暴露于空气中的细胞壁表面覆盖一层生物聚酯膜，以及在未受到病原侵染前植物细胞中就含有各种不同类型的特有化合物及高强度的胞壁抗性等特征就是被动抗病性的表现。而主动抗病性（active resistance）则是由于病原物侵染、诱导因子或激发子诱导所产生的植物抗性或寄主保卫反应，如病原物诱导的过敏反应、激发子诱导的乙烯、水杨酸和植保素所产生的抗性等。

在100多年前，人们就观察到当植物被接种致病菌、非致病小种以及一些病原菌的产物时，可产生对一些病害的免疫作用。对于植物免疫现象的有关研究工作始于20世纪50年代。Kuc（1955）提出了"植物免疫"这一概念，即在外界因子作用下，植物能产生诱导抗性，从而抵抗病原菌入侵，抑制病原微生物生长，使植物免遭病害或减轻病害。能使植物产生诱导抗性的诱导因子或激发子很多，早在20世纪50年代，Yarwood等（1954）就发现真菌能诱导植物产生免疫力。60年代初，Ross发现病毒可诱导烟草、蚕豆、豇豆抵抗病毒的侵染（Bozarth and Ross，1964；Davis and Ross，1968）。随后的研究进一步发现细菌也可作为植物免疫的诱导因子。目前所知的能诱导植物产生抗性的病毒、细菌、真菌的种类也逐渐增多。

Kuc等对植物免疫进行了大量研究：证明了葫芦科植物通过接种病菌能获得免疫能力；在黄瓜的子叶或第一片真叶接种瓜类刺盘孢可使植物获得系统性抗性；西瓜和甜瓜经局部病菌感染后可对真菌、细菌和病毒等病害产生系统性获得抗性。这些系统性获得抗性在温室和田间均获得了成功。此外，Kuc（1966）等还发现注射了霜霉病菌的烟草叶子经组织培养所产生的新植株也同样具有对霜霉病菌的系统性抗性。但这一免疫作用不能传到注射过霜霉病菌的植物所结的种子以及由这种植株经组织培养所获得的种子中。美国科学家约瑟夫·吉斯等对黄瓜幼苗接种炭疽病病菌，能诱导黄瓜抵抗病菌的侵染且免疫抗性可长达40天。

（二）植物疫苗的实践

当外界环境中的各种诱导因子、激发子或弱病原菌刺激植物后，能诱导或激发植物产生对病害的抗性，即植物存在诱导抗性，这种诱导抗性物质也就是植物疫苗的基础，从而促使人们研究和生产植物疫苗来防御植物病害的发生。

我国在植物疫苗领域的研究已取得了显著的成就。早在20世纪80年代，中国科学院微生物研究所田波研究员等在研究植物病毒病的诱导抗性中成功研制出黄瓜花叶病毒卫星RNA生防制剂，这一生防制剂可用于黄瓜花叶病毒（CMV）引起的多种栽培植物（例如青椒、番茄、烟草和瓜类）病毒病的防治。在此基础上植物疫苗的概念被正式提出（田波等，1985）。

近年来，利用植物免疫的原理通过免疫诱抗药物即植物疫苗来防治植物病害的研究已经取得了一大批成果，中国农业大学王琦研究小组研究的枯草芽孢杆菌菌株TL2通过改变茶树体内活性氧代谢相关酶系如SOD等的活性，调节茶树受轮斑病菌侵染后活性氧的代谢平衡，同时诱导茶树产生抗性酶系（如PAL和β-1,3-葡聚糖酶），以限制茶树轮斑病菌的扩展（洪永聪等，2006）。芽孢杆菌B6和木霉T23复合接种甜瓜，甜瓜植株内苯丙氨酸解氨酶、过氧化物酶、多酚氧化酶和β-1,3-葡聚糖酶的活性比单独接种有不同程度的增强，这种变化在接种甜瓜枯萎病菌之后更加明显（徐韶等，2005）。中国农业科学院植物保护研究所邱德文研究员等利用从极细链格孢菌中提取的激活蛋白喷施于黄瓜或烟草等植物上，可诱导黄瓜和烟草对病毒病的系统性抗性。福建农业科学院刘波研究员发现青枯病弱毒株系可诱导番茄植株对青枯病的抗性。中国科学院大连化学物理研究所杜昱光研究员等发现寡糖能诱导多种植物对真菌病害的系统性抗性。

中国农业大学经过大量反复的试验，提出并完善了植物病毒人工免疫的理论，证明了抗病毒诱导物质对植物病毒和传毒介体的效果。他们推出的“83 增抗剂”、“88-H”、“88-D”等抗病诱导物质，经过烟草、番茄、青椒和瓜类等植物的试验，证明可对植物病毒和传播介体起到抑制作用，并能有效调动作物的系统性抗性，起到了防病、增产、优质的作用（雷新云和李怀方，1990；孙凤成和雷新云，1995）。这些免疫诱导物已在河南、山东、黑龙江、云南、贵州、四川、吉林、浙江等省份进行大田推广使用，创造了较好的经济效益，被列为国家重点推广项目。

美国 Biotechnica 公司将豇豆胰蛋白酶抑制剂基因导入玉米，以对付日益猖獗的欧洲玉米螟，这一基因还将应用于大豆、苜蓿和小麦等作物中。美国的 Monsanto 和 Calgene 等公司也正在将该抑制剂基因导入棉花。据报道，最近美国康奈尔大学的史蒂芬·坦克斯莱博士在番茄中还发现了一种能够抗细菌性烂斑的基因。美国加利福尼亚大学、哈佛大学和美国农业部的科学家从拟南芥中已分离出抗植物细菌、病毒的 *RPS2* 基因和 *N* 基因，……，这一个个新基因的发现，对于充分认识和利用植物自身免疫特性，开发新的植物疫苗具有十分重要的意义。

一种与阿司匹林相似的化合物——水杨酸，是公认的能激活植物抗性基因的有效物质（Gaffney et al.,1993）。水杨酸是触发抗性基因的报警信号，当给植物喷洒水杨酸之后，其抗性基因被激活，从而对病虫产生广泛的抗性。但用水杨酸喷洒植物，有效时间太短，因为这种化合物会被代谢而很快降解。现在已合成了一种代用品——甲基-2,6-二氯烟酸（ZNA），其功效与水杨酸相同，这种化合物的特点是，代谢速度缓慢，喷洒后能转移到植物体的各个部位，并能够诱导未喷洒部位产生免疫力，效果比较显著。

以上研究揭示了自然界中的植物也和人类、动物一样，对于病原物是具有免疫能力的，植物病虫害也与人类和动物的疾病一样，可以通过疫苗来预防和控制。但是，我们目前对植物疫苗的研究与开发还远不如人类和动物疫苗那样深入，这就要求我们植物保护科学工作者积极努力工作，不断探索创制出适合植物病虫害特征的、具有高效抵御植物病虫害能力的植物疫苗来满足农业生产的需求。

（三）植物疫苗的分类

同制备人用及兽用疫苗一样，根据植物免疫抗性的原理及特点，人们也可以有的放矢地制备植物疫苗。根据植物疫苗的特点或制备方法的不同，可以将其分为以下几种类型：①弱毒、无毒株系疫苗：自然界中存在的弱毒、无毒株或经基因工程改造获得的无毒株疫苗等；②活菌疫苗：如枯草芽孢杆菌疫苗、木霉菌疫苗等；③蛋白类疫苗：如激活蛋白疫苗、病毒衣壳蛋白疫苗、多肽疫苗等；④寡糖疫苗；如壳聚糖，壳寡糖和寡糖疫苗等；⑤小分子及其他代谢产物疫苗：如脱落酸、病毒卫星 RNA 疫苗等；⑥转基因植物疫苗：抗病、虫、逆境等的转基因植物。

（邱德文　曾洪梅）

参考文献

蔡云珠，王林云，韦习会．1999．一种新型的生长抑素活载体基因工程苗的构建及其动物免疫小试．中国畜牧杂志，35（6）：59～62

方六荣，肖少波，江云波等．2004．表达猪繁殖与呼吸综合征病毒（PRRSV）GP5 的重组伪狂犬病毒 TK～-/gG～-/GP5～＋的构建及其生物学特性初步探讨．病毒学报，20（3）：249～254

郭万柱．1999．伪狂犬病基因缺失疫苗的研究进展．西南农业学报，12：57～63

洪永聪，来玉宾，叶雯娜等．2006．枯草芽孢菌株 TL2 对茶轮斑病的防病机制．茶叶科学，26（4）：259～264

金璐娟，金宇龙，王全民．2003．动物疫苗的种类及其评价．吉林畜牧兽医，7：32～33

刘晓，熊新宇，陈元鼎．2004．轮状病毒亚单位疫苗研究进展．国外医学预防诊断治疗用生物制品分册，27（6）：254～258

刘宇，袁进．2007．植物疫苗的研究进展．国际生物制品学杂志，30（3）：120～123

刘建杰，陈焕春，李冲等．2005．新型基因工程亚单位菌苗对猪传染性胸膜肺炎的保护效力研究．中国农业科学，38（3）：596～600

雷新云，李怀方．1990.83 增抗剂防治烟草病毒病研究进展．北京农业大学学报，16（3）：241～248

钱建飞，钟声．1999．基因工程技术在畜牧兽医上的应用及展望．畜牧与兽医，31（1）：41～44

宋文冲．2002．抗独特型抗体在抗肿瘤免疫中的研究现状．细胞与分子免疫学杂志，18（6）：678～684

孙凤成，雷新云．1995．耐病毒诱导剂 88-D 诱导珊西烟产生 PR 蛋白及对 TMV 侵染的抗性．植物病理学报，25（1）：345～349

田波，覃秉益，康良仪等．1985．植物病毒弱毒疫苗．武汉：湖北科学技术出版社徐韶，庄敬华，高增贵等．2005. 内生细菌与木霉复合处理诱导甜瓜对枯萎病的抗性．中国生物防治，21 (4)：254～259

许家喜．1997. 血吸虫病合成多肽疫苗．中国寄生虫病防治杂志，10 (3)：227～229

周宗安，王延茹．2003. 基因疫苗的研究进展及临床应用．东南国防医药，5 (2)：99～102

Bozarth RF, Ross AF. 1964. Systemic resistance induced by localized virus infections: extent of changes in uninfected plant parts. Virology, 24: 446～455

Davis RE, Ross AF. 1968. Increased hypersensitivity induced in tobacco by systemic infection by potato virus Y. Virology, 34 (3): 509～520

Gaffney T, Friedrich L, Vernooij B, et al. 1993. Requirement of Salicylic Acid for the Induction of Systemic Acquired Resistance. Science, 261: 754～756

Kuc J, Ullstrup AJ, Quackenbus FWH. 1955. Production of fungistatic substances by plant tissue after inoculation. Science, 122 (3181): 1186～1187

Kuc J. 1966. Resistance of plants to infectious agents. Annu Rev Microbiol, 20: 337～370

Peeters BPH, Leeuw OSD, Verstegan I, et al. 2001. Generation of a recombinant chimeric Newcastle disease virus vaccine that allows serological differentiation between vaccinated and infected animals. Vaccine, 19: 1616～1627

Widjojoatmodjo MN, Van Gennip HGP, Bouma A, et al. 2000. Classical Swine Fever Virus E^{rns} Deletion Mutants: *trans*-Complementation and Potential Use as Nontransmissible, Modified, Live-Attenuated Marker Vaccines. J Virol, 74 (7): 2973～2980

Yarwood CE. 1954 . Mechanism of Acquired Immunity to a Plant Rust. Proc Natl Acad Sci USA, 40 (6): 374～377

第三章　植物病毒疫苗的研究与实践

植物病毒病是农业生产上的一类重要病害，不仅会造成产量的下降，还能使农产品品质大为降低。据报道，全世界每年因病毒危害造成的植物损失竟达600亿美元（Cann，2005），其中仅粮食作物一项每年因此损失高达200亿美元（Anjaneyulu et al.,1995）。

由于植物病毒病危害损失如此之大，所以其防治工作一直备受关注。但迄今为止，除了免疫品种，还难以找到单一措施根治某种植物病毒病害，因此，人们企图通过不同途径，或采用综合防治的办法来对付各种病毒病。可是即使如此，效果亦不理想，根本问题在于植物病毒的本质及其作用机制、病毒-寄主互作机制、病毒病害发生流行及其生态机制未被弄清，而生产的发展，却要求尽快拿出有效的方法，本章仅就植物病毒疫苗的研究与实践做一评述。

一、植物病毒疫苗的研究概况

（一）疫苗概念的提出

疫苗（vaccine）一词源于传染病免疫，与牛痘疫苗有关，其中“vacc”出自拉丁文，乃“牛”之意（Parish，1968）。疫苗的本质是将某一抗原组分作用于生物体，激发机体对该抗原或抗原载体产生免疫反应，从而保护机体免受病原的侵染，这种抗原或抗原的载体形式即称疫苗（张丽等，2007）。疫苗的发现对人类历史的发展具有重要意义。威胁人类的天花病毒的消灭开辟了人类应用疫苗战胜疾病的新纪元，使人们更加坚信疫苗对控制和消灭疾病的作用。

从广义上讲，植物病毒疫苗不仅包括病毒及其组分，还包括那些作用方式类似动物疫苗、可诱导植物增强抗病毒能力的物质。

（二）植物病毒疫苗的分类及其免疫机制

1. 弱毒疫苗

早在1929年Mckinney就发现了植物病毒不同株系间存在相互干扰的现象，1931年Thung证实了病毒株系的干扰现象，提出了交互保护作用。迄今，国内外学者在这方面的研究已取得了重要进展，部分研究成果在生产实践中得以广泛应用，并取得了较好的效果。20世纪70年代后期，我国已开始研制并在农业中成功应用弱毒疫苗，如中国科学院微生物研究所田波等成功地利用TMV-N14和

CMV-S52 防治番茄和青椒上的病毒病，取得了防病和增产的双重效果（田波等，1980；关世盘等，1980；张秀华等，1981）。

长期以来，人们对植物病毒强弱株系间的交互保护作用机制做了大量研究。Hamilton（1980）认为交互保护作用机制主要包括以下四点：①先侵入病毒的外壳蛋白隔离了后侵入病毒的核酸，使后侵入病毒无法完成增殖过程；②先侵入病毒的 RNA 复制酶与后侵入病毒的 RNA 结合，限制了后侵入病毒的 RNA 的复制，从而限制了后侵入病毒的增殖；③由于先侵入病毒引起寄主植物代谢异常，造成后侵入病毒缺少复制基础；④先侵入病毒诱发寄主植物产生干扰类物质，提高了寄主植物的系统获得抗病性，从而抑制了后侵入病毒的侵染。随着分子生物学的发展，人们发现在同一植株内两个相同或相似序列的基因间会产生相互作用，最终导致相同或相似基因不表达的现象，即基因沉默。Ratcliff 等（1999）以烟草脆裂病毒（TRV）和马铃薯 X 病毒（PVX）为研究材料，研究了不同株系的交互保护作用机制。结果表明，核酸序列相似的两个株系分别接种同一植株时，后接种的株系启动了植物体内的基因沉默机制，导致了接种植物的两个株系 RNA 的降解，从而表现出两个株系间的交互保护现象。

2. 细菌疫苗

一些被称为促进植物生长的根际细菌（plant growth-promoting rhizobacteria，PGPR）能诱导植物产生系统抗性，这种抗性可扩展到植物的地上部分，这种由根际细菌引起的抗性称为诱导系统抗性（induced systemic resistance，ISR）（Van loon et al.,1998）。PGPR 诱导的 ISR 对病原物产生的抗性具有广谱性，不仅对一些病原真菌、细菌有效，而且对植物病毒也有抑制作用（Ramamoorthy et al.，2001）。从抑制植物病害发生的抑菌土壤中分离得到的 PGPR 主要是荧光假单胞菌株，这些 PGPR 主要是通过与病原生物竞争营养、分泌水解酶类和水杨酸、产生抗生素等方式来实现抑制病原生物和促进植物生长的。ISR 的诱导作用是通过一条独立于系统获得抗性（SAR）的抗病途径，它不依赖水杨酸，而是依赖茉莉酸和乙烯（戚益平等，2003；Gary et al.,2004）。

3. 蛋白疫苗

核糖体失活蛋白（ribosome inactivating protein，RIP）是一类可使核糖体失活进而抑制蛋白合成的蛋白。Duggar 和 Armstrong 首次报道了商陆抗病毒蛋白（pokeweed antiviral protein，PAP）具有抑制烟草花叶病毒（TMV）的侵染作用，当与病毒混合接种时，PAP 对 TMV、马铃薯 X 病毒（PVX）、黄瓜花叶病毒（CMV）和马铃薯 Y 病毒（PVY）等多种机械传播的病毒都能表现出抑制作用（Chen et al.,1991）。此后发现美洲商陆抗病毒蛋白中还含有另外 3 种具有相似生物特性的蛋白PAPⅡ、PAP-S和PAP-R，它们都具有核糖体失活蛋白的特性和抑制病毒外壳蛋白合成的作用。一些研究（Kubo et al.,1990；Hudak et al.,2000；付鸣佳等，2005）指出，RIP对植物病毒的抑制作用是多方面的，除能使核糖体失活外，还可直接作用于病毒的核酸，使病毒RNA脱去嘌呤而不能正常复制，还能诱导植物病程相关蛋白的表达和其他抗病毒物质的产生，使植物产生系统抗性。Verma等（1996）从大青叶（*Clerodendrum culeatum*）片中提取出一种分子质量为34 kDa、具有系统诱导抗性的碱性蛋白（CA-SRIP），这种蛋白能使植物获得系统抗性，且用蛋白酶处理后的CA-SRIP仍具有生物活性，不影响其诱导抗性的活性，该蛋白在枯斑寄主上对TMV的抑制率超过90.0%。

（1）激活蛋白　激活蛋白（activitor）是从交链孢菌（*Alternaria* spp.）、纹枯病菌（*Rhizoctonia solani*）、黄曲霉菌（*Aspergillus* spp.）、葡萄孢菌（*Botrytis* spp.）、稻瘟菌（*Piricularia oryzae*）、青霉菌（*Penicillium* spp.）、木霉菌（*Trichoderma* spp.）、镰刀菌（*Fusarium* spp.）等多种真菌中筛选、分离纯化出的一类新型蛋白，该蛋白主要通过激活植物体内分子免疫系统，提高植物自身免疫力，通过激发植物体内的一系列代谢调控，促进植物根茎叶生长并提高叶绿素含量，从而达到提高作物产量的目的（邱德文，2004）。2001年邱德文从植物病原真菌中提取出了具有诱导植物抗病性的蛋白。韩晓光等（2006）以稀释1000倍的植物激活蛋白粗提液处理玉米，结果表明，在不同时期处理后，玉米体内苯丙氨酸解氨酶、过氧化酶、几丁质酶和多酚氧化酶等与抗病相关酶的活性均比对照有所提高，说明植物激活蛋白能诱导玉米抗病性。邱德文等（2005）研究了植物激活蛋白对烟草花叶病的盆栽和田间诱抗效果以及对烟草生长和品质的影响。结果表明，植物激活蛋白能显著诱导烟草抑制花叶病的发生和发展，其枯斑抑制率达70.2%，大田施药后20和45天后的诱抗效果分别达72.9%和73.4%，且能明显促进烟草生长，烟草株高增长7.4%，中上部叶面积分别增加10.4%和14.8%。此外，激活蛋白对烟叶品质也有较明显的改善，其中可溶性糖、还原性糖、蛋白质含量以及施木克值均比对照高。陈梅等（2006）研究了植物激活蛋白对TMV的RNA及外壳蛋白的抑制效果，结果表明，烟草经植物激活蛋白处理后，植株体内TMV的RNA含量和外壳蛋白含量分别比对照减少28.0%和25.0%。

（2）病毒外壳蛋白　Powell-Abel等（1986）首次证明了病毒外壳蛋白在植物体内表达后可使植物获得对病毒的抗性。受此启发，Sudhakar等（2007）将接种CMV后出现典型症状的烟草叶片经研磨过滤后的滤液用臭氧处理，使病毒粒体中的RNA降解，获得无侵染性的病毒外壳蛋白提取液，并测定了该提取液诱导马铃薯对CMV的抗性。结果表明，马铃薯施用该提取液5天后可使其免遭CMV的侵染。田间试验表明，接种病毒28天后，处理植株体内CMV的含量（16.0%）明显低于未处理植株（89.5%）。处理5天后，植株体内可溶性酚类物质（*phenolics*）和水杨酸含量分别是未处理植株的10倍和16倍。这些结果说明了CMV病毒外壳蛋白可诱导马铃薯产生系统获得抗性，保护马铃薯免受CMV的侵染。

4. 核酸疫苗

RNA干扰（RNAi）技术是目前病毒病防治研究的热点，其抗病毒机制就是引起寄主体内病毒RNA的沉默，双链RNA（dsRNA）是诱发RNA沉默的因子。Tenllado等将辣椒轻斑驳病毒（PMMoV）、烟草蚀纹病毒（TEV）和苜蓿花叶病毒（AMV）基因组不同部位cDNA克隆转录成正义单链RNA和反义单链RNA，退火后使二者形成dsRNA，并将所获得的dsRNA分别与其同源病毒接种植物叶片。结果发现，与PMMoV核酸序列同源性高的dsRNA可使PM-MoV在珊西烟和辣椒上产生的枯斑数减少，且PMMoV的596pb长的dsRNA对PMMoV在本氏烟上的系统侵染也具有干扰作用；TEV *HC-Pro*的dsRNA和AMV RNA 31 124bp的dsRNA也分别对TEV和AMV具有抗性。上述结果表明，寄主植物同时接种体外转录得到的dsRNA和目标病毒可引发RNA沉默，从而导致植物对病毒产生抗性（Tenllado et al.,2001；牛颜冰等，2005）。Tenl-lado等通过农杆菌培养液接种植物组织来瞬时表达基因的方法进一步研究发现，用含有PMMoV 54 kDa区域dsRNA的农杆菌培养液接种本氏烟，接种叶对随后PMMoV的挑粘接种产生抗性；用与PMMoV发夹RNA同源的PVX重组载体侵染被含有PMMoV发夹RNA的农杆菌浸汁接种过的植物，该植物对重组PVX表现出抗性（Tenllado et al.,2003；2004）。

5. 多糖疫苗

寡聚多糖是自然界中一类具有生物调节功能的复杂碳水化合物，一些寡聚糖可以增强植物抗病原微生物的能力，以其为诱导物使植物获得系统抗病性将成为有效的植物保护措施之一。海带多糖是一类水溶性的β-1,3-葡聚糖，可刺激烟草、葡萄和水稻细胞产生防御反应，将其施用于烟草和葡萄植株上可诱导植株体内植保素的积累和一系列病程相关蛋白的表达（Klarzynski et al.,2000；Aziz et al.,2003）。Rozenn等（2004）将β-1,3-葡聚糖通过化学硫酸化后获得β-1,3-葡聚糖硫酸盐，并比较了β-1,3-葡聚糖及其硫酸盐在烟草和拟南芥的诱导作用程度与机制。结果表明，β-1,3-葡聚糖硫酸盐可诱导烟草对TMV的免疫，而β-1,3-葡聚糖仅诱导烟草对TMV的微弱抗性。β-1,3-葡聚糖硫酸盐在烟草上引起的诱导抗性是通过水杨酸信号途径，可引起植株体内水杨酸的积累以及乙烯依赖型和水杨酸依赖型PR蛋白的表达。而β-1,3-葡聚糖在烟草上不会引起水杨酸积累，其引起表达的 PR 蛋白是乙烯依赖型。郭红莲等（2002）研究表明，来源于甲壳动物外壳的壳寡糖对 TMV 侵染烟草具有良好的保护作用，在单独施用壳寡糖的情况下能够诱导出 6 个耐碱性的病程相关蛋白，其中一个明显区别于 TMV 诱导产生的病程相关蛋白。商文静等研究了壳寡糖诱导对烟草体内 TMV 增殖的影响，结果表明，普通烟草经 50μg/ml 壳寡糖溶液处理后，其对 TMV 的侵染表现出高水平的系统抗病性，病毒病显症推迟 4～7 天，平均严重度降低了 82.9%。壳寡糖和壳聚糖的区别在于聚合度和分子质量的不同，Chirkov 等（2002）研究了壳聚糖对几种植物病毒的诱抗作用，认为壳聚糖及其低聚物的诱抗效果与分子质量关系密切，推测壳寡糖的作用大大低于壳聚糖。为此，商文静等比较了壳寡糖与壳聚糖的诱导抗病性，发现分子质量的差异不影响其诱导烟草对病毒增殖的抑制效果；进一步通过电镜观察结果表明，经壳寡糖诱导处理的烟草与未经寡糖处理的烟草相比，系统症状减轻，叶肉细胞和筛管中病毒粒体显著减少，叶肉中细胞器基本完好，液泡内和细胞间隙出现大量电子致密物质，这些差异是系统诱导抗病性在细胞和亚细胞水平的表现，从而在细胞水平上证实了壳寡糖可诱导烟草抵抗 TMV 的侵染（商文静等，2006；2007）。

6. 小分子疫苗

（1）水杨酸及其衍生物　　水杨酸被认为是许多化学物质诱导植物获得抗病性过程中防御信号传递的关键物质之一，其诱导了一整套系统获得抗性基因的表达（Phuntumart et al.，2006；Wen et al.，2005），且可影响植物的生长、蒸腾速率、光合速率、气孔关闭、膜渗透性和抗氧化能力等一系列生理过程。Radwan 等对水杨酸诱导西葫芦抗西葫芦黄花叶病毒（ZYMV）作用进行了研究，结果表明，西葫芦叶片喷施 100μmol/L 的水杨酸后 3 天接种 ZYMV，与未经水杨酸处理的植株相比，植株感病率下降了 93.1%，病情指数降低了 99.7%，体内病毒浓度降低了 89.4%。研究还发现，水杨酸处理可刺激西葫芦体内超氧化物歧化酶的活性，抑制过氧化物酶、抗坏血酸过氧化物酶和过氧化氢酶的活性，从而抑制细胞中的脂质过氧化作用（Radwan et al.，2007b）。说明水杨酸诱导西葫芦抗病毒侵染的机制是通过其抗氧化系统来实现的（Radwan et al.，2006）。Radwan 等还研究了水杨酸对大豆黄花叶病毒（BYMV）侵染蚕豆的保护作用，结果表明，蚕豆植株用 100μmol/L 的水杨酸处理 3 天后接种 BYMV，与对照相比，其叶片中叶绿体数目增加，病毒的侵染率降低，病害症状减轻，植物体内病毒浓度明显降低（Radwanet al.，2007a）。超微结构观察发现，经水杨酸处理的植株叶片中叶绿体发育正常，且含有许多淀粉粒。Alex 和 John（2002）采用绿色荧光蛋白标记的烟草花叶病毒研究了水杨酸对烟草细胞中 TMV 的抑制作用，发现经水杨酸处理的烟草表皮细胞中 TMV 的复制不受明显影响，但其移动明显受阻，而叶肉细胞中的 TMV 复制却明显被抑制，说明水杨酸对相同病原在不同类型细胞中的作用明显不同。

此外，一些水杨酸衍生物也可诱导植物抗病毒侵染和复制。如阿司匹林（乙酰水杨酸），研究表明，烟草叶片喷施 0.05%的阿司匹林溶液可保护叶片免遭 TMV 的侵染，通过茎部反复注射阿司匹林溶液可诱导烟草产生系统抗性，保护整株不受 TMV 的侵染，阿司匹林在烟草上诱导的系统抗性与 PR 蛋白无关（Ye et al.,2004）。Pennazio 等（1983）对水杨酸甲酯诱导烟草抗 TNV 进行了研究，结果表明，在病毒开始侵入或侵入之前，烟草植株经水杨酸甲酯反复处理，可强烈抑制病毒在烟草体内的复制与扩展。研究还发现水杨酸甲酯可诱导烟草体内 PR 蛋白的产生，但其抗病毒作用与 PR 蛋白无明显的相关性。

（2）激素类　唑菌胺酯（pyraclostrobin）是一类激素型杀菌剂，Herms 等（2002）研究表明，唑菌胺酯可增强烟草抗 TMV 侵染能力。用 0.25μmol/L 的唑菌胺酯处理烟草 24h 后接种病毒，可使处理烟草上枯斑的平均面积比对照减少 50.0%。采用转基因烟草进一步研究其作用机制，结果表明，唑菌胺酯诱导烟草抗 TMV 作用是通过水杨酸信号传递途径以外的其他途径。精氨酸是生物体中一种碱性的小分子物质，可促进植物的生长发育，研究发现，使用外源的精氨酸处理烟草，不仅可诱导酸性 *PR-1* 基因的表达，而且还可诱导酸性 *PR-2*、*PR-3*和 *PR-5* 基因的表达。烟草接种 TMV 前用精氨酸处理，可诱导烟草对 TMV 的抗性，使 TMV 引起的局部枯斑明显减小（Yamakawa et al.,1998）。梁俊峰等（2003）研究了茉莉酸诱导辣椒抗 TMV 作用，结果表明，茉莉酸喷施后可诱导辣椒获得对 TMV 的抗性，其诱抗效果受浓度、作物的生育期所左右。茉莉酸处理后 6～10 天接种 TMV，辣椒植株开始表达出高的诱导抗性，这种抗性可持续 15 天以上。此外，人类 α-2 干扰素和 β-羊水干扰素对 TMV、PVX 和番茄斑萎病毒（TSWV）也有明显的抑制作用，可减轻由病毒侵染引起的症状(李全义等，1989；杜春梅，2004；陈齐斌祥等，2005)。

（3）其他小分子物质　研究表明，一些植物源次生代谢物质也可诱导植物产生抗病毒物质，从而提高植物对病毒的抵抗能力。多羟基双萘酚（CT）、类槲皮素（EK）和类黄酮（EH）是 3 种从中草药中抽提出的黄酮类抗病毒物质，烟草于接种病毒前 12～24h 分别喷施浓度为 80mg/kg 的 CT、EK 和 EH，均能抑制 TMV 和 CMV 的侵染，使烟草前期不发病；喷 40mg/kg 预防效果分别为 97.5%、94.0%和 88.0%（吴云峰等，1999；朱述钧等，2006）。雷新云等（1984，1990）从菜籽油中提取的脂肪酸，包括二十二酸、顺-二十二烯-13 酸、花生酸、亚麻酸、亚油酸、油酸、二十四烯酸、花生烯酸、木焦油酸、硬脂酸和软脂酸，这些脂肪酸的混合剂可诱导植物提高抗、耐病性，且对 TMV 有体外钝化和抑制初侵染、降低植物体内病毒扩散的作用，此外，还可以用于防治

CMV、PVY、PVX以及上述病毒的复合侵染。车海彦等（2004）和张建新等（2005）从锦葵科植物中提取出多羟基双萘醛，并由其制成的抗病毒剂WCT-Ⅱ不仅对TMV具有体外钝化作用，而且能诱导植物产生病程相关蛋白，提高烟草抵抗TMV的能力。目前，在生产上广泛应用的植物源抗病毒剂多数具有诱导抗性作用。如NS-83、MH11-4、耐病毒诱导剂88-D、VA及WCT-Ⅱ等均能诱导寄主产生病程相关蛋白，提高植物对病毒的抵抗能力（雷新云等，1987，1990；刘学端等，1997；孙凤成等，1995；李兴红等，2003）。对植物源抗病毒剂VA的诱导抗性机理研究表明，VA不仅可以提高植株体内与抗病相关的酶活性，同时还可以诱导增加枯斑三生烟产生的PR蛋白和水杨酸量（张晓燕等，2001；车海彦等，2004）。

二、近年来的研究概况

1. 蛋白质

核糖体失活蛋白的抗病毒作用除了使核糖体失活外，还可以诱导植物病程相关蛋白的表达和其他抗病毒物质的产生，使植物产生系统抗性。林毅等（2003）从葫芦科植物绞股蓝（*Gynostemma pentaphyllum*）中分离到一种新的核糖体失活蛋白，其分子质量为27 kDa，浓度为0.21μg/ml的该蛋白与浓度为10μg/ml的TMV同时接种烟草，可使烟草免受TMV的侵染。陈宁等（2004）从灰树花子实体中分离获得一种热稳定蛋白GFAP，在浓度为32μg/ml时可完全抑制浓度为10μg/ml的TMV的侵染，浓度为4μg/ml时，对浓度为40μg/ml的TMV的侵染抑制率仍可达60.0%以上。孙慧等（2001）从食用菌杨树菇（*Agrocybe aegeritu*）子实体中分离出一种分子质量为15.8 kDa的酸性蛋白，浓度为200μg/ml的该蛋白与病毒同时接种烟草时，其对TMV侵染的抑制率为84.3%。付鸣佳等（2003a）采用离子交换层析和凝胶层析方法，从杏鲍菇干样中分离得到多个蛋白组分，这些组分对TMV的抑制率均在70.0%以上，从其中一个组分纯化得到的分子质量为23.7 kDa的蛋白（Xb68Ab）对TMV侵染心叶烟和苋色藜的抑制率分别达到99.4%和98.9%。此外，还分别从榆黄菇（*Plearotus citrinopileatus*）、毛头鬼伞（*Coprinus comatus*）和金针菇等食用菌中分离得到分子质量为27.4 kDa的蛋白YP46-46、分子质量为14.4 kDa的碱性蛋白y3和分子质量为30 kDa的蛋白zb，这些蛋白对TMV侵染烟草均有较好的保护作用（付鸣佳等，2002；吴丽萍等，2003；付鸣佳等，2003b）。王盛等（2004）从海洋绿藻孔石莼（*Ulva pertusa*）中分离出一种新的海藻凝集素UPL1，其分子质量约为23 kDa，该蛋白具有较高的热稳定性和较好的抗TMV侵染活性。

2. 植物源小分子物质

沈建国等（2007）研究了臭椿和鸦胆子两种植物提取物抗 TMV 作用。结果表明，臭椿和鸦胆子提取物不仅能有效抑制 TMV 侵染，而且对 TMV 的增殖也有明显抑制作用，烟草接种 TMV 前分别喷施浓度为 100μg/ml 的两种植物提取物溶液，对烟草体内 TMV 的抑制率分别为 76.8％和 79.3％，并可使 TMV 的发病时间推迟 9～10 天。抗病毒作用机制研究结果表明，这两种植物提取物对 TMV 病毒粒体无直接破坏作用，可通过诱导寄主体内过氧化物酶、多酚氧化酶、苯丙氨酸解氨酶和超氧化物歧化酶等防御酶的活性，从而提高寄主植物防御病毒的侵染能力。采用活性跟踪法从其中一种植物——鸦胆子中分离获得了抗病毒活性比提取物更高的单体物质鸦胆子素 D（沈建国，2005）。刘国坤等（2003）测试了 11 种植物提取物的单宁对 TMV 的抑制活性，结果表明，大飞扬、杠板归、虎杖 3 种植物的单宁，在接种前先喷施心叶烟再接种 TMV，可抑制病毒的初侵染，在接种前先喷施普通烟 K_{326} 再接种 TMV，烟草发病期推迟 3～8 天。刘国坤（2003）还测定了丹皮酚和虎杖总蒽醌甙对 TMV 的防治效果，发现在烟草 K_{326} 接种 TMV 前后分别用丹皮酚灌根处理和虎杖总蒽醌甙喷施处理，可提高烟草体内多酚氧化酶和过氧化物酶活性，提高叶片叶绿素含量，抑制烟草体内病毒的复制，从而降低病情指数。陈启建等（2005，2006）从新鲜大蒜中提取获得大蒜精油并研究了大蒜精油对 TMV 的抑制作用，结果表明，喷施大蒜精油可显著提高烟草体内过氧化物酶和多酚氧化酶活性，降低烟草体内病毒的含量，减轻病害症状。

3. 多糖

吴艳兵等（2007）和吴艳兵（2007）从毛头鬼伞子实体中提取到一种分子质量为 234 kDa 的多糖 CCP60a，该多糖是由葡萄糖和半乳糖通过 1,4-糖苷键连接的 α-D-吡喃葡萄糖组成的。对 CCP60a 多糖的抗 TMV 作用研究结果表明，该多糖对 TMV 粒体形态结构无直接破坏，烟草经该多糖喷施处理后，能诱导其体内 POD、PPO、PAL、β-1,3-葡萄糖酶和几丁质酶等防御酶的活性，提高植物体内水杨酸的积累量，从而提高寄主植物抵御病毒侵染能力，减轻病毒对寄主植物造成的危害。实时聚合酶链反应（Real Time PCR）相对定量法测定结果表明，经 CCP60a 处理的烟草叶片中 TMV 外壳蛋白基因和复制酶基因的表达量分别比未处理的烟草下降了 34.0％和 32.0％。

4. 微生物

连玲丽（2007）从感染根结线虫的番茄根系中筛选分离出一种枯草芽孢杆菌

SW1，该菌不仅对由青枯病菌和根结线虫复合感染的病害有较好的防治效果，而且还可诱导番茄和烟草体内与植物抗病相关酶 POD、PPO、PAL 的活性，增强烟草对 TMV 的抗性。进一步研究发现，SW1 可以诱导烟草叶片中多种 PR 蛋白的大量积累，其诱导蛋白谱与乙酰水杨酸的诱导蛋白谱相似，说明 SW1 对植物的诱导抗病性与植物体内病程相关蛋白的积累有关，其抗病性是广谱的。

三、展望

上述植物病毒疫苗中多数抗病毒作用机理与动物免疫类似，是通过诱导植物产生抗病性实现抗病毒作用，这种诱导抗病作用与传统的化学药剂防治相比，有其独特的优点：①无毒安全。多数激发子来源于动植物和微生物，如植物激活蛋白（陈梅等，2006）和壳寡糖（郭红莲等，2002），这些产品本身无毒，且在植物体内、土壤和水体中易分解，无残留，对环境无污染，对人畜等非靶标生物相对安全；②抗病促生。不仅能有效抑制植物病毒病，还能促进植物生长，提高植物产量。如 300～500 倍的寡聚半乳糖醛酸水溶液对苹果花叶病毒（ApMV）的田间防效可达 87.8%～92.1%，其防效比对照高 20%，产量比对照高 20%～30%（赵小明等，2004）；植物激活蛋白能明显促进烟草生长，使烟草株高增长 7.4%，中上部叶面积分别增加 10.4%和 14.8%（邱德文等，2005）；③经济实惠。疫苗的诱导抗性具有可转导的特点，在实际应用中使用量少，成本低廉；④持效较长。如植物激活蛋白对 TMV 的田间诱抗效果试验表明，大田施药后 45 天，其诱抗效果仍可达 73.4%（邱德文等，2005）；⑤抗性广谱，作用方式多样，不易产生抗药性。壳寡糖和水杨酸诱导的抗性不但对真菌病害和细菌病害有效，而且对植物病毒病害也有效，它们的抗病毒作用不仅表现在对病毒侵染的抑制，还可以抑制病毒的增殖和扩展（商文静等，2006；Alex et al.,2002）。

目前植物病毒疫苗在实际应用中尚存在一些不足，主要表现在以下两个方面：①当病毒侵入寄主植物，在寄主中建立稳定的寄生关系后，疫苗的作用就显得很微弱；②由于某些病毒可以忍受一些疫苗诱导的抗性，加上某些植物本身缺乏受激发产生防御的能力，使得疫苗对同一植物中的不同病毒，或同一病毒在不同植物及植物不同生长发育阶段的作用效果有明显的差别。针对上述问题，植物病毒疫苗的使用必须建立在准确的病害预测预报基础上，在植物生长发育的关键时期或当植物处于最敏感的阶段施用，以期有效激发植物防御病害的能力，充分发挥病毒疫苗的抗病促生作用。

从目前植物病毒疫苗研究和实际应用现状来看，已有不少天然或人工合成的抗病毒诱导物的筛选及相关研究报道，一些产品业已进入实际应用，但总体上看，免疫性强、抗性持久、实用化程度高的疫苗还相当匮乏，大部分疫苗的诱抗作用机制尚未得到深入了解，疫苗作用于寄主植物的准确靶标以及疫苗、寄主、病毒间关系的微观认识还不全面，这些方面研究的滞后制约着高效新型植物病毒疫苗的研发及实用化进程，已明显成为影响植物病毒疫苗实用化进程的瓶颈，植物病毒疫苗实用化研发仍面临严峻的挑战。要打破这一瓶颈，必须依赖多学科的发展和各种先进技术的应用，其中加强药理学和免疫学方面的研究尤其重要，动物病毒疫苗在这两方面的研究要比植物病毒疫苗更加全面深入，这也许就是动物病毒疫苗实用化进程比植物病毒疫苗快的原因。虽然植物是否像动物一样具有免疫能力尚存争议，但某些外部因子的激发可使植物产生抗病性的事实已无可辩驳，动物病毒疫苗研究中所取得的成功经验值得在植物病毒疫苗研发中借鉴。近年来，随着相关学科的发展以及各种先进检测技术与手段的不断出现，给植物病毒疫苗的研发带来了前所未有的机遇。如结构生物学这一新兴学科的出现为药理学的深入研究增加了新的动力；生物质谱和生物核磁等技术的应用，使了解分子乃至原子间的微观互作成为可能（陈齐斌等，2005）。相信随着分子生物学、生态学、植物生理学、药理学和免疫化学等学科的深入发展和不断渗透，人们对植物病毒疫苗作用的靶标、诱导抗性途径和抗病机制了解的不断深入，更多新型有效的激发子将被不断发现，采用混合激发子诱导植物产生由多种信号介导的复合抗性以控制不同病原及其复合侵染造成的危害将成为可能。

（陈启建　谢联辉）

参考文献

车海彦，吴云锋，杨英等. 2004. 植物源病毒抑制物 WCT-Ⅱ控制烟草花叶病毒（TMV）的作用机理初探. 西北农业学报，13（4）：45～49

陈梅，邱德文，刘峥等. 2006. 植物激活蛋白对烟草花叶病毒 RNA 复制及外壳蛋白合成的抑制作用. 中国生物防治，22（1）：63～66

陈宁，吴祖建，林奇英等. 2004. 灰树花中一种抗烟草花叶病毒的蛋白纯化及其性质. 生物化学与生物物理进展，31（3）：283～286

陈齐斌，沈嘉祥. 2005. 抗植物病毒剂研究进展和面临的挑战与机遇. 云南农业大学学报，20（4）：505～512

陈启建，刘国坤，吴祖建等. 2005. 大蒜精油对烟草花叶病毒的抑制作用. 福建农林大学学报（自然科学版），34（1）：30～33

陈启建，刘国坤，吴祖建等. 2006. 大蒜挥发油抗烟草花叶病毒机理. 福建农业学报，21（1）：24～27

杜春梅，吴元华，赵秀香等. 2004. 天然抗植物病毒物质的研究进展. 中国烟草学报，10（1）：34～40

付鸣佳，林健清，吴祖建等. 2003a.. 杏鲍菇抗烟草花叶病毒蛋白的筛选. 微生物学报，43（1）：29～34

付鸣佳，吴祖建，林奇英等．2002．榆黄菇中一种抗病毒蛋白的纯化及其抗 TMV 和 HBV 的活性．中国病毒学，17 (4)：350～353
付鸣佳，吴祖建，林奇英等．2003b．金针菇中一种抗病毒蛋白的纯化及其抗烟草花叶病毒特性．福建农林大学学报（自然科学版），32 (1)：84～88
付鸣佳，谢荔岩，吴祖建等．2005．抗病毒蛋白抑制植物病毒的应用前景．生命科学研究，9 (1)：1～5
关世盘．1980．利用弱毒株系在番茄防治烟草花叶病毒的番茄株系试验初报．中国农业科学，(4)：70～73
郭红莲，李丹，白雪芳等．2002．壳寡糖对烟草 TMV 病毒的诱导抗性研究．中国烟草科学，(4)：1～3
韩晓光，邱德文，吴静等．2006．植物激活蛋白对玉米抗病相关酶活性的影响．安徽农业科学，34 (3)：1523～1524
雷新云，李怀方，裘维蕃．1990．83 增抗剂防治烟草病毒病研究进展．北京农业大学学报，16 (3)：241～248
雷新云，李怀芳，裘维蕃．1987．植物诱导抗性对病毒侵染的作用及诱导物质 NS83 机制探讨．中国农业科学学报，20 (4)：1～5
雷新云，裘维蕃，于振华等．1984．一种病毒抑制物质 NS-83 的研制及其对番茄预防 TMV 初侵染的研究．植物病理学报，14 (1)：1～7
李全义，王金生，姚坊等．1989．人 α 干扰素对烟草花叶病毒在植物体内症状的抑制作用．病毒学报，5 (3)：274～276
李兴红，贾月梅，商振清等．2003．VA 系统诱导烟草对 TMV 抗性与细胞内防御酶系统的关系．河北农业大学学报，26 (4)：21～24
连玲丽．2007．芽孢杆菌的生防菌株筛选及其抑病机理．福州：福建农林大学博士学位论文
梁俊峰，谢丙炎，张宝玺等．2003．β-氨基丁酸、茉莉酸及其甲酯诱导辣椒抗 TMV 作用的研究．中国蔬菜，(3)：4～7
林毅，陈国强，吴祖建等．2003．绞股蓝抗 TMV 蛋白的分离及编码基因的序列分析．农业生物技术学报，11 (4)：365～369
刘国坤，吴祖建，谢联辉等．2003．植物单宁对烟草花叶病毒的抑制活性．福建农林大学学报（自然科学版），32 (3)：292～295
刘国坤．2003．植物源小分子物质对烟草花叶病毒及四种植物病原真菌的抑制作用．福州：福建农林大学博士学位论文
刘学端，肖启明．1997．植物源农药防治烟草花叶病机理初探．中国生物防治，13 (3)：128～131
牛颜冰，郭失迷，宋艳波等．2005．RNA 沉默——一种新型的植物病毒防治策略．中国生态农业学报，13 (2)：47～50
戚益平，何逸建，许煜泉．2003．根际细菌诱导的植物系统抗性．植物生理学通讯，39 (3)：273～278
邱德文，杨秀芬，刘峥等．2005．植物激活蛋白对烟草抗病促生和品质的影响．中国烟草学

报，11 (6)：33～36
邱德文. 2004. 微生物蛋白农药研究进展. 中国生物防治，20 (2)：91～94
商文静，吴云锋，赵小明等. 2007. 壳寡糖诱导烟草抗烟草花叶病毒的超微结构研究. 植物病理学报，37 (1)：56～61
商文静，吴云锋，赵小明等. 2006. 壳寡糖诱导烟草抑制 TMV 增殖的研究. 西北农林科技大学学报（自然科学版），34 (5)：88～92
沈建国，张正坤，吴祖建等. 2007. 臭椿和鸦胆子抗烟草花叶病毒作用研究. 中国中药杂志，32 (1)：27～29
沈建国. 2005. 两种药用植物对植物病毒及三种介体昆虫的生物活性. 福州：福建农林大学博士论文
孙凤成，雷新云. 1995. 耐病毒诱导剂 88-D 诱导珊西烟产生 PR 蛋白及对 TMV 侵染的抗性. 植物病理学报，25 (4)：345～349
孙慧，吴祖建，谢联辉等. 2001. 杨树菇（*Agrocybe aegeritu*）中一种抑制 TMV 侵染的蛋白质纯化及部分特性. 生物化学与生物物理学报，33 (3)：351～354
田波，张秀华，梁锡娴. 1980. 植物病毒弱株系及其应用Ⅱ. 烟草花叶病毒番茄株弱株系 N11 对番茄的保护作用. 植物病理学报，10 (2)：109～112
王盛，钟伏弟，吴祖建等. 2004. 抗病虫基因新资源：海洋绿藻孔石莼凝集素基因. 分子植物育种，2 (1)：153～155
吴丽萍，吴祖建，林奇英等. 2003. 毛头鬼伞（*Coprinus comatus*）中一种碱性蛋白的纯化及其活性. 微生物学报，43 (6)：793～798
吴艳兵，谢荔岩，谢联辉等. 2007. 毛头鬼伞多糖抗烟草花叶病毒（TMV）活性研究初报. 中国农学通报，23 (5)：338～341
吴艳兵. 2007. 毛头鬼伞（*Coprinus comatus*）多糖的分离纯化及其抗烟草花叶病毒（TMV）作用机制. 福州：福建农林大学博士学位论文
吴云峰，曹让. 1999. 植物病毒学原理与方法. 西安：西安地图出版社
张建新，吴云锋，樊兵. 2005. 多羟基双萘醛提取物 WCT 抗病毒的生理病理学研究. 植物病理学报，35 (6)：514～519
张丽，孙原，吕鹏等. 2007. 肿瘤疫苗治疗肿瘤的前景. 医学与哲学（临床决策论坛版），28 (6)：62～63
张晓燕，商振清，李兴红等. 2001. 抗病毒剂 VA 诱导烟草对 TMV 的抗性与水杨酸含量的关系. 河北林果研究，16 (4)：307～310
张秀华，田波. 1981. 用弱毒株系防治番茄花叶病的效果. 中国农业科学，(6)：78～81
赵小明，李东鸿，杜昱光等. 2004. 寡聚半乳糖醛酸防治苹果花叶病田间药效试验. 中国农学通报，20 (6)：262～264
朱述钧，王春梅，陈浩. 2006. 抗植物病毒天然化合物研究进展. 江苏农业学报，22 (1)：86～90
Alex MM，John PC. 2002. Salicylic acid has cell-specific effects on *Tobacco mosaic virus* replication and cell-to-cell movement. Plant Physiology，128：552～563

Anjaneyulu A, Satapathy MK, Shukla VD. 1995. Rice tungro. New Delhi: Science Publishers

Aziz A, Poinssot B, Daire X, et al. 2003. Laminarin elicits defense responses in grapevine and induces protection against botrytis cinerea and plasmopara viticola. Molecular Plant Microbe Interact, 16: 1118~1128

Cann AJ. 2005. Principles of molecular virology. 4th ed. London: Academic Press

Chen ZC, White RF, Antoniw JF, et al. 1991. Effect of pokeweed antiviral protein on the infection of plant viruses. Plant Pathology, 40: 612~620

Chirkov Y, Holmes A, Willoughby S, et al. 2002. Association of aortic stenosis with platelet hyperaggregability and impaired responsiveness to nitric oxide. The American Journal of Cardiology, 90 (5): 551~554

Gary EV, Robert MG. 2004. Systemic acquired resistance and induced systemic resistance in conventional agriculture. Crop Science, 44 (6): 1920~1934

Hamilton RI. 1980. Defenses triggered by previous invaders: viruses. New York: Academic Press

Herms S, Seehaus K, Koehle H, et al. 2002. A strobilurin fungicide enhances the resistance of tobacco against *Tobacco mosaic virus* and *Pseudomonas syringae* pv. *tabaci*. Plant Physiology Preview, 130: 120~127

Hudak KA, Wang P, Tumer NE. 2000. A novel mechanism for inhibition of translation by pokeweed antiviral protein depurination of the capped RNA template. RNA, 6 (3): 369~380

Klarzynski O, Plesse B, Joubert JM, et al. 2000. Linear beta-1, 3 glucans are elicitors of defense responses in tobacco. Plant Physiology, 124: 1027~1038

Kubo S, Ikeda T, Imaizumi S, et al. 1990. A potent plant virus inhibitor found in *Mirabilis jalapa*L. Annals of the Phytopathological Society of Japan, 56: 481~487

Mckinney HH. 1929. Mosaic diseases in the Canary Islands, West Africa and Gibraltar. Journal of Agriculture Research, 39: 557~558

Parish HJ. 1968. Victory with vaccins. Edinburgh and London: E & S. Livingstone LTD

Pennazio S, Roggero P, Lenzi R. 1983. Resistance to *Tobacco necrosis virus*induced by salicylate in detached tobacco leaves. Antiviral Research, 3 (5~6): 335~346

Phuntumart V, Marro P, M traux JP, et al. 2006. A novel cucumber gene associate with systemic acquired resistance. Plant Science, 171 (5): 555~564

Powell-Abel P, Nelson RS, De B, et al. 1986. Delay of disease development in transgenic plants that express the tobacco mosaic virus coat protein gene. Science, 232: 738~743

Radwan DEM, Fayez KA, Mahmoud SY. 2006. Salicylic acid alleviates growth inhibition and oxidative stress caused by *Zucchini yellow mosaic virus*infection in *Cucurbita pepo* leaves. Physiological and molecular plant pathology, 69 (4~6): 172~181

Radwan DEM, Fayez KA, Mahmoud SY. 2007b. Physiological and metabolic changes of *Cucurbita pepo*in response to *Zucchini yellow mosaic virus* (ZYMV) infection and salicylic acid treatments. Plant Physiological and Biochemistry, 45: 480～489

Radwan DEM, Lu GQ, Fayez KA, et al. 2007a. Protective action of salicylic acid against *Bean yellow mosaic virus*infection in *vica faba*leaves. Journal of plant physiology, 164 (5): 536～543

Ramamoorthy V, Viswanathan R, Raguchander T. 2001. Induction of systemic resistance by plant growth promoting rhizobacteria in crop plants against pests and disease. Crop protection, 20 (1): 1～11

Ratcliff F, MacFarlane S, Baulcombe DC. 1999. Gene silencing without DNA: RNA～mediated cross protection between viruses. Plant Cell, 11: 1207～1215

Rozenn M, Susanne A, Patrice R, et al. 2004. β-1, 3 glucan sulfate, but not β-1, 3 glucan, induces the salicylic acid signaling pathway in tobacco and arabidopsis. The Plant Cell, 16: 3020～3032

Sudhakar N, Nagendra-Prasad D, Mohan N, et al. 2007. A bench-scale, cost effective and simple method to elicit *Lycopersicon esculentum*cv. PKM1 (tomato) plants against *Cucumber mosaic virus*inoculum. Journal of Virological Methods, 146 (1～2): 165～171

Tenllado F, Barajas D, Vargas M. 2003. Transient expression of homologous hairpin RNA can interference with plant virus infection and is overcome by a virus encoded suppressor of gene silencing. Molecular Plant～Microbe interactions, 16 (2): 149～158

Tenllado F, Dı az～Rı z JR. 2001. Double-stranded RNA-mediated interference with plant virus infection. Journal of Virology, 75 (24): 12288～12297

Tenllado F, Liave C, Dı az-Rı z JR. 2004. RNA interference as a new biotechnological tool for the control of virus disease in plants. Virus Research, 102 (1): 85～96

Thung TH. 1931. Handle. 6. Ned. Ind. Natuurwetensch. Congr. 450～463

Van Loon LC, Bakker PA, Pieterse CM. 1998. Systemic resistance induced by rhizosphere. Annu Review Phytopathology, 36: 453～483

Verma HN, Srivastava S, Kumar D. 1996. Induction of systemic resistance in plants against viruses by a basic protein from *Clerodendrum aculeatum*leaves. Phytopathology, 86: 485～492.

Wen PF, Chen JY, Kong WF, et al. 2005. Salicylic acid induced the expression of phenylalanine annonia-lyase gene in grape berry. Plant Science, 169 (5): 928～934

Yamakawa H, Abe T, Saito T, et al. 1998. Properties of nicked and circular dumbbell RNA/DNA chimeric oligonucleotides containing antisense phosphodiester oligodeoxynucleotides. Bioorganic&Medicinal Chemistry, 6 (7): 1025～1032

Ye XS, Pan SQ, Kuc J. 2004. Pathogensis～related proteins and systemic resistance to blue mould and tobacco mosaic virus, *Peronospora tabacina*and aspirin. Physiological and Molecular Plant Pathology, 35 (2): 161～175

第四章　蛋白激发子抗病疫苗——激活蛋白研究与创新

一、国内外蛋白激发子研究概况

1968年Cruickshank和Perrin从丛梗孢菌（*Monilinia fructicola*）菌丝体中分离到了一种多肽（分子质量约为8kDa），它能诱导菜豆果皮形成和积累菜豆素，这是有关植物病原菌真菌激发子的第一个报道（Cruickshank et al.,1968）。迄今为止，在植物-病原菌互作系统中已发现了许多蛋白和多肽类激发子，其中包括疫霉属（*Phytophthora*）产生的激发素（elicitin）、细菌的过敏蛋白（harpin）、植物病毒类激发子以及与寄主抗病基因相对应的病原菌无毒基因（avirulence gene）产物等。

1992年，美国康奈尔大学Beer实验室将他们研究的最新成果——过敏蛋白及其基因在美国著名的《科学》杂志上发表，自此有关蛋白激发子的研究及过敏蛋白杀菌剂的开发就一直受到人们的广泛关注。1995～1998年Beer、Zhongmin Wei和邱德文等在过敏蛋白基因研究的基础上，发现过敏蛋白除了能诱导植物的系统获得抗性外，还具有促进植物生长的功能（Qiu et al.,2002）。美国EDEN公司将细菌过敏蛋白开发为Messenger农药产品，并于2001年在美国获得登记，被EPA列为免检残留的农药产品，准许在所有作物上使用。2001年，该产品的成功开发荣获美国环境保护委员会颁发的“总统绿色化学挑战奖”，并称之为“植物保护和农产品安全生产上的一次绿色革命”，现已在美国、墨西哥、西班牙等国的烟草、蔬菜和水果上广泛应用。2004年，Messenger（康壮素）经我国农业部农药检定所（ICAMA）审定通过取得了农药临时登记证，首批推荐在番茄、辣椒、烟草和油菜上使用。这一生物农药的成功研制标志着第一个植物诱导免疫蛋白激发子抗病疫苗的完成。

目前国内将植物免疫诱导蛋白激发子抗病疫苗在农药归类中称之为蛋白诱抗剂。蛋白诱抗剂是一类能激发植物防御反应基因表达与过敏性反应的特殊信号蛋白（王金生，2001），它能通过激发植物自身的抗病功能基因表达，增强植物对病害的免疫能力，促进植物生长。蛋白诱抗剂的作用机理在性质上类似动物免疫的抗病机制，属于一种新型、广谱、高效、多功能生物农药。近20年来，已经从植物病原菌中发现多种具有诱导植物广谱抗性和促生长的激发子类蛋白。主要包括过敏蛋白（harpin）、隐地蛋白（cryptogea）和激活蛋白（activator）（表

4.1)。激发子能引起植物抗病基因的诱导表达、抗病物质的产生、细胞凋亡和过敏反应（HR）等等，这些反应阻止或限制了病害的发生和发展，减轻对植物的危害程度。

研究能激发植物免疫抗病并促生增产的蛋白农药，是国内外植保专家和病理学家关注的重要内容。基于诱导增强植物抗病性、抗逆性而研制的蛋白诱抗剂，对病原菌无直接杀死作用，不会引起病原微生物对药物的抗性，显著提高植物本身的抗病功能，在生产上能大幅度减少化学农药的使用量，同时能提高作物的产量和品质。

表 4.1　微生物蛋白激发子的比较

类型	来源	专利	分子质量/kDa	过敏反应(烟草寄主)
过敏蛋白(harpin)	细菌(*Erwinia*)	美国专利 1992年	30～40	有
隐地蛋白(cryptogea)	卵菌(*Phytophthora*)	法国专利 1985年	10～15	或有或无
激活蛋白(activator)	真菌(*Alternaria*)	中国专利 2004年	40～70	无

1. 过敏蛋白

1992年，美国《科学》杂志封面文章报道了美国康奈尔大学 Zhongmin Wei 等研究的植物病原欧氏杆菌（*Erwinia amylovora*）过敏蛋白的序列及其基因，并首次提出过敏蛋白激发植物过敏反应（HR）与抗病性的关系，提出了过敏蛋白具有诱导抗病功能。2001年美国康奈尔大学和 EDEN 生物科技公司基于过敏蛋白的研究，共同开发和成功研制了具有广谱抗病功能的无公害微生物蛋白农药 Messenger。该产品是2001年生物农药中最具代表性的新产品之一，也是当前国际上利用高技术手段开发生物农药最成功的例子。对多种病害防治效果达50%～80%，增产效果10%～20%。有关研究荣获了2001年度美国环境保护委员会颁发的“总统绿色化学挑战奖”(邱德文，2004)。

赵立平等（1997；1999）也研究证实了细菌蛋白质具有提高植物抗病虫和促进植物增产的功能，并进行了过敏蛋白的结构与功能关系研究，过敏蛋白固氮工程菌和成团泛菌工程菌的构建等方面的研究。李汝刚、范云六等（1998；1999）进行了过敏蛋白基因的克隆及序列分析、转过敏蛋白基因马铃薯降低晚疫病菌生长等方面的研究。

王金生实验室开展了水稻白叶枯病菌 *harpin* 基因的克隆与表达；对水稻黄单胞菌的 *hrp* 基因簇进行了全序列测定，发现其中含有23个 *hrp* 调节基因和 *hrp* 基因簇（24个基因）(闻伟刚等，2001)。从水稻黄单胞菌和水稻中克隆和分离了10余种抗病激活蛋白编码基因，从水稻黄单胞条斑病菌（*Xanthomonas oryzae* pv. *oryzicola*）的Ⅲ型泌出系统突变体 M51 中分离、纯化到激发烟草过敏性反应的活性蛋白。水稻条斑病细菌 *hrp* 基因簇中 *hpa1* 基因编码诱导表达产物 harpinXooc 蛋白可在烟草上激发产生过敏反应。用 harpinXooc 蛋白处理烟草，RT-PCR 检测，与烟草抗病信号途径相关的基因 *PR-1a*、*hin1* 和 *hsr203J* 被激活转录表达；处理水稻，*NPR1*、*OsPR1a*、*OsPR1b* 和 *PAL* 被激活转录表达。表明 harpinXooc 蛋白与植物互作后通过水杨酸信号转导途径激活病程相关蛋白等防卫反应基因转录表达，从而使植物产生系统获得抗病性（闻伟刚等，2003）。harpinXooc 加工后制成的 1%可溶性微颗粒制剂可诱导水稻产生抗病性，防治水稻稻瘟病效果与杀菌剂稻瘟必克（三环唑）相当，防治水稻纹枯病和稻曲病效果与井冈霉素效果相当。对水稻增产的效果主要表现在增加粒实重上，增产达 6%以上（赵梅勤等，2006）。

2. 隐地蛋白

隐地蛋白是一类由卵菌纲（Oomycetes）的疫霉属真菌分泌的、分子质量约为 10 kDa 的蛋白类激发子，用低浓度的激发子处理茄科、十字花科等多种植物可诱导过敏性反应（hypersensitive response，HR），并使植物获得对其他病原物的系统抗病性（Kamoun et al.，1993；Yu，1995）。自 1977 年观察到 *P. cryptogea* 的菌体提取物和培养滤液能引起烟草叶片坏死性反应以来，从 *P. cryptogea*，*P. cinnamomi* 和 *P. capsici* 中已纯化了分子质量约 10kDa 的多种蛋白类激发子（Ricci，1997；Kamoun et al.，2001）。常见的如隐地疫霉（*Phytophthora cryptogea*）、寄生疫霉（*P. parasitica*）、致病疫霉（*P. infestans*）、大雄疫霉（*P. megasperma*）、辣椒疫霉（*P. capsici*）、恶疫霉（*P. cactomm*）、樟疫霉（*P. cinnamomi*）、柑橘褐腐疫霉（*P. citrophthora*）和掘氏疫霉（*P. drechsleri*）等都能产生激发素（elicitin）胞外蛋白。

隐地蛋白等电点为 9.8，由 98 个氨基酸组成，在培养液中很丰富。研究证明，隐地蛋白是通过水杨酸介导抗病信号途径，激发植物获得对真菌、细菌等病原物的系统抗性，同时产生活性氧自由基、脂过氧化物、植保素、PR 蛋白等防御反应相关物质。迄今已发现 17 种疫霉菌中存在激发素活性蛋白，根据等电点和对烟草的激活反应可分为 α-elicitin（酸性）和 β-elicitin（碱性）两类，两类蛋白的氨基酸序列同源性达到 60%以上。近年来从一些腐霉菌中也发现有激发素类似活性蛋白存在，并能高效激发番茄的系统获得性抗性。

目前，隐地蛋白的氨基酸序列、空间结构、诱导产生 HR 和 SAR 的活性位点、受体蛋白等方面在国外均做了大量研究（Bourque et al.，1999；Pere et al.，1997；Keller et al.，1999）。该方面的研究国内尚少，蒋冬花进行了激发子隐地蛋白基因介导的烟草抗病性研究，将隐地蛋白 *Crypt* 基因整合到烟草基因组中，转化植株对烟草黑胫病菌（*P. parasitica* var. *nicotianae*）、赤星病菌（*Alternaria alternaria*）和野火病菌（*Pseudomonassyringae* pv. *tabaci*）的抗性均有提高（蒋冬花等，2002；2003）。

3. 激活蛋白

激活蛋白是从灰葡萄孢菌（*Botrytis*）、交链孢菌（*Alternaria*）、黄曲霉菌（*Asporgillus*）、稻瘟菌（*Pyrcularia*）、青霉菌（*Penicillium*）、纹枯病菌（*Rhizoctonia solani*）、木霉菌（*Trichoderma*）和镰刀菌（*Fusarium*）等多种真菌中筛选、分离、纯化出的一类蛋白激发子。2000年邱德文将这类新型蛋白命名为激活蛋白（邱德文，2004）。该类激发子分子质量为40～65kDa，热稳定，酸性蛋白。从稻瘟病菌（*Magnaporthe grisea*）、极细链格孢菌（*Alterneria tenuissima*）和灰葡萄孢菌（*Botrytis cinerea*）获得的激活蛋白与过敏蛋白和隐地蛋白的氨基酸和核酸序列同源性较低，是一类新的蛋白激发子。

作用机理研究表明，激活蛋白诱导植物的信号转导，引起植物体内一系列相关酶活增加和基因表达量的增强，激发植物体内的一系列代谢调控，促进植物根茎叶生长、提高叶绿素含量，增强植物对病虫害的抗性，提高作物产量。

激活蛋白初试产品性能稳定，便于规模化生产，产品无毒，无残留。可用于植物的拌种、浸种、浇根和叶面喷施。对病害的诱抗效果为40%～80%，提高作物产量10%～20%。

激活蛋白为我国独创的新功能微生物蛋白，具有自主知识产权。激活蛋白通过激发植物防御免疫系统，提高植物抗病虫能力，同时具有促进植物生长发育，提高作物产量和品质的功能。目前已成功分离获得了4个激活蛋白基因，构建了原核表达和毕赤酵母基因表达系统，并获得了可溶性表达的蛋白，表达蛋白具有诱导植物抗病毒和促进种子萌发和幼苗生长的功能。

激活蛋白现已进行规模化生产，2002～2005年在辽宁、湖南、浙江三省对烟草、有机柑橘、草莓、桃、葡萄、白菜、水稻等进行了田间试验示范推广，面积达10万亩（1亩=666.7m^2），对多种植物病害综合防效可达60%～70%，增产10%以上，同时能显著提高农产品品质和商品价格，具有可观的经济效益和生态效益。

4. 其他蛋白激发子

除上述3类蛋白激发子外，目前科学家们已从植物病原微生物中发现许多糖蛋白（glycoprotein）具有激发子功能，主要包括：疫霉糖蛋白、酵母糖禾谷锈菌糖蛋白等（Hahn，1996），经蛋白酶水解产生的非糖基化的13个氨基酸的短肽（pep-13）具有相同的激发子活性，可诱导欧芹细胞瞬时离子流、防卫基因转录和植物保卫素积累，其中只有第二位的色氨酸和第五位的脯氨酸对激发子活性是必需的（Nümberger et al.,1994）。从酵母中提取的糖蛋白，能诱导番茄细胞产生大量的乙烯，这种糖蛋白激发子的化学结构与活性之间的关系密切，其活性由肽链氮端连接的葡聚糖侧链决定。如果侧链含 8 个甘露糖残基，则糖蛋白无激发子活性；而含 9～11 个甘露糖残基，则有激发子活性，半最大活性浓度为 3 nmol/L。含 8 个甘露糖残基的葡聚糖侧链呈现一种核心结构，这种结构存在于包括植物在内的所有真核生物中。但真菌有多余的甘露糖残基附着在这个核心结构上，因而能被植物信号系统高度专一性地识别（Basse et al.,1992；1993）。

从植物病原细菌（*Pseudomonas avenae*）中分离的鞭毛蛋白（flagellin ）能诱导水稻悬浮细胞产生抗病防卫反应（Che et al.,2000)；病毒外壳蛋白，复制酶蛋白和运动蛋白等均能诱导植物对病毒病的系统获得抗性（Erickson et al., 1999）。

二、激活蛋白的纯化、功能分析及基因克隆

邱德文等分别从稻瘟病菌（*Magnaporthe grisea*)、极细链格孢菌（*Alterneria tenuissima*）和灰葡萄孢菌（*Botrytis cinerea*）菌丝中分离获得纯化激活蛋白，通过质谱肽指纹图谱和生物信息学分析，初步建立了激活蛋白研究的技术平台。

采用 MALDI-TOF，MALDI-TOF/TOF，microLC-ESI，nanoLC-ESI-IT-MS/MS 等技术研究了极细链格孢菌（*Alterneria tenuissima*）和灰葡萄孢菌（*Botrytis cinerea*）和稻瘟菌（*Magnaporthe grisea*）来源的激活蛋白微量鉴定技术，包括与质谱匹配的蛋白纯化和样品的前处理技术，蛋白精确分子质量的准确测定以及蛋白序列和相关翻译后修饰分析等。

采用微升级的毛细管 C4 填充柱分析蛋白样品，实现了对 8～45kDa 范围内 pmol 级的蛋白样品检测。该方法可以测定微量蛋白混合物的精确分子质量，比其他方法快速、灵敏。

通过摸索不同蛋白酶的最佳反应条件，比较不同蛋白样品的酶解方式（溶液内酶解、胶内酶解)，确定了不同蛋白的 MALDI-TOF 样品前处理方法，确立了胶内酶解，Ziptip C18 脱盐后，用 DHB 基质干滴法点样的技术路线。

运用从头测序（de novo sequencing）和串连质谱（MS/MS）等方法建立了一套激活蛋白序列测定的生物质谱技术和分析鉴定方法。确立了 Linger-gradieng-SDS-PAGE＋nanoLC-ESI-IT-MS/MS 的蛋白组学研究策略，测定了三种真菌来源激活蛋白部分肽段序列，为三种激活蛋白的基因克隆提供了可靠的氨基酸序列。该研究建立了 SDS-PAGE-nanoLC-ESI-IT-MS/MS 研究体系，为今后在蛋白组学层面研究激活蛋白及其与植物的相互作用打下了基础。

通过优化色谱分离和质谱条件，建立了 HPLC-ESI-MS 分析糖基化激活蛋白的技术体系，获得了来源于极细链格孢菌（*Alternaria tenuissima*）糖基化激活蛋白的质谱多电荷图，获得该糖基化激活蛋白的相对分子质量为 50 270Da。通过 MASCOT 比对发现该蛋白除与数据库中的异旋孢腔菌（*Cochliobolus heterostrophus*）中的过氧化氢酶有部分匹配外，大多数匹配的肽段都是未知功能的蛋白，初步推测该糖基化激活蛋白可能为一新蛋白。

1. 稻瘟病菌激活蛋白的纯化、功能及基因克隆

稻瘟菌菌丝经液氮研磨后，经硫酸铵和丙酮分级沉淀获得的激活蛋白粗提液，经 Hitrap Q FF 离子交换柱层析和 HitrapSuperdex 75 分子筛层析纯化，获得 40kDa、等电点为 4.7、不含糖基的单一蛋白。质谱测序共获得 12 个肽段的氨基酸序列，检索比对发现与 GenBank 中 ID 为 EAA52615 的推测蛋白具有100%的序列相似性，序列覆盖率达 50.7%。纯化的稻瘟菌激活蛋白可明显提高丝瓜、番茄的发芽率，促进幼苗生长；诱导番茄对灰霉病的抗性效果达 44.5%，对水稻稻瘟菌的诱抗效果达到 51.11%；另外，还能提高水稻的抗旱性，抗旱综合指数从 55 提高到 92。

通过磁珠 PCR 法，扩增稻瘟菌总 cDNA，并从中获得稻瘟菌激活蛋白基因 *PemG1*，经过反复筛选载体和表达菌株，构建了载体 pET22b-GST，并在 *E. coli* 中获得可溶性表达的稻瘟菌激活蛋白，确定了表达蛋白具有促进豌豆发芽和提高水稻抗稻瘟作用（Yao et al.,2007）。

2. 极细链格孢菌激活蛋白的纯化、功能分析及基因克隆

用硫酸铵沉淀、有机溶剂沉淀获得的粗蛋白样品经离子交换 DEAE 柱层析分离，获得洗脱峰经电泳检测发现目的蛋白可以被 0.4mmol/L NaCl 洗脱下来(图 4.1)，进一步用分子筛对目的蛋白进行纯化，电泳检测显示获得银染的单一蛋白条带（图 4.2)。纯化蛋白分子质量约为 35kDa，固相梯度凝胶双向电泳法测定的蛋白等电点为 4.22。用纯化蛋白稀释液浸泡小麦种子 8 小时，7 天后小麦根系琥珀酸脱氢酶活性提高 65.27%，蛋白处理的小麦根长比对照组提高了 13.1%。

经 MALDI-TOF/TOF（基质辅助激光解吸电离-飞行时间串联质谱）技术和从头测序方法分析，获得极细链格孢激活蛋白的多个肽段的氨基酸序列。根据氨基酸序列设计多对简并引物进行 RT-PCR，获得了与质谱结果相匹配的基因序列。根据 RT-PCR 获得的基因序列进行 3′RACE 和 5′RACE 获得 3 个序列片段，拼接获得 624bp 的完整基因。

根据获得的基因序列设计引物，在正向引物和反向引物 5′端分别引入酶切

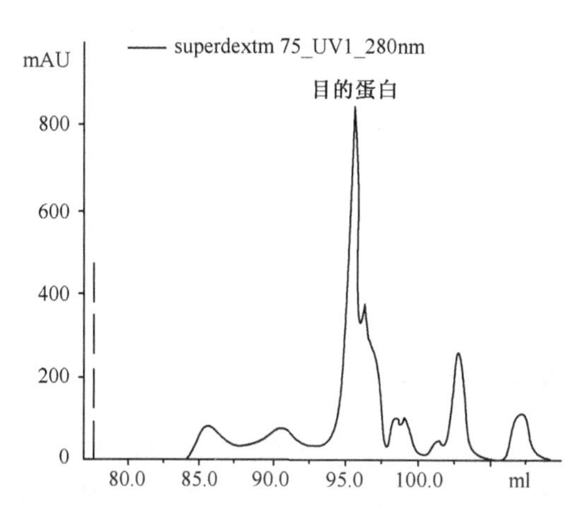

图 4.1 目的蛋白的 HitrapSuperdex75 柱洗脱图

位点，从极细链格孢菌 cDNA 中进行体外扩增并获得一个含有 624bp 完整可读框的 DNA 片段，该基因编码的蛋白和 NCBI GenBank 中推测的初生多肽复合酶（nascent polypeptide-associated complex，NAC）高度同源（相似性 91.98%），该基因已在 GenBank 登录（GenBank accession number：EF030819），并命名为 *PeaT*1 基因。

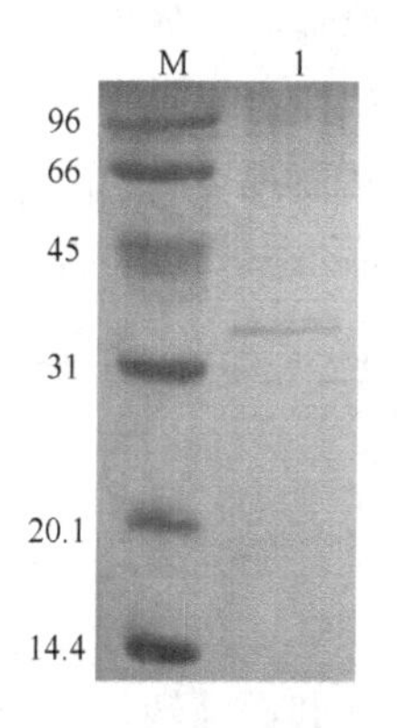

图 4.2 经分子筛柱洗脱后含有目的蛋白组分的 SDS-PAGE 电泳图

进行了 *PeaT*1 基因的原核细胞表达和毕赤酵母细胞表达，在大量筛选表达载体的基础上，将含酶切位点的基因与表达载体 PET-28a 进行连接，成功构建了 *PeaT*1 基因的表达载体，并转化到大肠杆菌 BL21 中，通过筛选最佳表达条件，获得大量表达蛋白（图 4.3）。纯化后的表达蛋白具有热稳定性，2.25μg/ml 的蛋白浓度具有刺激小麦根系生长的功能，3μg/ml 表达蛋白对烟草 TMV 枯斑抑制率达 75%（表 4.2）。飞行时间质谱结果显示，*PeaT*1 编码的蛋白分子质量为 26.319kDa，与理论蛋白分子质量 26.259kDa 相近，而且该表达蛋白的肽指纹图谱与天然纯化蛋白的肽指纹图谱也基本一致，说明来源于极细链格孢的激活蛋白基因得到了正确克隆与表达。

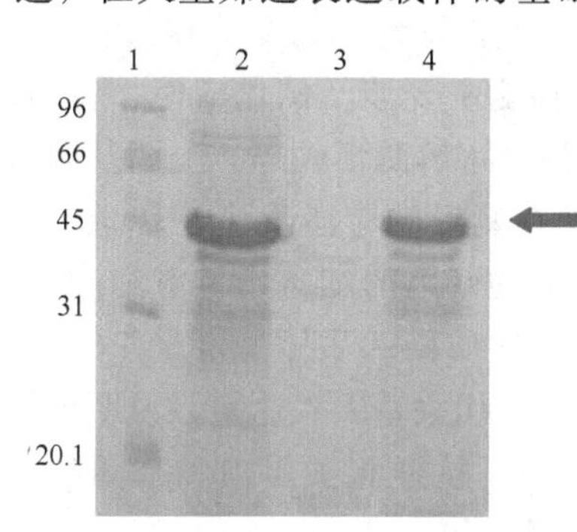

图 4.3 表达蛋白的 SDS-PAGE

1. 蛋白标准；2. 表达蛋白 His6-PeaT1；3. 经蛋白酶 K 处理的表达蛋白；4. 经 100℃高温处理的表达蛋白

表 4.2　*Peat1* 表达蛋白对烟草 TMV 枯斑的影响

表达蛋白/（μg/ml）	枯斑数/叶	枯斑抑制率/%
3	34.148±11.655 a	75.557±4.81a
6	18.389±2.420 a	86.837±1.70 b
12	10.218±2.340 a	92.686±0.97 c
对照（水）	139.704±30.164 b	

3. 灰葡萄孢菌激活蛋白的纯化与功能鉴定

采用离心、超滤、阴离子交换层析等方法从灰葡萄孢菌（*Botrytis cinerea*）菌丝体中分离纯化出一种激活蛋白。经 SDS-PAGE 银染显示单一条带，分子质量约为 36kDa。生物活性测定表明，该激活蛋白能够明显提高小麦、水稻种子的发芽率，促进小麦幼苗的生长，增强小麦的抗旱性和番茄对灰霉病的抗性。采用浓度为 1μg/ml 的激活蛋白处理小麦，干旱胁迫后，苗存活率提高 21%，叶片抗衰度提高 20%，苗抗旱综合系数从 36.5 提高到 57.1；采用浓度为 10μg/ml 的激活蛋白处理番茄后，对灰霉病的防治效果在 17 天时达到了 82.5%。

三、激活蛋白作为抗病疫苗诱导植物抗病促生长的作用机理

研究表明，植物激活蛋白能显著提高植物抗病相关酶活性和生长相关物质的积累。用基因表达谱芯片发现了多个与光合作用、生长发育、免疫反应、信号转导和翻译转录相关的上调基因。上调基因的分子功能主要涉及催化活性，蛋白、核酸及脂肪结合活性，运输、电子传递和信号转换，水解酶活性等。上调基因所参与的生物过程涉及对生物、非生物、外在及内在刺激的应激反应，转录、代谢、生物合成生长发育和光合作用等生物过程。上调基因的细胞定位有细胞壁、细胞膜、质膜、细胞核、核膜，叶绿体、类囊体、内质网和质体。定量 PCR 验证水稻基因芯片分析结果，激活蛋白能提高植物抗病相关基因表达量，说明植物激活蛋白引起了植物代谢系统的一系列反应，激活了抗逆相关蛋白和基因的表达，因此表现出抗病和促生长作用。

1. 激活蛋白增强水稻抗病相关基因的表达及信号转导机制

用 Cy5 和 Cy3 分别标记激活蛋白处理和对照组的水稻 cDNA，将两种荧光探针混合，与载有 10368 位点的水稻表达谱 cDNA 基因芯片进行杂交，通过扫描和信号强度比值的计算，获得 97 个差异表达基因，其中上调基因 4 个，下调基因 93 个（顾成波等，2006）。在 cDNA 芯片分析结果的基础上，研究了激活

蛋白对水稻抗病相关基因转录水平的影响，结果表明，激活蛋白处理水稻幼苗叶片后，*NPR*1 基因从第 1 天起转录水平开始提高，第 3 天和第 5 天时转录活性继续增强；*EIN*2 基因的转录在第 1 天和第 3 天时转录水平显著提高，第 5 天时又有所回复，但仍高于对照；*CTR*1 的转录在第 1 天时虽无变化，但第 3 天和第 5 天转录水平明显降低，而 *PR*4 的转录在各检测时段均未表现明显变化（赵利辉等，2005；2006）。

目前普遍认为植物经两条信号途径来获得抗病性，一条是水杨酸信号途径，它依赖于 *NDR*1 和 *EDS*1，之后依赖于 *NPR*1（非诱导免疫基因），最后产生 PR 基因（*PR*1、*BGL*2 等）。其中 NPR1 是关键的调控因子，与 bZIP 转录因子的 TGA 家族成员间存在直接的相互作用，它在核内的定位是 SAR 诱导的基因激活所必需的（Maleck et al.,2000）。*NPR*1 的转录激活表明，激活蛋白处理可能会诱导水稻启动 SA 信号途径，促进抗病相关物质如 PR1 等的积累，使其获得对稻瘟菌的抗性。*EIN*2 编码一种新的膜整合蛋白，是乙烯信号转导途径中一个必要的正调节子（Guo et al.,2004），而 *PR*4 作为一种酸性橡胶蛋白类蛋白，是 Et/JA 介导的 SAR 形成的标志之一（Penninckx et al.,1998 ）。*EIN*2 的转录激活、*CTR*1 的转录抑制，表明 *EIN*2 和 *CTR*1 以不同的调控方式促进 Et 信号的转导，引起水稻幼苗对稻瘟菌的抗性，而 *PR*4 的转录水平稳定，可能说明 *PR*4 的诱导需要完整的 Et 和 JA 信号，从而间接说明 JA 可能不参与植物激活蛋白诱导抗病性的形成过程。但植物激活蛋白处理后，Et 和 SA 启动防御反应的细节如何，两条信号途径间的关系如何，仍需进一步研究。

2. 激活蛋白提高代谢相关蛋白的表达

采用双向电泳联用质谱技术分析了 PeaT1 蛋白激发子诱导棉苗的蛋白质变化，建立了差异表达图谱，并对差异蛋白进行了鉴定以及分析归类。获得了大约 53 个差异蛋白点，其中有 31 个为上调蛋白，22 个为下调蛋白。对 7 个上调蛋白点用用基质辅助激光解吸/电离飞行时间质谱（MALDI-TOFMS）进行肽质量指纹谱分析，获得了 4 个蛋白的肽质量指纹图谱，经数据库检索鉴定分析，GH-1、GH-3、GH-6 推测为核酮糖 1,5-二磷酸羧化酶基因家族，GH-7 推测为 *S*-腺苷-蛋氨酸合成酶（张志刚等，2007）。

1,5-二磷酸核酮糖羧化酶/加氧酶（ribulose-1,5-bisphosphosphate carboxyl-ase/oxygenase，RubisCO）基因簇，是光合碳同化作用的关键酶，该酶催化光合作用的 CO_2 固定的第一步反应，使 CO_2 和二磷酸核酮糖（RuBP）转变成两个分子的 3-磷酸甘油酸；同时也催化光呼吸过程的第一步反应，即催化 O_2 和 RuBp 产生一分子磷酸甘油酸和一分子磷酸乙醇酸。因此该酶是调节光合和光呼吸，从而决定净光合的一个关键酶。此外，RubisCO 是植物可溶性蛋白中含量最高的蛋白质，占50%左右，它是植物体内的一种重要的储藏蛋白。因此，Rubisco表达量的增加可以增强棉株的光合速率与外界光合作用有效辐射。

腺苷蛋氨酸（*S*-adenosyl-L-methionine，简称SAMe或Adomet)，即*S*-腺苷-L-蛋氨酸，又名腺苷甲硫氨酸，它是甲硫氨酸（Methionine，Met）的活性形式。在动植物体内广泛存在，由底物L-甲硫氨酸和ATP经*S*-腺苷甲硫氨酸合成酶（*S*-adenosyl-L-methionine synthetase,）酶促合成，是一种生理活性物质。它作为甲基供体（转甲基作用）和生理性巯基化合物（如半胱氨酸、牛磺酸、谷胱甘肽和辅酶A）的前体（转硫作用)，参与体内重要的生化反应。

3. 激活蛋白抗病疫苗的生化机制

激活蛋白处理后，水稻、黄瓜和玉米叶片中苯丙氨酸解氨酶（PAL）活性增强，PAL是苯丙烷类代谢途径即酚类物质、植保素、黄酮和木质素等抗菌物质合成过程中的关键酶和限速酶，一方面参与防御物质木质素和异黄酮类物质的合成；另一方面产生SA这一重要的次级信号分子，启动HR和SAR，因此PAL的快速转录激活在植物抗病性中起着重要作用。近年来有许多学者对植株感染病菌后PAL活性的变化进行了研究，认为PAL酶与植物抗病性密切相关(刘亚光，2002)。

激活蛋白处理后，几丁质酶和β-1,3葡聚糖酶活性提高，且酶活性的变化趋势与稻瘟菌抗性的变化趋势相仿，它们可能介入了植物激活蛋白诱导的水稻幼苗对稻瘟菌抗性的提高。

经激活蛋白处理后，水稻纤维素酶和醇脱氢酶活性增强，过氧化氢和脯氨酸的含量也明显提高（左斌等，2006)，这些酶和活性物质与植物生长及抗逆有关。脯氨酸含量增加，有助于细胞或组织的持水，提高植物抗逆性，植物用激活蛋白处理后，不仅可提高植物的抗病性，还可能使其抗旱性、抗涝性、抗热性和抗冻性得到提高。

激活蛋白能显著提高玉米、黄瓜叶片过氧化物酶和多酚氧化酶活性（邱德文等，2005)。过氧化物酶可将酚类物质氧化为醌类物质，提高植物抗病能力。多酚氧化酶可能参与寄主抵抗病菌的防卫反应，尤其是过敏反应，可催化酶氧化形成醌，后者对微生物毒害作用比酚类更强。此外，在干旱胁迫下，用激活蛋白处理小麦，叶片的过氧化物酶活性、脯氨酸含量、丙二醛含量与对照相比均发生了不同程度的变化。这些酶活性的增强，可能是激活蛋白诱导植物抗病性和抗逆性的重要生理机制之一。

四、激活蛋白发酵工艺及示范应用

1. 激活蛋白的发酵工艺研究

通过多种碳源和氮源的筛选，确定了产生激活蛋白的极细链格孢菌对碳源和氮源的营养需求。在单因子筛选基础上，进行正交试验设计，确定合适的 C/N，获得了以农副产品为主的发酵培养基配方。

通过培养起始 pH、装液量、培养温度、培养时间、摇床转速参数进行筛选，确定了适宜的摇瓶条件为：培养基起始 pH6.0～7.0，500ml 摇瓶装液量 75ml，接种量 10%，培养温度为 28.5℃，摇床转速为 200r/min，培养时间为 60 小时。

利用 100L 小型罐发酵罐，进行了发酵工艺参数的优化，初步获得了高蛋白产率的工艺参数，优化后的培养基和发酵条件使激活蛋白产率由原来的 1.337g/L 提高到现在的 5.17g/L，产量提高近 4 倍。

在小试、中试的基础上，成功进行了 6 吨工业罐的三级发酵试验，确定了三级发酵工艺和产物后处理的工艺流程，达到了工业化生产规模和要求，目前已达到了 40 吨发酵罐的生产规模。发酵培养基配方的改进以及发酵工艺的优化为今后进一步降低激活蛋白制剂生产成本，开拓市场奠定了重要基础。

针对激活蛋白的理化特性，采用了蛋白质保护剂和蛋白质稳定剂，较好地解决了天然蛋白在田间应用所遇到的实际问题。研制的 3%植物激活蛋白可湿性粉剂真空包装后在室温下可稳定保存两年以上，该制剂 2004 年已获得国家发明专利。毒性毒理测定表明，植物激活蛋白制剂对人畜低毒，制剂符合农药临时登记要求，植物激活蛋白可湿性粉剂正在进行农药临时登记，2005 年获得了农业部农药药检所颁发的农药田间试验许可证书。

2. 激活蛋白抗病疫苗的抗病增产作用

激活蛋白可湿性粉剂在辽宁有机草莓上推广使用 1.5 万亩，与浙江丽水农业科学研究所合作，在烟草、蚕豆和脐橙等多种作物上进行推广使用，此外在湖南永州的烟草、岳阳的白菜、常德的棉花、沅江的水稻、华容的辣椒等进行防治试验，均取得了明显的抗病增产效果（吴全聪等，2006a；2006b）。

激活蛋白能明显促进草莓根系发育，叶绿素含量增加，对草莓灰霉病、蛇眼病等叶部病害控制效果达 60%以上，草莓大果率提高 3%～5%，产量提高8%～10%。对辣椒、白菜和水稻增产效果显著，达到 10%～26.52%；对烟草花叶病、豌豆赤斑病和草莓蛇眼效果达 65%～89%。激活蛋白对植物病毒病表现出较好的防治效果，能显著抑制烟草花叶病的发生和发展，枯斑抑制率达

70.18%；小区处理后7天的诱抗效果达48.49%～53.7%，大田施药后20和45天后的诱抗效果达72.87%～73.4%，效果优于和相当于目前广泛使用的化学抗病毒剂，与菌克毒克效果相当，高于抑毒星，表现出良好的应用推广前景。此外，激活蛋白能明显促进烟草生长，表现为株高、留叶数和叶面积增加，其中株高增长7.42%，中上部叶面积分别增加10.35%和14.8%；激活蛋白对烟叶品质有较明显的影响，其中可溶性糖、还原性糖、蛋白质含量以及施木克值比对照高，其化学物质含量符合优质烤烟质量指标（邱德文等，2005）。

激活蛋白除了具有抗病增产作用外，对多种作物具有改善品质的效果，如草莓大果率提高，果面光亮并且耐贮存；柑橘果型好，果面光滑；大白菜的株高、叶长、叶宽增加，采用浓度为1.0g/L和0.80g/L的植物激活蛋白处理，株高分别增高9.07%和8.48%，叶长提高9.46%和8.13%，叶宽提高5.48%和5.02%，增产达21.99%～21.27%，显著高于植物生长调节剂爱多收的效果。植物激活蛋白能提高白菜叶片中粗蛋白、可溶性糖和维生素C含量，其中浓度为0.80g/L的激活蛋白可提高维生素C含量达21.4%（邱德文等，2005）。

3. 激活蛋白抗病疫苗的应用前景分析

蛋白激发子作为植物病害疫苗，防治植物病毒病、灰霉病、叶斑病、稻瘟病、纹枯病、枯萎病和细菌性软腐病等病害具有十分显著的效果，生产上可以减少化学农药使用量60%以上，生产的产品可以全部达到绿色产品和有机食品的要求。由于蛋白激发子的作用原理是通过激活植物代谢，诱导抗逆活性物质产生的信号转导，激活和提高植物体中乙烯、水杨酸、茉莉酸、脯氨酸、植保素和相关酶活性，从而使植物获得系统性抗性，减轻植物病害的发生。使用蛋白激发子疫苗可以降低农产品中的农药残留，从根本上减少农药对环境的污染。作为植物病害疫苗，我们倡导的是以预防为主，在植物未受到病原菌侵染前进行疫苗接种，减少病害的发生，保证农业增产丰收。由此可见，激活蛋白农药符合我国农业现代化要求，有利于提高农产品附加值，对于提高我国农产品国际市场竞争力、保障粮食及食品安全具有非常重要的意义。开发激活蛋白抗病疫苗具有非常广阔的市场前景和巨大的社会效益。

（邱德文　杨秀芬　曾洪梅　袁京京　杨怀文）

参考文献

顾成波，李学锋，邱德文等. 2006. 基于cDNA微阵列对激活蛋白处理水稻后信号传到及防卫反应相关基因的研究. 高技术通讯，11 (16)：1165～1169

蒋冬花，郭泽建，陈旭君等. 2003. 激发子隐地蛋白基因介导的烟草抗病性研究. 农业生物技

术学报，11 (3)：299～304
蒋冬花，郭泽建，郑重. 2002. 隐地蛋白 (cryptogein) 基因定点突变及其广谱抗病烟草转化植株的获得. 植物生理与分子生物学学报，28 (5)：399～406
李汝刚，范云六，伍宁丰等. 1998. *R-Avr* 基因互作介导的植物抗病性. 生物技术通报，(1)：10～15
李汝刚，范云六. 1999. 中国科学：C 辑生命科学. 029 (001)：56～61
刘亚光，李海英，杨庆凯. 2002. 大豆品种的抗病性与叶片内苯丙氨酸解氨酶活性关系的研究. 大豆科学，21 (3)：195～198
邱德文，杨秀芬，刘峥等. 2005. 免疫增产蛋白对白菜生长和品质的影响. 中国生物防治，21 (增刊)：183～186
邱德文，杨秀芬，刘峥等. 2005. 植物激活蛋白对烟草抗病促生和品质的影响. 中国烟草学报，11 (6)：33～36
邱德文，友伦，姚庆. 2005. 免疫增产蛋白对黄瓜的促生诱抗相关酶的影响. 中国生物防治，21 (1)：41～44
邱德文. 2004. 微生物蛋白农药研究进展. 中国生物防治，20 (2)：91～94
王金生. 2001. 分子植物病理学. 北京：中国农业出版社
闻伟刚，邵敏，陈功友等. 2003. 水稻白叶枯病菌蛋白质激发子 $Harpin_{Xoo}$ 诱导植物的防卫反应. 农业生物技术学报，11 (2)：192～197
闻伟刚，王金生. 2001. 水稻白叶枯病菌 harpin 编码基因的克隆和表达. 植物病理学报，31：295～300
吴全聪，杨秀芬，邱德文. 2006a. 植物激活蛋白诱导脐橙抗病促生作用. 中国生物防治，22 (增刊)：102～105
吴全聪，杨秀芬，邱德文. 2006b. 3%植物激活蛋白诱导蚕豆抗病性应用技术. 植物保护，32 (6)：149～152
张正光，王源超，郑小波. 2001. 棉疫病菌 90 kD 胞外蛋白激发子生物活性与稳定性研究. 植物病理学报，1 (3)：213～218
张志刚，邱德文，杨秀芬等. 2007. 极细链格孢蛋白激发子诱导棉花抗病性及相关酶的变化. 中国生物防治，23 (3)：292～294
张志刚，邱德文，杨秀芬等. 2007. 细极链格孢菌蛋白激发子诱导棉苗基因表达差减文库的构建及 EST 分析. 棉花学报，19 (4)：248～254
赵立平，梁元存，刘爱新等. 1997. 表达 harpin 基因的大肠杆菌 DH5 (pCPP430) 诱导植物抗病性的研究. 高技术通讯，7 (9)：1～4
赵立平，申泉，李艳琴等. 1999. 产 harpin 的成团泛菌工程菌的构建. 植物病理学报，29 (2)：142～146
赵利辉，邱德文，刘峥. 2006. 植物 SAR 和 ISR 中乙烯信号转导网络. 生物技术通报，3：28～32
赵利辉，邱德文，刘峥. 2005. 免疫增产蛋白对基因转录水平的影响. 中国农业科学，38 (7)：1358～1363

赵梅勤，王磊，张兵等. 2006. 植物抗病激活蛋白 $harpin_{xoo}$防治水稻病害的研究. 中国生物防治，22 (4)：283～289

Basse CW，Bock K，Boller TJ. 1992. Elicitor and suppressors of defense response in tomato cell. Purification and characterization of glycopeptide elicitors and glucan suppressors generated by enzymatic cleavage of yeast invertase. J Bio Chem，267：10258～10265

Basse CW，Fath A，Boller T. 1993. High affinity binding of a glycopeptide elicitors to tomato cells and microsomal membrances and displacement by specific glycan suppressors. J Bio Chem，268：14724～14731

Bourque S，Billet MN，Ponchet M，et al. 1999. Characterization of the cryptogein binding sites on plant plasm a m embranes. J Biol Chem，274：34699～34705

Che FS，Nakajima Y，Tanaka N，et al. 2000. Flagellin from an incompatible strain of *Pseudomonas avenae*induces a resistance response in cultured rice cells. J Bio Chem，275：32347～32356

Cruickshank IAM，Perrin DR. 1968. Isolation and partial characterization of monilicolin A，a polypeptide with phaseolin inducing activity from *Monolinia fructicola*. Life Science，7：449～468

Erickson FL，Holzberg S，Calderon-Urea A，et al. 1999. The helicase domain of the TMV replicase proteins induces the N-mediated defense response in tobacco. Plant J，18：67～75

Guo H，Echer JR. 2004. The ethylene signaling pathway：new insights. Current Opinion in plant Biology，7：40～49

Hahn. 1996. Microbial elicitors and their receptors in their receptors in plants. Annu Rev Phytopathol，34：387～412

Kamoun S，Young M，Glascock CB，et al. 1993. Extra-cellula protein elicitors from *Phytophthora*：host-specificity and induction of resistance to bacterial and funga phytopathogens. Mol Plant M icrobe Interact，6：15～25

Kamoun S. 2001. Nonhost resistance to *Phytophthora*：novel prospects for a classical problem. Current opinion in plant Biology，4：295～300

Keller H，Pamboukdjian N，Ponchet M，et al. 1999. Pathogen-induced elicitin production in transgenic tobacco generates a hypersensitive response and nonspecific disease resistance. Plant Cell，11：223～235

Maleck K，Levine A，Morgan A，et al. 2000. The transcription of *Arabidopsis thaliania*during systemic acquired resisitance. Nature Genetics，26：403～410

Nümberger T，Nennstiel D，Jabs T，et al. 1994. High affinity binding of a fungal oligopeptide elicitor to parsley plasma membrances triggers multiple defense response. Cell，78：449～460

Penninckx IA，Thomma BP，Buchala A，et al. 1998. Concomitant activation of jasmonate and ethylene response pathway is required for induction of a plant defensin gene in *Arabidopsis*. The plant cell，10：2103～2113

Perez V，Huet J-C，Nespoulous C，et al. 1997. Mapping the elicitor and necrotic sites of *Phy-*

tophthora elicitins with synthetic peptides and reporter genes controlled by tobacco defense gene promoters. Mol Plant M icrobe Interact，10：750～760

Qiu DW，Clayton K，Wei ZM. 2002. Effects of Messenger on plant growth & disease resistance in cucumber and strawberry. Phytopathology，92（6）：67

Ricci P. 1997. Induction of the hypersensitive response and systemic acquired resistance by fungal proteins：the case of elicitins. In Plant Microbe Interactions. G Stacey and N T Keen eds. Chapman and Hall，New York，P：53～75

Wei ZM，Laby RJ，Zumoff CH，et al. 1992. Harpin，elicitor of the hypersensitive response produced by the plant pathogen *Erwinia amylovora*. Science，257：85～88

Yao Q，Yang XF，Liang Y，et al. 2007. Gene expression of a *Magnaporthe grieseа*protein elicitor and its biological function in activating rice resistance. Rice Science，14（2）：149～156

Yu LM. 1995. Elicitins from Phytophthora and basic resistance in tobacco. Proc Natl Sci USA，92：4088～4094

第五章　寡糖激发植物免疫及寡糖植物疫苗的研究进展

在长期的进化过程中，植物为了保护自身免受环境中大量的病毒、细菌、真菌、寄生植物、线虫等有害生物的危害，植物形成了自己独特的免疫系统。植物这种免疫反应是通过识别对其生存有害的微生物，进而激发主要防御机制来实现的（Sadik，2006)，包括产生植保素、蛋白酶抑制剂、水解酶（如几丁质酶、β-1,3葡聚糖酶等）、胞壁糖蛋白和木质化（Kuć et al.,2000；Sticher，et al.,1997；Ward，1991)。植物与病原菌的相互识别是通过植物细胞上的受体与病原菌表面的成分，如糖链、蛋白等识别，这些成分也被称为激发子，即激发子与受体的相互作用。植物这种抗病性又称系统获得抗病性，植物这种获得性免疫是国际上近期兴起的重要研究领域，利用植物获得性免疫被认为是植物保护的新技术和新途径（Kuć，2000)。激发植物自身免疫反应的物质是一类新型的生物农药，可激发植物免疫系统，达到防病的目的。它本身并无杀菌活性，但它能激发植物产生系统获得性抗性，激发植物内部的免疫机制，起到抗病、防病的目的（Kuć et al.,2000；Sticher，et al.,1997；Ward，1991)。

生命体是复杂的体系，外界环境条件的影响是多方面的，需要复杂的信号转导和传递。有研究者比较了己糖和氨基酸连接组成的同分异构体数量（Gabius et al.,1997)，发现6个己糖连接形成的同分异构体数目远远大于6个氨基酸连接所形成的同分异构体数目，前者是后者的340多万倍（表5.1)。推测寡糖具有信号识别和传递的作用。

表5.1　1～6个D己糖组成的一系列同分异构体数目

寡糖	己糖数目	线性同分异构体数目
单糖	1	4
二糖	2	256
三糖	3	27 648
四糖	4	4 194 304
五糖	5	819 200 000
六糖	6	159 689 447 424
六肽	6（氨基酸）	46 656

近年来，发现生物体内绝大多数蛋白质表面都连有数目不等的寡糖链，这些寡糖在许多生命活动过程中都具有重要的功能。现已发现，不仅与蛋白质结合的寡糖具有广泛的生物学效应，游离的寡糖在许多生命过程中也都有重要的生物学效应，某些寡糖可作为一种信号分子调控植物的生长发育和植物抵抗逆境（虫害、病原菌入侵、生理逆境）的防卫反应（Côté et al.,1994）。

寡糖类疫苗的研究始于20世纪60年代。1976年Ayer等发现细胞壁的寡糖碎片能诱导植保素的合成（Ayer et al.,1976）。1985年Albersheim及其同事发现霉菌细胞壁片段β-葡聚糖能够激活植物抗性反应，并且首次提出了寡糖素（oligosacchrin）这个新概念（Albersheim et al.,1985），此后关于诱导植物抗性的寡聚糖类的研究越来越受到人们的关注。寡糖类植物疫苗已开始应用于农业生产，并对其作用机理进行了较深入的研究。

一、寡糖植物疫苗的种类

（一）由真菌细胞壁多糖及甲壳动物的壳得到的寡聚糖

1. β-葡七糖

具有诱导植物免疫活性的葡聚糖第一次被检测到是在植物病原菌卵菌纲的*Phytophthora sojae*的培养物滤液中（Sharp et al.,1984），后来又从酵母抽提液中得到纯化物。葡聚糖在几种豆科植物中都有诱导植保素产生的作用。Sharp等（1984）报道了从大雄疫霉菌丝细胞壁分离纯化的一种葡七糖（图5.1），这种寡糖主链是β-1,6-葡五糖在2,4葡萄糖基上接有β-1,3连接的葡萄糖基，能诱导大豆子叶合成植保素，而另外7种其他结构的葡七糖，则没有诱导活性。用人工合成的葡七糖进行研究，也验证了上述结果。进而参考该种葡七糖结构，合成了18种结构不同的寡葡苷。发现寡葡糖苷的诱导活性受其下述结构特征的影响：第一，分子大小状况，葡六糖（比图5.1葡七糖少一个葡萄糖苷的寡葡糖苷分子）是具有较强诱导生物活性的最小分子。较其更小的寡葡糖苷，诱导活性均很弱；第二，F、G构成的两个侧链（图5.1）及它们的排列状况对整个分子诱导活性有明显的影响，因为单个或全部去除侧链，或只是将F、G两个侧链重排，如将G-D连接改变成G-C连接，改变后的寡葡糖苷分子诱导活性较图5.1所示的葡七糖下降了800倍；第三，整个分子保持强诱导活性必需A、F、G三个非还原性末端葡萄糖苷的存在。若用其他糖苷替代任何一个非还原性末端的葡萄糖苷，替代后的分子诱导活性降低幅度为5～700倍不等。若去除任何一个非还原性末端的葡萄糖苷，诱导活性可下降数千倍。近些年来人们利用分离纯化或人工合成的单一寡糖进行研究表明，寡糖物质的组成及结构特性是影响其生物学活性的重要因素之一（Côté et al.,1994）。这种葡寡糖结构是各种菌丝体壁的重要结构单元。因此，对β-葡萄糖苷的研究多集中于菌丝体壁释放的激发子。用热水或2N 的三氟乙酸（TFA）部分水解 *P. sojae* 菌丝体壁，可得到寡聚糖与多聚糖的混合物。其中寡聚葡萄糖在大豆中有激发植保素的积累和产生富含羟脯氨酸糖蛋白的作用；在烟草体内，可诱导植株对病原体的抗性，并激活富含甘氨酸蛋白的表达。

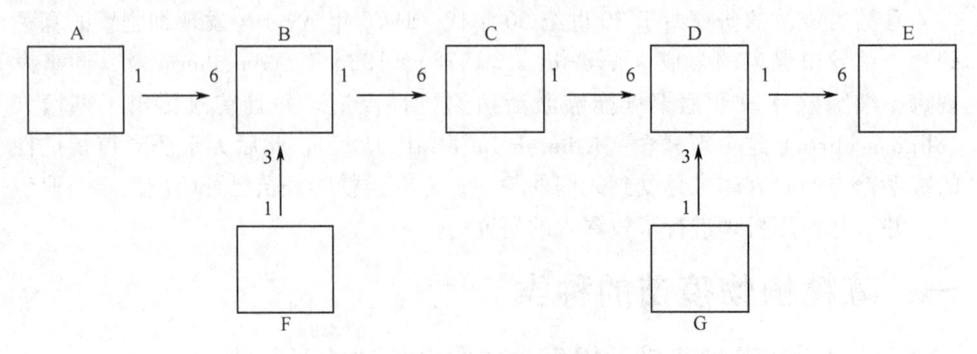

图 5.1 大雄疫霉细胞壁中具有植保素诱导活性的葡七糖结构

β 葡萄糖，1→6：1-6 糖苷键；1→3：1-3 糖苷键

2. 由几丁质和壳聚糖得到的寡糖

几丁质（chitin）和壳聚糖（chitosan）是甲壳动物壳的主要成分，也是许多真菌细胞壁的组成成分。几丁质是 *N*-乙酰氨基葡萄糖通过 β-1,4 键连接而形成的线性多聚糖，其部分脱乙酰化的产物即为壳聚糖。几丁质的溶解性很差，壳聚糖能溶于弱酸中，因此壳聚糖较几丁质有较多的应用功能。壳聚糖不仅能有效的诱导植物抗病性，在田间对作物病害的防治有明显的效果，而且对植物病原菌生长有抑制作用（Ben-Shalom et al.,2003；Bautista-Baños et al.,2006）。壳聚糖被认为是很有应用潜力的激发子。但是，由于几丁质和壳聚糖的水溶性差，限制了它们在农业生产上的应用。因此，水溶性好的寡糖引起了人们的极大关注。有报道几丁寡糖能激发植物植保素的积累（Yamada et al.,1993），引起活性氧的爆发、蛋白酶抑制剂的产生（Kuchitsu et al.,1995）及水杨酸的产生（Nojirl et al.,1996）等。作者所在的课题组应用酶法降解壳聚糖获得的壳寡糖有多方面的生理功能（Zhang et al.,1999；郭红莲等，2003）。壳寡糖能有效诱导植物抗病性，对作物病害，特别是植物病毒病的防治效果明显（赵小明等，2004）。有研究表明聚合度、组成、结构和乙酰度影响这类寡糖的活性（Shibuya et al.,2001）。几丁寡糖聚合度（degree of polymerization，DP）大于 4 的分子具有生物活性。壳寡糖的诱抗活性与其聚合度及脱乙酰度密切相关，李曙光等（2002）报道低聚合度及高脱乙酰度的壳寡糖诱抗活性高；胡健等（2002）研究结果表

明：相对分子质量为1500的壳寡糖对水稻几丁质酶的诱导效果最佳，而相对分子质量为500的壳寡糖诱导效果最差；Noah等（2002）研究发现乙酰化程度低的壳寡糖没有诱导作用，而乙酰化程度为95%的壳寡糖是一个有效的抗病诱导剂；另有研究发现聚合度大于7的壳寡糖能诱导豌豆细胞产生植保素，而同样聚合度的其他几丁质衍生物则无此作用，壳寡糖还原末端糖的修饰对活性有影响（Darvill et al.,1992）。由此可见壳寡糖的聚合度及脱乙酰度的确影响其活性，但具体的规律和影响机制有待进一步研究。壳寡糖的生产多以海洋甲壳动物的外壳为原料，该原料中含有丰富的甲壳素，甲壳素经过脱乙酰化处理后生成壳聚糖，再将壳聚糖经过部分酸水解或酶解可得到壳寡糖（Côté et al.,1994；Zhang et al.,1999）。

（二）由植物细胞壁多糖得到的寡聚糖

1. 寡聚半乳糖醛酸

多聚半乳糖醛酸（PGA）是高等植物细胞初生壁的重要组成成分，它是由α-D-半乳糖醛酸残基通过1,4键连接而形成。植物细胞壁或多聚半乳糖醛酸用酸、果胶酶及内切多聚半乳糖醛酸酶（PEG）进一步降解后的产物，聚合度一般在2～20之间，常用低压阴离子交换色层分析法和HPLC进行分离。多聚半乳糖醛酸经过酶降解所产生的寡聚半乳糖醛酸对植物有多种调节作用，寡聚半乳糖醛酸诱导的植物防御反应，首先是在豆科植物中发现的（Philippe et al.,1995；Angela et al.,1993）。冰冻损伤的豆科植物叶柄与健康叶柄接触后，可诱导健康植株合成植保素。随后，在高温灭菌的豆科植物（*Phaseolus vulgaris*）下胚轴和大豆细胞壁的分离提取物中又发现了有激发子活性的物质，现已证明这些有激发子活性的分子就是寡聚半乳糖醛酸。激发植物防御反应所需的聚合度一般在10～15之间，聚合度在2～3的寡聚半乳糖醛酸可以诱导蛋白酶抑制剂的合成，但活性不是最好的。在大豆和欧芹体系中，寡聚半乳糖醛酸苷和葡寡糖在诱导抗性方面起协同作用（Bishop et al.,1984）。实验证明寡聚半乳糖醛酸能诱导辣椒抗植物病毒病（赵小明等，2002）。

2. 木聚寡糖

在高等植物细胞壁中，木聚寡糖是半纤维素的组成成分。木聚寡糖有一个1,4键连接的β-D-葡萄糖残基主链（G），多数β-D-葡萄糖残基C_6位置上与α-D-木糖残基连接，后者C_2位又与β-D半乳糖基（L）连接，常连上一个2-L墨角藻糖基（F）（罗建平等，1996）。九聚木寡糖在纳摩尔浓度下，可激发在含有植物激素培养基中培养的胡萝卜原生质体所产生的葡聚糖合成酶Ⅰ和Ⅱ的活性。在

Rubus fruticosus 的培养基中加入木寡糖可诱导几丁质酶活性的提高（Angela et al.,1993）。

（三）细菌产生的胞外多糖激发子——脂多糖

脂多糖（LPS）是革兰氏阴性细菌普遍产生的胞外多糖，对于其结构现在了解很少。Newman（2002）研究发现，*Xanthomonas campestris* pv. Campestris 和 *Salmonella minnesota* 两种菌产生的脂多糖诱导胡椒叶积累香豆酰酪胺和阿魏酰酪胺。这两种物质的积累是由于脂多糖诱导了羟基肉桂酰酪胺转移酶及酪氨酸脱羧酶的活性（Newman et al.,2002）。Newman 应用来自不同细菌的脂多糖预先处理辣椒，再接种亲和菌株、不亲和菌株及非寄主抗性的菌株，结果表明，用脂多糖预先处理辣椒叶可以使细菌的生长动态发生变化。在基因对基因决定及非寄主的非亲和作用中，脂多糖预先处理辣椒，再接种细菌 24h 后，活的细菌数量下降，虽然非寄主抗性作用的菌株数量后来有少量的增加，而非亲和菌株数量在整个实验过程中维持较低的数量。用脂多糖处理辣椒也可限制毒性菌株细菌的数量，接种 72h 后，用脂多糖处理辣椒叶的细菌数量几乎比对照（喷水）叶的细菌数量低 10 倍。

（四）由植物及真菌糖蛋白所得到的寡聚糖——肽寡糖

许多糖蛋白都有生物活性，而这里所说的肽寡糖是指其寡糖部分对生物活性是必需的。研究已证明，肽寡聚糖可以诱导植物反应，特别是防御反应（Ebel et al.,1994；Bass，1992）。在酵母菌中部分纯化的抽提物中存在的糖肽可诱导悬浮培养的番茄细胞合成乙烯，同时提高 PAL 的活性（Basse et al.,1992）。应用不同的糖链和多肽序列研究糖肽寡聚糖结构与活性的关系，表明诱导活性多取决于糖链而不是多肽结构（Grosslop et al.,1991；Basse et al.,1992）。从豌豆病原体 *Mycosphaeralla pinodes* 孢子萌发液中纯化得到了两种糖蛋白，可抑制由真菌激发子所诱导的植保素合成以及质膜上 ATP 酶 80%的活性，推测这种抑制作用可能是由于糖蛋白与质膜上的受体结合破坏了重要膜组分的作用而造成的（Shiraishi et al.,1992）。

二、寡糖疫苗在防治作物病害上的应用

植物获得性免疫的应用被认为是植物保护的新技术和新途径。植物疫苗在农业生产上的应用已显示出良好的势头，对农作物病害的防治有明显的效果。经过多年研究，植物疫苗已从研究阶段走向应用。BTH、Bion 和 Messenger 等商品化植物疫苗已在农业生产上得到较好的应用，并取得了明显的效果。随着寡糖疫苗的深入研究，其在农作物上的应用也开始起步。法国国家科学研究中心

(CNRS) 和戈埃马公司 (Goemar) 的实验室合作研究，以海带为原料，提取分离出了昆布素。以其为主要原料配制出“IODUS40”农药。该药具有生物降解性，无毒，是一种通过提高植物自身免疫力防治病害的疫苗。该农药已通过国际认证，并应用于小麦病害的防治。

(一) 寡糖疫苗防治真菌病害的作用

真菌病害是植物病害中最大的一类病害，危害大，造成的经济损失大。寡糖疫苗对真菌病害有较好的防治效果。Ben-shalom 等 (2003) 用脱乙酰的低聚壳聚糖 (chitosan) 和几丁寡糖 (chitin oligomer) 防治黄瓜灰霉病，结果表明，低聚壳聚糖对黄瓜灰霉病有明显的防治效果 (图 5.2)。壳聚糖处理 24h 后，接种黄瓜灰霉病菌孢子，在 22℃下放置 5 天后调查发病指数。黄瓜灰霉病发病指数 0.45，而对照的发病指数为 3.5，低聚壳聚糖的防治效果为 87.14%，几丁质处理植株的发病指数与对照没有明显差别。低聚壳聚糖对灰霉病菌孢子萌发及芽管长度抑制实验结果表明，较低浓度的低聚壳聚糖 (20～30μg/ml) 对灰霉病菌孢子萌发抑制率达 50%，在 50μg/ml 时抑制率几乎达 100%，用水处理 24h，孢子萌发芽管平均长度为 15μm，而用低聚壳聚糖 10μg/ml 处理 24h，孢子萌发芽管平均长度仅为 2μm，几丁质对孢子萌发和芽管长度均没有效果。

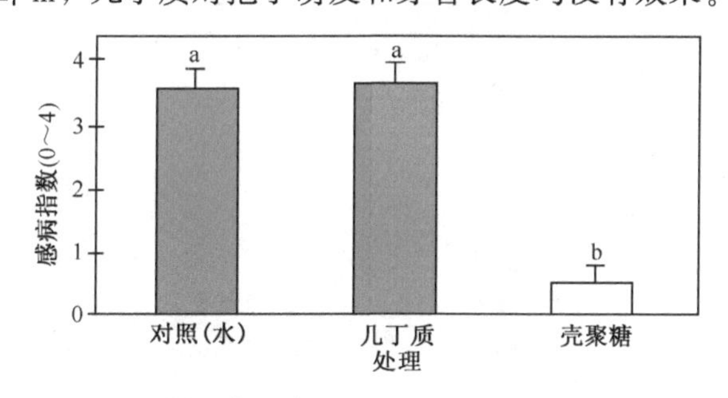

图 5.2　低聚壳聚糖、几丁质对黄瓜灰霉病的效果

赵小明等 (2001) 报道了从真菌细胞壁提取的寡糖防治棉花黄萎病的效果，温室接种浸种方式优于喷药方式的防效，50μg/ml 浓度比较好。田间防治效果可达 64%，并且具有防治苗期病害的效果。

胡道芬等采用从小麦细胞壁分离的寡糖 (寡聚半乳糖醛酸) 直接处理大田生长的小麦，研究其改善小麦植株对锈病和白粉病抗病性的作用。发现 40μg/ml 低聚糖处理能使小麦品种从重感提高至中抗水平，‘铭贤 169’从感条锈病的最高级 (4 级) 下降到 2 级，感染条锈病的严重度和普遍率有明显下降。对白粉病，40μg/ml 低聚糖处理使‘京花 1 号’和‘京华 3 号’从感病的 3 级降到 2 级，改善了小麦的防御和抗病能力 (Pospieszny et al.,1989)。

(二) 寡糖疫苗防治作物病毒病害的作用

寡糖疫苗对植物病毒病也有明显的效果。Pospieszny 等 (1989) 报道了壳聚糖诱导豆类植物抗苜蓿花叶病；1991 年报道了低聚壳聚糖处理不同植物诱导抗苜蓿花叶病毒 (ALMV)、烟草坏死病毒 (TNV)、烟草花叶病 (TMV)、花生矮化病毒 (PSV)、黄瓜花叶病毒 (CMV) 及马铃薯 X 病毒情况 (表 5.2) (Pospieszny et al.,1991)，发现壳聚糖对病毒侵染的抑制与病毒-寄主组合、壳聚糖浓度及施用方式有关。观察到最高抑制病毒侵染效果的是用壳聚糖处理菜豆抑制 ALMV 侵染，对 ALMV 和 TMV 在菜豆叶上引起的病斑有很强的抑制作用。对烟草花叶病毒的侵染抑制与壳聚糖的浓度有关，浓度提高抑制率提高。烟草原生质体接种病毒不同时间后用 0.01%壳聚糖处理，酶联免疫吸附测定 (ELISA) 检测体内病毒数量，发现接种 6～8h 后用壳聚糖处理能完全抑制病毒积累，壳聚糖不仅抑制病毒第一阶段的侵染，也抑制病毒在细胞内的繁殖。

表 5.2 壳聚糖对不同植物-病毒系统诱导抗性

植物种类	病毒	壳聚糖作用	抑制率
Phaseolus vulgaris	ALMV-L	减少病斑数量	++++
Phaseolus vulgaris	TNV		++++
Chenopodium quinoa	TNV		++
Chenopodium quinoa	CMV		+++
Nicotiana tabacum var. *Samsun*	TMV		+++
Nicotiana tabacum var. *Xanthinc*	TMV		++
Nicotiana glutinosa	TMV		++
Nicotiana paniculata	PSV	减少系统侵染	++
Phaseolus vulgaris	ALMV-S	植物的数量	++++
Phaseolus vulgaris	PSV		++++
Pisum sativum	ALMV		+++
Pisum sativum	PSV		+++
Lycopersicum esculentum	PVX		+++

注：植物用 0.1%壳聚糖溶液处理 1 天后接种病毒。接种 10～12 天后，用 ELISA 检测系统侵染植物。

郭红莲等 (2002) 用壳寡糖处理烟草，发现壳寡糖对 TMV 侵染烟草有抑制作用，以浓度为 50μg/ml 和 75μg/ml 的壳寡糖诱抗效果比较好，对枯斑的抑制率在 19.39%和 17.59%。壳寡糖对 TMV 致病力有体外钝化作用，壳寡糖与病毒粒子在活体外相互作用后，可减弱病毒粒子的侵染能力。

应用氨基寡糖素进行了烟草、辣椒、番茄及苹果病毒病的田间防治实验，结果表明，氨基寡糖防治烟草病毒病防效高达 77.9%，辣椒病毒病防效 77.0%，番茄病毒病防效 74.45%，苹果花叶病防效 89.42%（赵小明等，2002；2004a）。寡聚半乳糖醛酸有诱导苹果和辣椒抗病毒病的作用（赵小明等，2004b）。

（三）寡糖疫苗防治作物细菌病害的作用

应用寡糖疫苗防治细菌病害的报道很少。对于这方面的研究已引起人们的注意，研究者应用壳聚糖进行抑制细菌生长实验，在 Rabea 等（2003）的文章中介绍了壳聚糖抑制病原细菌生长的情况（表 5.3），壳聚糖对不同细菌的抑制作用不同，对 *Corinebacteriummi chiganence* 抑制生长作用较大，抑制生长的最小浓度为 10μg/ml，而对 *Bacillus cereus* 的抑制生长的最小浓度为 1000μg/ml。Newman 等（2002）报道了用来自不同细菌的脂多糖预先处理辣椒，再接种亲和菌株、不亲和菌株及非寄主抗性的菌株，结果表明，用脂多糖预先处理辣椒叶可以使细菌的生长动态发生变化图 5.3。脂多糖预先处理辣椒后接种细菌，24h 后活细菌数量下降，虽然非寄主抗性作用的菌株数量后来有少量的增加，而非亲和菌株数量在整个实验过程中维持较低的数量。用脂多糖处理辣椒也可限制毒性菌株细菌的数量，接种 72h，用脂多糖处理辣椒叶的细菌数量几乎比对照（喷水）叶的细菌数量低 10 倍。脂多糖可以诱导植物产生抗病性，但在很多情况下，这种直接的诱导抗病效果比较弱。

表 5.3　壳聚糖抑制细菌生长最小浓度

细菌种类	抑制生长最小浓度/（μg/ml）
Agrobacterium tumefaciens	100
Bacillus cereus	1000
Corinebacterium michiganence	10
Erwinia sp.	500
Erwinia carotovora subsp.	200
Escherichia coli	20
Klebsiella pneumoniae	700
Micrococcus luteus	20
Pseudomonas fluorescens	500
Staphylococcus aureus	20
Xanthomonas campestris	500

对于寡糖激发子的应用研究近几年才引起人们的重视，研究的深度和广度还不够，有很多问题需要解决，如使用技术、使用的最佳条件和作用范围等还需进一步研究。

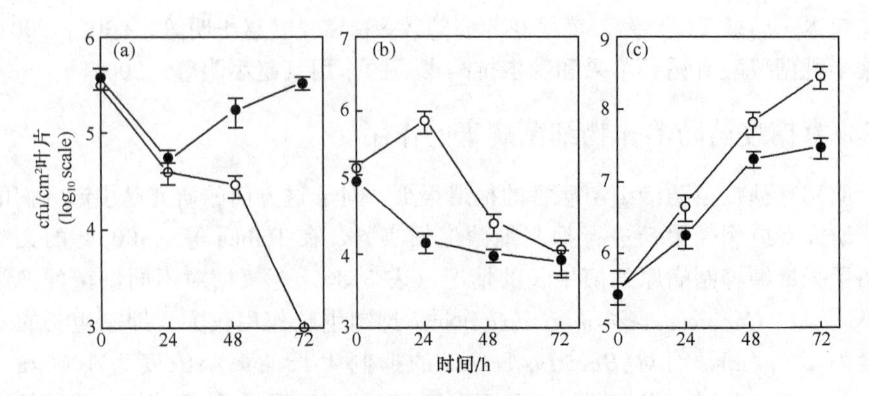

图 5.3　预先用脂多糖处理辣椒对辣椒叶内细菌生长的影响

(a) *Xanthomonas. campestris* pv. *campestris*; (b) *Xanthomonas. axonopodis* pv. *vesicatoria/ avrBs*1; (c) *Xanthomonas. axonopodis* pv. *vesicatoria.*

三、寡糖激发植物免疫抗性的作用机理

(一) 寡聚糖信号的识别及转导

植物诱导防御反应产生的第一步可能是植物细胞识别微生物细胞壁上的片段物质——激发子（Yoshikawa et al.,1983），既激发子-受体识别。虽然激发子的研究比较多，但是仅鉴定出少量的相关受体。Yoshikawa 等 1983 年用同位素标记首先证明葡聚糖激发子受体位于大豆原生质膜上。研究报道 β-葡聚糖、几丁质寡糖、糖蛋白、蛋白质和多肽等激发子均结合在植物细胞膜上（Wendehenne et al.,1995；Schmidt et al.,1987；Basse et al.,1993）。β-葡聚糖的结合蛋白研究较为深入，Mithöfer 等（1996）应用同位素标记及光亲和层析技术分析了葡寡糖在大豆细胞膜上的结合位点。该位点是 75 kDa 的结合蛋白，在天然状态下是分子质量为 240 kDa 蛋白低聚体。Day 等（2001）研究了几丁寡糖在大豆细胞膜上的结合位点是 85 kDa 的蛋白质，并对其亲和性、专一性进行了研究。Shibuya 等（1996）应用同位素标记研究了水稻细胞膜上几丁寡糖的结合位点，具有受体的特性。Baureithel 等（1994）研究了几丁寡糖在番茄细胞膜上的结合位点，发现该位点对聚合度（DP）不小于 4 的几丁寡糖具有高亲和力，并具有专一性、饱和性和可逆性，这些结合位点具有激发子受体的特性。Mathieu 等（1998）报道了寡聚半乳糖醛酸（oligogalacturonide）是以离子键结合在烟草细胞壁上。

对于壳寡糖激发子受体的研究国内外未见报道。赵小明等报道用荧光标记壳寡糖及激光共聚焦显微技术观察到壳寡糖与草莓、烟草细胞结合，在草莓、烟草细胞壁和细胞膜上有壳寡糖的结合位点，这种结合是专一的，但对结合位点的性质没有确定，与壳寡糖结合的膜蛋白尚未分离到（赵小明等，2005；Zhao et al.,

2007)。也有观点认为壳寡糖的诱导活性可能不是由受体类似分子的特异性互作引起的，而是通过多阳离子分子和带负电的磷脂之间的互作改变质膜表面的负电荷分布来实现的（Kauss et al.,1989）。因此，壳寡糖与植物体细胞的识别方式究竟是哪一种有待进一步研究。

（二）寡聚糖引起的信号转导

1. 离子流动和活性氧爆发

植物细胞与寡糖结合识别后引起的最早反应是膜的去极化和离子流的变化。烟草悬浮细胞用寡聚半乳糖醛酸诱导后，膜电位很快发生变化，Ca^{2+} 和 H^{+} 流入细胞内，而 K^{+} 流出，使得细胞质酸性化，而细胞间碱性化（Mathieu et al., 1991)。它们之间具体是什么关系还不清楚，但 K^{+} 的流出依赖于 Ca^{2+}，Ca^{2+} 可以被 Mg^{2+} 代替，表明 K^{+} 的外流在 Ca^{2+} 内流的下游。H^{+} 的跨膜流动受蛋白激酶和磷酸化酶的调控（Mathieu et al.,1996)。Ca^{2+} 作为第二信使在植物的很多生化过程中起着很重要的作用，包括植物的防御反应（Scheel，1998)。离子通道抑制剂 A9-C（anthrecene 9-carboxylic acid）能抑制很多防御反应（Nishizawa et al.,1999)，说明离子流在植物获得性免疫反应中起作用。

活性氧在激发子激发的信号转导中有很重要的作用。活性氧是含氧的反应性极强的一类小分子化合物的总称。Apostol 研究发现，用 *Verticillium dahliae* 277 和 oligogalacturonide 激发子处理大豆，在 5min 内出现氧爆发（Apostol et al.,1989)，Wei 等（2004）报道了用几丁寡糖处理水稻引起活性氧爆发，并产生过敏性反应；2003 年郭红莲等报道了用壳寡糖处理草莓细胞，发现有活性氧爆发。用壳寡糖处理可诱导 H_2O_2 的产生（Zhao et al.,2007)。有报道称活性氧反应在一些细胞系统中不足以激活细胞的超敏反应（Navarre et al.,2000)，所以活性氧爆发虽然是必须的条件，但是不足以引起细胞死亡，必须还存在其他的因子。有研究报道 NO 与活性氧共同作用，才能引起植物的超敏反应（Klessig et al.,2000)。

2. 一氧化氮信号分子参与寡糖诱导抗病性

一氧化氮（NO）是一种重要的生物活性分子，它较早地被应用于血管松弛、神经转导及先天免疫等医学研究。而有关 NO 在植物中的作用，20 世纪 90 年代才开始引起科学家的关注，现已成为植物生物学领域的一个研究热点。

Delledonne 等报道用酵母细胞壁激发子可快速激发大豆悬浮细胞产生一种强烈的氧化爆发，但无外源 NO 时甚至不能诱导细胞凋亡。快速搅拌大豆细胞悬浮液可导致活性氧产生，结果导致悬浮液中积累 H_2O_2，此时无需外加活性氧，仅外加硝普盐即可诱发细胞凋亡。这种作用可被 NO 的清除剂 4-carboxyphenyl-4,4,5,5-tetramethylimi-dazoline-l-oxyl-3-oxide（CPITO）所抑制，但同时也可被 diphenylene iodonium（DPI）所抑制，从而证明内源性活性氧参与外源 NO 的作用过程。上述结果表明，NO 是大豆悬浮细胞抗病过敏反应中所需的除活性氧外的又一种重要因子，与 H_2O_2 协同作用，参与植物诱导防御反应（Delledonne et al.,1998）。Foissner 等（2000）用来自疫霉的一种真菌激发子处理烟草表皮细胞，几分钟内即可观察到 NO 含量的剧烈升高。NO 诱导的荧光可在胞内多个部位检测到。用 NO 清除剂或 NOS 抑制剂同时处理可抑制荧光产生，从而证明此种荧光是由 NO 特异诱发的。

用壳寡糖处理烟草表皮细胞，发现有 NO 产生，用 NO 清除剂或 NOS 抑制剂与壳寡糖同时处理可抑 NO 诱导的荧光。用壳寡糖和 NO 的供体硝普盐处理烟草，诱导烟草抗花叶病毒病（TMV），用 NO 清除剂 CPITO 和壳寡糖共同处理烟草，CPITO 降低壳寡糖的诱导抗 TMV 的效果。表明壳寡糖诱导抗性与 NO 有密切关系（Zhao et al.,2007）。

对于 NO 在植物体内信号转导及作用的研究从 20 世纪 90 年代才开始，是一个新的研究领域。还有很多问题不清楚，需要进一步加强研究。激发子处理植物，参与信号转导的信号分子还有水杨酸、茉莉酸、乙烯等，它们在植物体内形成了复杂的信号网络。杜昱光等以壳寡糖为诱导物处理烟草植株，发现茉莉酸（JA）和赤霉酸（GA）含量在处理 6h 时达到高峰，吲哚乙酸（IAA）含量在处理 8h 时达到高峰，这说明壳寡糖诱导的植物抗性信号是多途径转导的，它们之间形成一种复杂的信号转导网络，这有利于植物体在各种环境条件下均能有效地调节自身反应而更好地生存。

（三）寡糖激发植物防御反应基因表达

植物疫苗激发植物防御反应依赖于防御反应基因的表达，随着病原菌的入侵或疫苗处理，植物的防御相关基因迅速被活化。现已得到克隆的防卫反应基因，如植保素和木质素合成的关键酶基因、富含羟脯氨酸糖蛋白（HRGP）基因、几丁质酶基因及病程相关蛋白（PR）基因等。这些基因对激发子的应答迅速，分子杂交实验证实，基因表达首先表现为 mRNA 量升高，进而导致其模板活性升高和翻译速度加快（Philippe et al.,1995）。Yoshikawa 等（1978）发现，当接种来自于大豆大雄疫霉的寡糖后用转录和翻译抑制剂处理，可降低植保素的积累及抗性的出现，这表明大豆中植保素的积累及抗性基因的表达受 mRNA 和蛋白质合成的调节。寡聚半乳糖醛酸能诱导苯丙烷类代谢途径中 PAL 和 4-香豆素辅酶 A 连接酶（4CL）的 mRNA 水平瞬时大量增加（Simpson et al.,1998），这暗示 mRNA 至少有部分是新合成的；用 PAL、4CL 抗血清和 ^{32}P-标记的 mRNA 的特异性 cDNA 克隆杂交，发现编码 PAL、4CL 及查尔酮合成酶（CHS）基因的转录活性增加。

Edwards 等（1985）用加热 *Colletotrichum lindemuthianum* 得到的激发子处理蚕豆细胞，发现 PAL 和 CHS（chalcone synthase）基因在激发子处理的2～3min 内被激活。Ryder 等发现用激发子处理菜豆悬浮培养细胞，促进 CAD（cinnamylalcohol dehydrogenase）mRNA 的累积比 PAL 和 CHS 还要快，已知 CAD 是一种将酚类物质转向木质素合成的酶。此外，一种富含羟脯氨酸的糖蛋白（HRGP）的 mRNA 在激发子处理 1h 后开始累积，编码几丁质酶（chitinase）的 mRNA 几乎与 CAD 的 mRNA 同时快速累积（曹宗巽等，1998）。

Wei 等（2004）报道几丁寡糖能诱导水稻防御相关基因，水稻几丁质酶（RCH10）和 PAL 的基因表达。Takemoto 等（2000）用真菌激发子处理烟草，应用 mRNA 差别显示技术分离到编码激发子可诱导的富亮氨酸重复蛋白基因，该基因与非寄主抗病性有关。

对于壳寡糖诱导植物基因表达，冯斌等 2004 年报道用壳寡糖处理烟草，应用 mRNA 差别显示分析，发现有 96 个新基因表达。其中一个与拟南芥的 *MAPK* 基因同源性高。张付云等 2005 年报道壳寡糖诱导 *SKP1* 基因表达。陈娅斐等 2005 年报道 *MAPK* 基因与壳寡糖诱导烟草抗 TMV 密切相关。尹恒等利用基因芯片技术研究壳寡糖对油菜基因表达的影响，结果发现在包含有 8095 个油菜基因表达序列标签（EST）的芯片上，检测到 393 个 EST 的 mRNA 量在壳寡糖处理后改变 2 倍以上，其中 257 个被抑制，136 被诱导，这些基因涉及防御基因、基础代谢基因、编码转录因子的基因和编码信号转导分子的基因（Yin et al.,2006）。由此可见，壳寡糖可以引起植物相当数量基因表达水平发生变化，但是到目前为止真正分离克隆到的相关基因非常少。

（四）寡糖诱导抗病性组织病理学机制

激发子诱导植物产生从细胞壁到细胞内部的一系列结构抗性反应，细胞壁强化是第一个环节。包括木质素沉积、乳突形成及胼胝体、胶滞体、侵填体的产生等，都可不同程度地阻止病原物的侵入和扩展。马青等（2004）报道壳寡糖处理黄瓜植株叶片，可诱导黄瓜产生对白粉病的抗病性，寄主细胞对病原菌的侵入产生了防卫反应结构物质以及过敏性坏死反应。表现为寄主细胞壁加厚，染色加深，寄主细胞壁下产生多层次结构的乳突，在寄主细胞壁与质膜之间有黑色物质沉积；吸器外质膜皱褶，染色加深，吸器外基质中出现染色加深的颗粒状电子沉积物；寄主细胞质紊乱，细胞器解体，整个寄主细胞解体、坏死。

（五）生理生化机制

激发子处理植物发生一系列生理生化反应，有可溶性碳水化合物和酚类物质含量增加，植物保卫素产生和积累以及多种酶活性的变化，病程相关（PR）蛋白的产生等。杜昱光等（2002）报道壳寡糖处理烟草可导致烟草叶片 PO、CAT、PPO、PAL 和 β-1,3 葡聚糖酶活性不同程度地提高。陈娅斐等（2005）报道壳寡糖诱导 PAL 活性提高与 *mapk* 基因的表达密切相关。研究发现壳寡糖诱导 PAL 活性提高与烟草产生的 NO 有关（Zhao et al.,2007）。郭红莲等（2002）报道壳寡糖可以诱导烟草产生 6 条耐碱性的 PR 蛋白，其中 1 条区别于 YMV 侵染诱导的 PR 蛋白。Cheong 等（1991）报道葡寡糖和几丁寡糖能诱导植物产生抗毒素。Obara 等（2002）发现，壳寡糖可以显著诱导水稻释放（Z）-3-Hexen-1-ol（1）、柠檬油（一种单萜）、芳樟醇（萜类化合物）、水杨酸甲酯（一种防御反应的信号）等挥发物，其中（Z）-3-Hexen-1-ol（1）可以杀灭细菌。何培青等（2004）报道，壳寡糖处理番茄叶，叶中挥发性抗真菌物质的总含量为对照组的 1.49 倍；氧合脂类、萜类及芳香类化合物的含量分别提高了 61%、10%和 69%，其中（E）-2-乙烯醛的含量增加了 64%，水杨酸甲酯的含量增加了 38%（何培青等，2004）；说明壳寡糖可以诱导植物产生多种抗菌化合物。

四、展望

植物在与病原物长期共存进化过程中形成了一套完整的防御系统，研究植物系统获得抗性的特性和机理，进而探讨应用于防治植物病害的可能性，是今后植物抗病生理和分子生物学研究的热点之一，而新型植物疫苗的开发，必将为植物保护和植物病害治理开辟一个崭新的领域。

植物疫苗激发的植物获得性免疫具有抗病谱广、持续时间较长和诱导或激发子种类多等特点，寡糖素是国际最新发现的一类信号分子，也是研究最多、最细致的一类信号物质，具有调控植物生长、发育、防病和抗病等方面的功能，能够诱导植物的免疫系统抗性和调控植物生长，特别是根据不同来源的寡聚糖对不同的病原菌的作用特点，从而可开发出各类病害的系列寡聚糖农药，因此该类产品将具有十分广阔的应用及市场前景。另外，寡糖类生防农药原料来源丰富、生产成本低、药效高、无毒、无公害，因此无论是寡糖生防农药的生产企业，还是农作物种植者都将因此获得巨大的经济效益。我们相信随着 21 世纪糖生物学的兴起，寡糖素的研究与应用必将迎来一个激动人心的时期。

寡糖激发植物抗病的过程是复杂的，还有很多问题需要解答。虽然分离到一些寡糖的受体，但受体与信号转导联系的机制还不清楚。要进一步了解受体的作用，必须研究出可以进行实验的植物系统，这种系统要求细胞缺少对特定激发子信号感知的元件，但保留着后续的信号转导途径。用酵母双杂交系统研究受体的作用及信号转导途径将是非常有效的方法。寡糖激发子诱导的防卫反应信号是多途径的，研究其信号转导的过程将推动人们对植物防卫反应的认识。分子生物学技术的发展，以及人们对寡糖激发子诱导抗性的进一步了解，为其在农业生产上进一步开发和应用提供了理论依据，也为植物诱导剂筛选平台的建设提供了依据。进行寡糖激发子诱抗机理的研究，对植物获得性免疫的研究及利用、植物免疫学的发展以及缩小与发达国家在糖生物学研究方面的差距有着积极的推动作用。相信随着科学技术的发展，人们对寡糖激发子作用机理的研究会愈来愈清楚，将为植物获得性免疫有效合理的应用起到推动作用。

（赵小明　杜昱光）

参考文献

曹宗巽，周阮宝，赵毓拮. 1998. 其他植物生长调节物质，植物生理学和分子生理学. PP：523

陈娅斐，冯斌，赵小明等. 2005. 壳寡糖诱导转反义 mapk 基因烟草的 TMV 抗性和 PAL 活性研究. 应用与环境生物学报，6（11）：665～668

杜昱光，白雪芳，赵小明等. 2002. 壳寡糖对烟草防御酶活性及同工酶谱的影响. 中国生物防治，18（2）：83～86

杜昱光，李曙光，郭红莲. 2003. 高效液相色谱-电化学阵例检测技术用于植物内源激素等小分子物质的差异显示. 色谱，21（5）：507～509

冯斌，王春晗，白雪芳等. 2004. 壳寡糖诱导植物抗性相关基因的 mRNA 差别显示分析. 生物技术，14（6）：13～16

郭红莲，白雪芳，杜昱光等. 2003. 壳寡糖对草莓悬浮培养细胞活性氧的作用. 园艺学报，30（5）：577～579

郭红莲，李丹，白雪芳等. 2002. 壳寡糖对烟草 TMV 的诱导抗性研究. 中国烟草科学，23（4）：1～3

何培青，蒋万枫，张金灿等. 2004. 壳寡糖对番茄叶挥发性抗真菌物质及质保素日齐素的诱导效应. 中国海洋大学学报，34（6）：1008～1012

胡道芬，余露，赵寅愧. 1993. 低聚糖及其生物活性的研究. 北京：中国农业出版社. PP：42

胡建，陈云，陈宗祥. 2002. 壳寡糖对水稻纹枯病不同抗性品种几丁质酶诱导的研究. 江苏农业研究，21（4）：37～40

李曙光，白雪芳，杜昱光等. 2002. 壳寡糖的分离分析及其诱抗活性研究. 中国海洋药物，90（6）：1～3

罗建平，贾敬芬. 1996. 植物寡糖素的结构和生理功能. 植物学通报，13（4）：28～33

马青，孙辉，杜昱光等. 2004. 氨基寡糖素对黄瓜白粉菌侵染的抑制作用. 菌物学报，23（3）：423～428

张付云，冯斌，杜昱光等. 2005. 壳寡糖诱导的烟草 SKP1 基因表达. 植物生理与分子生物学学报，31 (2)：213～216

赵小明，杜昱光，白雪芳. 2004a. 氨基寡糖素诱导作物抗病毒病药效试验. 中国农学通报，20 (4)：245～247

赵小明，杜昱光，白雪芳. 2004b. 氨基寡糖诱导作物抗病毒病药效试验. 中国农学通报，20 (4)：245～247

赵小明，杜昱光，白雪芳等. 2001. 葡聚糖防治棉花黄萎病试验. 中国棉花，28 (12)：26～27

赵小明，杜昱光. 白雪芳等. 2002a. 中科 2 号防治辣椒病毒病药效试验. 农药增刊，68～70

赵小明，李东鸿，杜昱光等. 2002b. 2%氨基寡糖防治苹果花叶病. 植物保护，28 (5)：15～17

赵小明，李东鸿，杜昱光等. 2004c. 寡聚半乳糖醛酸防治苹果花叶病田间药效试验. 中国农学通报，20 (6)：262～264

赵小明，于炜婷，白雪芳等. 2005. 壳寡糖与草莓细胞结合过程的研究. 园艺学报，1：20～24

Albersheim P，Darvill AG. 1985. Oligosaccharins：novel molecules that can regulate growth，development，reproduction，and defense against disease in plant. Sci Am，253 (3)：58～64

Angela R，Patricia C，Luz M. 1993. Oligosaccharides released by pectinase treatment of *Citrus limon* seedlings are elicitors of the plant response. Photochem.，33 (6)：1301～1306

Apostol J，Heinstein PF，Low PS. 1989. Rapid stimulation of an oxidative burst during elicitation of cultured plant cells：Role in defense and signal transduction. Plant Physiol.，90：109～116

Ayer AR，Ebel J，Finelli F，et al. 1976. Host-pathogen interactions. IX. Quantitative Assays of elicitor activity and characterization of the elicitor present in the extracellular medium of cultures of *Phytophthora megasperma* var. *sojae*. Plant Physiol，57：751～759

Bass CW. 1992. Elicitors and suppressors of the defense in tomato cell . Purification and characteriz-ation of glycopeptide elicitors and glycan cuppreslors generation by enzymatics cleavage of yeast invertase. J Biol Chem.，267：10258～10265

Basse CW，Bock K，Boller T. 1992. Elicitors and suppressors of the defense response in tomato cells. Purification and characterization of glycopeptide elicitors and glycan suppressors generated by enzymatic cleavage of yeast invertase. J Biol Chem，267：10258～10265

Basse CW，Boller T. 1992. Glycopeptide elicitors of stress responses in tomato cells. *N*-linked glycans are essential for activity bur act as suppressors of the same activity when released from the glycopeptides. Plant Physiol，98：1239～1247

Basse CW，Fath A，Boller T. 1993. High affinity binding of a glycopeptide elicitor to tomato cells and microsomal membranes and displacement by specific glycan suppressors. The Journal of Biological Chemistry，268 (20)：14724～14731

Baureithel K，Felix G.，Boller T. 1994. Specific，high affinity binding of chitin fragments to tomato cells and membranes, competitive inhibition of binding by derivatives of chitin fragments and a nod factor of *Rhizobium*. Journal of Biological Chemistry, 269: 17931～17938

Bautista-Baños S, Hernández-Lauzardo AN, Velázquez-del Valle MG., et al. 2006. Chitosan as a potential natural compound to control pre and postharvest diseases of horticultural commodities. Crop Protection, 25: 108～118

Ben-Shalom N, Ardi R, Pinto R, et al. 2003. Controlling gray mould caused by Botrytis cinerea in cucumber plants by means of chitosan. Crop Protection, 22: 285～290

Bishop PD, Pearce G, Bryant JE, et al. 1984. Isolation and characterization of the proteinase inhibitor-inducing factor from tomato leaves. Identity and activity of poly-and oligogalacturonide fragments. J Biol Chem, 259: 13172～13177

Cheong JJ, Birberg W, Fügedi P, et al. 1991. Structure-activity relationships of oligo-β-gucoside elicitors of phvtoalexin accumulation in soybean. Plant Cell, 3: 127～136

Côté F, Hahn MG. 1994. Oligosaccharins: structure and signal transduction. Plant Mol. Biol., 26: 1397～1411

Côté F, Hahn MG. 1994. Oligosaccharins: structure and signal transduction. Plant Mol. Biol., 26: 1397～1411

Darvill A, Augur C, Bergmann C, et al. 1992. Oligosaccharins-oligosaccharides that regulate growth, development and defence responses in plants. Glycobiology, 2: 181～198

Day RB, Okada M, Ito Y, et al. 2001. Bingding site for chitin oligosaccharide in the soybean plasma membrane. Plant Physiology, 126: 1162～1173

Delledonne M, Xia Y, Dixon RA, et al. 1998. Nitric oxide functions as a signal in plant disease resistance. Letters to Nature, 394: 585～588

Ebel J, Cosio EG. 1994. Elicitors of plant defense responses. Int Rev Cytol., 148: 1～36

Edwards K, Cramer CL, Bolwell G. P, et al. 1985. Rapid transient induction of phenylalanine ammonia-lyase mRNA in elicitor-treated bean cells. Proc Natl Acad Sci U S A., 82 (20): 6731～6735

Foissner I, Wendehenne D, Langebartels C, et al. 2000. In vivo imaging of an elicitor-induced nitric oxide burst in tobacco. The Plant Journal, 23 (6): 817～824

Gabius HJ, Gabius S. 1997. Glyco-sciences. Weinheim: Chapman and Hall Press. pp: 8

Grosslop DG, Felix G, Boller T. 1991. A yeast-derived glycopeptide elicitor and chitosan or digitonin differentially induce ethylene biosynthesis, penylalanine ammonialyase and callose formation in suspension-cultured tomato cells. J Plant Physiol, 138: 741～746

Kauss H, Jeblick W, Domard A. 1989. The degree of polymerization and N-acetylation of chitosan determine its ability to elicit callose formation in suspension cells and protoplasts of Cathalanthus roseus. Planta, 178: 385～392

Klessig DF, Durner J, Noad R, et al. 2000. Nitric oxide and salicylic acid signaling in plant defense. PNAS, 97: 8849～8855

Kuć J. 2000. Development and future direction of induced systemic resistance in plants. Crop

Protection, 19: 859~861

Kuchitsu K, Kosaka H, Shiga T, et al. 1995. EPR evidence for generation of hydroxyl radical triggered by N-acetylchito-oligosaccharides elicitor and a protein phosphyatase inhibitor in suspension-cultured rice cells. Protoplasma, 188: 138~142

Mathieu Y, Guern J, Spiro MD, et al. 1998. The transient nature of the oligogalaturonide-induced ion fluxes of tobacco cells is not correlated with fragmentation of the oligogalacturonides. The plant Journal, 16 (3): 305~311

Mathieu Y, Kurkdjian A, Xia H, et al. 1991. Membrane responses induced by oligogalacturonides in suspension-cultured tobacco cells. The plant Journal, 1: 333~343

Mathieu Y, Lapous D, Thomine S, et al. 1996. Cytoplasmic acidification as an early phosphorylation-dependent response of tobacco cells to elicitors. Planta, 199: 416~424

Mithöfer A, Lottspeich F, Ebel J. 1996. One-step purification of the β-glucan elicitor binding protein from soybean (*GLYCINE max L.*) root and characterization of an anti-peptide antiserum. FEBS Letters, 381: 203~207

Navarre DA, Durner J, Noad R, et al. 2000. Nitric oxide modulates the activity of tobacco aconitase. Plant Physiol, 128: 13~16

Newman MA, Roepenack-Lahaye EV, Parr A, et al. 2002. Prior exposure to lipopolysaccharide potentiates expression of plant defenses in response to bacteria. The plant Journal, 29 (4): 487~495

Nishizawa Y, Kawakami A, Hibi T, et al. 1999. Regulation of the chitinase gene expression in suspension-cultured rice cells by N-acetylchitooligosaccharides: differences in the signal transduction pathways leading to the activation of elicitor-responsive genes. Plant Molecular Biology, 39: 907~914

Noah BS, Natalya K, Riki P. 2002. Differences in the elicitation of soluble and ionic bound enzymes in tomato leaves using chitin derivatives. Israel J Plant Sci, 50 (4): 259~263

Nojirl H, Sugimori M, Yamane H, et al. 1996. Invoivement of jasmonic acid in elicitor-induced phytoalexin production in suspension-cultured rice cells. Plant Physiol., 110: 387~392

Obara N, Hasegawa M. 2002. Induced volatiles in elicitor-treated and rice blast fungus-inoculated rice leaves. Biosci Biotech and Biochem, 66 (12): 2549~2559

Philippe R, Auzanne G, Kalannethee P. 1995. Oligogalacturonide defense signal in plants: Large fragments interact with the plasma membrane in vitro. Proc Natl Acad Sci USA., 92: 4145~4149

Pospieszny H, Atabekov JG. 1989. Effect of chitosan on the hypersensitive reaction of bean to alfalfa mosaic virus (ALMV). Plant Science, 62: 29~31

Pospieszny H, Chirkov S, Atabekov J. 1991. Induction of antiviral resistance in plants by chitosan. Plant Science, 79: 63~68

Rabea EI, Badawy ME, Stevens CV, et al. 2003. Chitosan as antimicrobial agent: applications and mode of action. Biomacromolecules, 4 (6): 1457~1465

Sadik T, Elizabeth B. 2006. Multigenic and Induced Systemic Resistance in Plants. Springer Science+Business Media, Inc

Scheel D. 1998. Resistance response physiology and signal transduction. Current Opinion in Plant Biology, 1: 305~310

Schmidt WE, Ebel J. 1987. Specific binding of a glucan phytoalexin elicitor to membrane fractions from soybean Glycine max. Botany, 84: 4117~4121

Sharp JK, Valent B. 1984. Albersheim P. Purification and partual characterization of a bata-glucan fragment that elicits phtoalexin accumulation in soybean. J Biol Chem, 259: 11312~11320

Sharp JK, McNeil M, Albersheim P. 1984. The primary structures of one elicitor-active and seven elicitor-inactive hexa (β-D-glucopyranosyl) -D-glucitols isolated from the mycelial walls of *Phytophthora megasperma f*. sp. *glycinea*. J Biol Chem., 259: 11321~11336

Shibuya N, Ebisu N, Kamada Y, et al. 1996. Localization and binding characteristics of a high-affinity binding site for *N*-acetylchitooligosaccharide elicitor in the plasma membrane from suspension cultured rice cells suggest a role as a recptor for the elicitor signal at the cell surface. Plant Cell Physiol., 37: 894~898

Shibuya N, Minami E. 2001. Oligosaccharide signaling for defence responses in plant. Physiological and Molecular plant pathology., 59: 223~233

Shiraishi T, Saitoh K, Kim HM, et al. 1992. Two suppressors, Supprescins A and B, secreted by a pea pathogen, Mycosphaerella pinodes. Plant Cell Physiol, 33: 663~667

Simpson SD, Ashford DA, Jarvey DJ. 1998. Short chain oligogalacturonides induce ethylene production and expression of the gene encoding minocyclopropane 1-carboxylic acid oxides in tomato plants. Glycobiol., 8 (6): 579~583

Sticher L, Much-Mani B, Mé traux JP. 1997. Systemical acquired resistance. Annu. Rev. Phytopathol., 35: 235~270

Takemoto D, Hayashi M, Doke N, et al. 2000. Isolation of the gene for EILP, an elicitor-inducible LRR. receptor-like protein, from tobacco by differential display. Plant Cell Physiol., 41: 458~464

Ward ER. 1991. Coordinate gene activity in response to agents that induce systemic acquired resistance. Plant Cell, 3: 1085~1094

Wei N, Chen F, Mao B, et al. 2004. He Z. N-acetylchitooligosaccharides elicit rice defence responses including hypersensitive response-like cell death, oxidative burst and defence gene expression. Physiol. Mol. Plant Pathol., 64: 263~271

Wendehenne D, Binet M-N, Blein JP, et al. 1995. Evidence for specific, High affinity binding sites for a proteinaceous elicitor in tobacco plasma membrane. FEBS Letter, 374: 203~207

Yamada A, Shibuya N, Kodama O, et al. 1993. Induction of Phytoalexin formation in suspension-cultured rice cells by N-acetylchito-oligosaccharides. Biosci. Biotech. Biochem., 57: 405~409

Yin H, Li S, Zhao X, et al. 2006. cDNA microarray analysis of gene expression in Brassica napus treated with oligochitosan elicitor. Plant Physiology and Biochemistry, 44 (11～12): 910～916

Yoshikawa M, Tsuda M, Takeuchi Y. 1983. A receptor on membranes for a fungal elicitor of phytoalexin accumulation. Plant Physiol, 73: 497～506

Yoshikawa M, Yamauchi K, Masago H. 1978. Glyceollin: its role in restricting fungal growth in resistant soybean hypocotyls infected with *Phytophthora megasperma* var. *sojae*. Physiol Plant Pathol., 12: 73～82

Zhang H, Du YG, Yu XJ. 1999. Preparation of chitooligosaccharides from chitosan by an enzyme mixture. Carbohydrate Research, 320: 257～260

Zhao XM, She XP, Liang XM, et al. 2007. Induction of antiviral resistance and stimulary effect by oligochitosan in tobacco, Pesticide Biochemistry and Physiology, 87: 78～84

Zhao XM, She XP, Yu WQ, et al. 2007. Effects of oligochitosan on tobacco cells and role of endogenous nitric oxide burst in the resistance of tobacco to *Tobacco Mosaic Virus*. Journal of Plant Pathology, 89 (1): 69～79

第六章 木霉菌产生的植物疫苗功能蛋白及其应用前景

木霉菌广泛存在于所有农业土壤和腐烂的木材等环境中。自20世纪30年代以来，这类有益微生物主要用于植物病害生物防治和改善作物生长。目前在国际上已有50多种木霉菌的不同剂型作为生物农药或生物肥料进行了登记。木霉菌除了已明确的重寄生、竞争、抗性作用生防机理外，还发现具有以下功能：①可与植物形成共生体（symbiont），在植物器官表面定殖；②在互作区产生生物活性植物分子；③互作区可诱导植物发生局部的系统抗病性；④诱导植物蛋白质组变化；⑤促进作物营养吸收；⑥提高作物生长和产量（Harman et al.,2004）。虽然，人们已确认木霉菌具有诱导抗性的功能，并已经成功分离出了几种与诱导抗性有关的蛋白类激发子物质，然而，这些激发子是否具有疫苗的功能呢？要回答这个问题，首先需要明确动物与植物免疫系统的异同点：①动、植物均具有不同特点的体液循环系统（如动物的血管和植物的维管束等）；②动物的免疫性往往是专化性的和系统性的，而且对环境稳定，免疫记忆时间长，免疫后不再需要免疫原存在；植物免疫可以是专化性，也可以是非专化性的，但多数情况下是非专化的，易受环境影响，免疫记忆时间短并始终需要免疫原的存在（如苗期抗性易诱导，而到成株期诱导效应下降）；③动物抗体是对抗原专一的，是免疫应答反应的产物，而植物“抗体”可以是对糖专一的组成蛋白（如凝集素）；④动物免疫后发生局部坏死反应，而植物发生过敏性反应；⑤动物免疫系统可在胚胎期启动，而植物免疫一般需要有一个成熟过程；⑥动物具有胚胎的保护机制，植物的顶端分生组织因具有天然保护机制而不易感染病毒。

综上所述可以看出，虽然动物与植物免疫系统的特点明显不同，但仍具有很多类似之处，即均具有可系统免疫的特点。因此，如何通过生物工程的手段对诱导植物免疫系统表达的疫苗类物质进行改造，使之成为诱导植物全生育期免疫的疫苗，对开发新型植物病害免疫药物具有重要理论和应用价值。近10年来的细胞学研究表明：木霉菌可定殖在植物根系组织内，但不能突破皮层组织引起病害（Harman et al.,2004），确保了木霉菌作为植物共生菌的安全性。木霉菌在根组织全生育期扩展定殖可视为一种持续释放免疫因子（激发子）的免疫原，从而诱导叶部病原菌局部和系统的抗性（Shoresh et al.,2005；Yedia et al.,2003）。*T. asperellum* T203、*T. hamatum*382、*T. harmzianum* T39和*T. virens*等已证明可诱导多种作物对真菌和细菌病害的抗性（Harman et al.,2004；Howell et al.,2000；Yedidia et al.,2003)，但所诱导的抗性与一般的系统获得抗性（SAR）不同，实际上应属于根际微生物诱导系统抗性（ISR)。由于至今对木霉菌诱导植物系统抗性机理尚不清楚，无法在此基础上开展木霉菌疫苗功能蛋白的研究。因此本章重点阐述木霉菌产生的激发子诱导植物抗性的分子机理，在此基础上探讨木霉菌及其分泌蛋白作为植物疫苗的可行性和应用前景。

一、木霉菌-植物共生体

木霉菌-宿主植物形成共生体（symbiont）是诱导植物免疫反应的重要前提。长期以来认为木霉菌（*Trichoderma virens*）主要是通过重寄生作用防治丝核菌（*Rhizoctonia solani*）和腐霉菌（*Pythium* spp.）引起的作物苗病，然而近年研究表明：这种防治效应实际上是依赖木霉菌诱导作物幼苗的防御反应基因的表达实现的，其机制至少部分与根际细菌诱导抗性相似。木霉菌定殖根系的机制是相当精密的，木霉菌丝先缠绕根组织，然后通过表皮进入皮层组织，但不会再深入到维管束组织引起病害，即木霉菌一旦进入根系组织可产生一系列生物活性物质诱导一种“脱壁”作用和某种生理反应使木霉菌限制在皮层范围内生长，这是木霉菌作为长效免疫原的重要基础。当然，内生木霉菌（*endophytic Trichoderma*）定殖规律与此不同，主要定殖植物的维管束组织，更有利于免疫因子的远距离转导。关于木霉菌-植物共生体对植物生理影响已有很多研究：在未接种病菌条件下，菜豆病程相关蛋白（pathogenesis-related protein，PRP）仅能瞬时表达，而根系定殖木霉菌后，再接种病原细菌（*Pseudomonas syringae* pv. *lachrymans*)，则几种 PR 蛋白的 mRNA 强烈表达；而根系如果没有木霉菌（*T. asperellum*）定殖，即使叶表接种病菌也不能诱导 PR 的 mRNA 表达。木霉菌诱导抗性还表现在持效性。例如，将木霉菌 T22 在番茄定殖期接种根系，90～120 天后番茄叶枯病减少 80%。研究也发现木霉菌-植物间的互作并不总是表现出正向互作反应，变异程度较高，尤其是木霉与玉米自交系或杂交种互作即可促进生长、提高产量，也可抑制玉米生长，造成减产。与 T22 发生正向反应的自交系有：M17、Mo46、Va26、C103、C123、NYD410、WF9；T22 对生长没有影响的自交系有：RD402、RD6503、Oh43、Pa875、Va17、Va35、RD30；与 T22 发生负向互作的自交系有：A661 和 Pa33。对于 F1 杂交种而言，如果其中一个亲本（Sgi860）不表现与 T22 明显互作反应，另一亲本（Sgi861）表现对 T22 的负向反应（negative response)，则该杂交种表现对 T22 的负向反应。与 T22 表现正向反应的自交系与表现高度正向反应的自交系杂交，则可培育出与 T22 正向反应的杂交种。这种互作反应已证明是由显性基因控制的（Harman，2006)。然而到目前为止尚没有明确控制这种非亲和互作的基因性质。因此要研究木霉菌诱导玉米免疫的机理，首先需要鉴定木霉菌抑制玉米等作物生长的相关基因，并敲除之。

二、木霉菌-植物-病菌的互作体系

在自然条件下植物免疫反应是在多种致病性和非致病微生物作用下共同诱导形成的。因此，要揭示木霉菌介导下的植物免疫反应的本质不能脱离三方（木霉菌-植物-病菌）的互作体系，而这一互作体系的诸因子的相互影响是很复杂的。通过 MALDI-TOF/MS 和 N 端 Edman 分析鉴定了木霉菌与病菌和寄主植物互作的差异表达蛋白，与其他真菌蛋白有同源性，主要包括糖基水解酶（glycosuyl-hydrolases）和金属蛋白酶（metalloproteases），具有病菌与木霉菌互作的保守序列，而且与诱导抗性有关。调控信号转导或 LRR 的 Ras 与识别有关。

Marra（2006）研究了植物（番茄、烟草、菜豆、马铃薯）-病菌（*Botrytis cinerea*、*Rhizoctionia solan* 和 *Pythium ultimum*）-拮抗菌（*T. atroviride* P1 菌株或 *T. harzianum* T22 菌株）微生物三者关系，在木霉菌和病菌存在条件下植物蛋白质图谱发生了很大变化，诱导产生了病程相关蛋白，该蛋白与诱导抗性有关。除了木霉菌对病菌和寄主植物蛋白质谱有明显的影响，实际上后两者对木霉菌蛋白质图谱也同样可以诱导发生变化。通过质谱分析鉴定出木霉菌被诱导产生热激蛋白（HSP70）和细菌阴沟肠道菌素（bacteriocin cloacin）。Marra（2006）在蛋白质组学水平上建立木霉菌-菜豆-病菌（灰霉菌和丝核菌）三者间分子互作实验体系。结果表明：寄主植物病程相关蛋白和其他病害相关因子（如潜在的抗性基因）可与两种病菌单独作用或在病菌与木霉菌复合作用时发挥作用。互作的木霉菌蛋白与真菌疏水蛋白（hydrophobin）、ABC 转运蛋白同源。病菌的致病因子，如类嗜细胞素（cytophilin）是病菌蛋白质组中与植物单一互作或与拮抗菌互作中表现上调的蛋白质。然而这一实验体系仅能反映三方产生的小分子对互作方蛋白质组表达的影响，无法反映大分子和机械接触的诱导作用（Marra，2006）。

关于木霉菌-病菌-寄主植物三者互作过程中基因表达的 cDNA 和 EST 的研究已有一些进展，确定了许多新基因和基因产物，包括可在拮抗性中诱导表达的 ABC 转运蛋白和一些诱抗相关酶和蛋白，它们可诱导抗性并能促进作物生长。

三、木霉菌调控的植物免疫相关反应

（一）免疫相关反应

众所周知，诱导抗性可分为系统获得抗性（sytemic acquired resistance，SAR）和诱导系统抗性（induced systemic resistance，ISR），SAR 是指植物由坏死性病原物（necrotizing pathogen）侵染或者局部组织经化学诱导物处理，导致植株未侵染（处理）部位产生对后续病原物侵染的抗性。这种抗性具有系统性、持久性和广谱性特点。ISR 则是指由部分非致病性根围细菌定殖植物根部，诱发植物产生的整株系统性的抗性。水杨酸（salicylic acid，SA）是诱发 SAR 产生的关键信号分子之一，而茉莉酸（jasmonic acid，JA）和乙烯（ethylene，ET）则为诱发 ISR 产生的关键信号分子。木霉菌所诱导的反应已证明在很大程度上属于 ISR（Yedidia et al.，2003；Shoresh et al.，2005）。根据木霉菌调控的植物防御反应的特点，两种反应均可归类于植物免疫相关反应。

（二）诱导免疫相关反应的生理效应

Calderon 等（1993）研究发现，木霉菌产生诱导植物保卫反应的木聚糖酶是一种 22kDa 蛋白，用木聚糖酶注射烟草诱导了 PR 蛋白产生，表明其释放的寡聚糖片段可能作为诱抗信号分子起作用。进一步的研究发现，这种木聚糖酶可以诱导植物 K^+、H^+ 和 Ca^{2+} 通道的形成，除此之外还可以诱导乙烯的合成，外源乙烯能诱导 PR 蛋白产生，导致细胞壁加强，乙烯和水杨酸信号转导途径的激活，最终将导致抗病相关的过氧化物酶和几丁质酶活性升高。有人研究发现：防卫反应可能不是木聚糖酶本身作用的结果，而是与木聚糖酶的膜受体介导有关（Sharon et al.，1993）。

Yedidia 等（2000）在研究木霉菌 T-203 菌株在黄瓜根部的早期定殖中发现了三种新的蛋白，同时用诱抗剂 INA 处理也发现了这种新蛋白的生成，这些蛋白具有几丁质酶活性，属于 PR-3 家族，由此表明了木霉菌具有诱导抗病性的作用。PR 蛋白的合成在番茄中的一系列 SAR 标记基因中，至少由 9 个 PRP 家族组成，包括 PR-1 酸性异构体（PR-1）、β-1，3-葡聚糖酶（PR-2）、几丁质酶（PR-3）等。在拟南芥中，SAR 标记基因是 *PR-1*，*PR-2* 和 *PR-5*，这些编码 SAR 标记蛋白的基因已被克隆并广泛应用于判定 SAR 的启动（Lotan et al.，1990）。

Christelle 等（2001）发现，分离自长枝木霉（*Trichoderma longibrachiatum*）中的一种纤维素酶可起到激发子作用。利用这种纤维素酶处理西瓜 3h 后诱导了活性氧激发、随后激活了水杨酸和乙烯信号途径，进而激发了过氧化物酶和几丁质酶活性的提高。CHET（2004）利用 *T. asperellum* 处理黄瓜根部成功诱导对黄瓜细菌性角斑病的抗性（*Pseodomonas syringae* pv. *Lachrymans*（PsI）），其中酚类物质和两种防御反应基因 mRNA 的表达与抗性诱导有关，即 PAL 和十八烷化物（octadecanoid）代谢途径的基因——羟基过氧化物裂解酶基因（*HPL*）。结合基因表达分析，测定信号分子水平和利用专化性激素抑制因子，证明了茉莉酸和乙烯信号途径参与了木霉菌引起的系统诱导抗性。通过根系诱导下的木霉菌基因和蛋白的差异表达，确定木霉菌产生的防御反应激发子瞬间表达机制和诱导系统防御反应途径。木霉菌分泌的胞壁降解酶基因，如 *T. at-*

roviride strain P1 的 *ech42*、*gluc78*、*nag1* 已经克隆，并证明与诱导抗性有关。葡萄糖氧化酶基因催化依赖氧的 D-葡萄糖氧化成 D-gluconol-1,5-内酯和过氧化氢，后者具有抗菌活性并能激活寄主防御反应。*T . atroviride* strain P1 转化子具有多个 *gox* 启动子，该转化子已用于菜豆种子处理，接种 P1-GOX 转化子可以减轻病害症状并可抑制病菌向木霉非定殖区的扩展。通过原生质体共转化完成了质粒导入，筛选出抗潮霉素的后代，并用于 ISR 诱导性的确定（Harman et al.,2004）。

陈捷等（2005）通过双向电泳及相应的分析软件（PDQuestTM 2-D software）可将不同处理的玉米自交系（Mo17）幼苗蛋白进行分离。T22 菌株处理的根系产生 104 种上游调控蛋白和 164 种下游调控蛋白，T22 与腐霉菌复合处理可产生 97 种上游调控蛋白和 150 种下游调控蛋白，而用腐霉菌单一处理诱导的上游或下游蛋白的数量明显少于上述两个处理。T22 或腐霉菌单一或复合处理的根系蛋白质组图谱与空白对照相比差异显著，它们与对照的蛋白质组图谱相似系数分别为 0.72、0.51 和 0.49，因此腐霉菌侵染对蛋白质图谱的影响最大。进一步通过质谱分析发现在木霉菌接种处理、木霉菌＋腐霉菌接种处理、腐霉菌接种处理中产生的蛋白质种类明显不同，其中前两个处理中出现了与防御反应相关的内切几丁质酶、病程相关蛋白、G 蛋白和异黄酮还原酶以及一系列参与呼吸作用的蛋白质，这些可能是促进玉米幼苗生长和提高抗性的相关蛋白互作网络的一部分。而在腐霉菌处理中，病程相关蛋白消失，说明腐霉菌的侵染明显抑制了病程相关蛋白的表达。植物与木霉菌之间存在相当复杂的关系。木霉菌对于作物生长、产量、抗性的促进作用以及重寄生作用均与互作植物的基因型有着密切关系（Chen et al.,2005）。

陈捷等（2005）利用限制酶介导整合技术（REMI）构建木霉菌突变株，这些突变株可诱导番茄植株产生高活性的几丁质酶和 β-1,3 葡聚糖酶，进而提高了番茄对灰霉病的抗性，对侵染花器和叶片的灰霉病防效分别比野生株提高了 16.9%和 8%。

Michal 等（2006）和 Harman（2006）利用蛋白质组学技术研究了木霉菌 T22 菌株处理种子诱导玉米抗叶斑病的分子机理，研究发现经 T22 处理的种子长出的幼苗叶片内切或外切几丁质酶及 β-1,3-葡聚糖酶活性明显提高，酶活的提高与对炭疽病的抗性呈正相关，其中几丁质酶与 PR-3 同源。

屈中华等（2006）利用植物蛋白质组学技术，研究了木霉菌 REMI 转化子诱导黄瓜抗白粉病的机理。木霉菌转化子诱导叶片产生 22 种上游调控蛋白和 7 种下游调控蛋白。MALDI-TOF-MS/MS 分析获得了 5 个与抗性诱导相关蛋白：假想叶绿素 A-B 结合蛋白、捕光复合物Ⅱ叶绿素 a-b 结合蛋白、叶绿体前体（捕光叶绿素蛋白复合体）、1,5 二磷酸核酮糖羧化酶；质体蓝素；1,5 二磷酸核酮糖羧化酶小链，叶绿体前体（1,5 二磷酸核酮糖羧化酶小亚基）。其中 1,5 二磷酸核酮糖羧化酶；质体蓝素均为植物光合作用的关键蛋白，说明木霉菌可通过诱导光合作用相关蛋白而间接提高对白粉病的抗性。

黄秀丽和陈捷等（2007）利用 T23（*Trichoderma atroviride*）灌根处理玉米幼苗，待玉米长至 6～7 叶期后挑粘接种弯孢叶斑病原菌 CX-3，分别在 24h、48h 后分析叶片蛋白质组变化。选取 5 个差异表达的蛋白点进行了 MALDI-TOF-MS 鉴定，结果发现与木霉菌诱导相关的差异蛋白有脱落酸和成熟可诱导类蛋白，22kDa 干旱可诱导蛋白，乙二醛酶-1，谷胱酰胺合成酶根同工酶，叶绿体延长因子-TuA 等，其中 22kDa 干旱可诱导蛋白乙二醛酶-1，为木霉菌灌根处理后新诱导产生的（陈捷等，2007）。

Alfano 等（2007）研究表明：*Trichoderma hamatum* 382 可系统诱导番茄对细菌性叶斑病（*Xanthomonas euvesicatoria*）的抗性，通过高密度的寡核糖苷酸微阵列检测接种病菌前木霉菌对叶片中15 925个基因表达的影响。在鉴定的 45 个基因中，有 41 个基因至少可归为 7 大功能类群之一，在 36 个 *T. hamatum*382 诱导的基因中，有 14 个基因与生物和非生物胁迫有关，说明该木霉菌株激发了番茄类似胁迫生理反应。在诱导蛋白中有 4 个伸展蛋白或类伸展蛋白和 1 个 PR-5，但没有发现其他系统获得抗性的标记。此外，*T. hamatum*382 诱导番茄并没有影响 JA 和 SA 途径中的相关基因（*Lox1*、*ETR1*、*CTR1*）的表达，这与 T-34 不影响黄瓜根系和子叶的 SA 和 JA 代谢水平的结论是一致的。已有研究表明，病原菌侵染寄主植物或非生物因子作用（如伤口和外源 SA 或甲基茉莉酸）均可诱导伸展蛋白基因的表达，而伸展蛋白基因 *EXT1* 在拟南芥的过量表达与拟南芥提高对病原细菌 *Pseudomonas syringae* 抗性关系密切（Alfano et al.，2007）。

（三）免疫相关反应诱导因子的性质与功能

近年研究发现，木霉菌诱导局部和系统抗性的物质包括各种蛋白、无毒基因编码类蛋白和木霉菌胞外酶分解病菌和植物细胞壁释放的碎片成分。木霉菌产生的诱导植物免疫相关反应的激发子大致可分为两大类：一类是直接由木霉菌产生的或由寄主植物诱导后产生的具有直接诱导免疫反应功能的生化因子；另一类是木霉菌在重寄生病菌菌丝或定殖植物组织过程中产生的。

1. 免疫相关反应诱导因子

按基因对基因关系，这类诱导因子（即所谓的激发子）可分为两种类型：①可与植物 R 基因互作的无毒基因产物；②非基因对基因互作的特异性代谢物。

（1）抗性基因与无毒基因互作　木霉菌与植物间互作能产生一些调控无毒

性基因（avrulence gene）与抗性基因（resistance gene）互作的蛋白。Matteo lorito 和陈捷等（2004）分别通过 MALDI-TOF-MS 方法从 *Trichoderma harzianum* T22 菌株中发现了类似于 *Cladosporium fulvum* 中的无毒基因 *avr4*、*avr9* 编码的蛋白（Harman et al.,2004），这两种无毒基因产生可与相应的抗性基因（*Cf*-4、*Cf*-9）互作激活番茄叶霉病的抗性。在 *T. atroviride* P1 也发现了类似的无毒基因产物。木霉菌的转化子可携带来自 *Cladosporium fulvum* 的无毒基因 *avr4* 在组成或诱导表达启动子的作用下与植物的 *Cf4* 基因互作表达，诱导番茄根系发生抗性相关的坏死反应和木栓化作用，证明木霉菌可以影响植物代谢和病害抗性相关信号分子或基因表达，包括无毒基因等。目前已获得了结构上非常类似于 *avr4* 编码的蛋白 Hytra1，是一种疏水蛋白，具有几丁质结合活性和类型 8 半胱胺酸残基及 4 个二硫桥。含有 Hytra1 的胞外蛋白渗透液可以强化烟草和番茄叶上的过敏性反应，诱导新的植保素形成。Marra 等（2006）通过蛋白质组学方法从 *T. atroviride* 中鉴定出一种疏水蛋白，可在木霉菌拮抗丝核菌中过量表达，与 NIP1 无毒蛋白同源，说明可参与木霉菌与宿主植物基因对基因的互作。

（2）微生物或病原菌相关分子模式（MAMP 或 PAMP）　近年研究表明，植物中存在一种先天免疫或基础免疫机制，如 MAMP 或 PAMP 诱导的免疫。该模式虽然不符合基因对基因关系的诱导因子不能直接与抗性基因 R 发生关系，但多数是直接或间接参与了防御反应基因的诱导表达，同样可增加诱导免疫的水平。Calderon 等（1993）的研究发现，木霉菌产生诱导植物保卫反应的 22kDa 木聚糖酶和 Christelle 等（2001）等从长枝木霉（*Trichoderma longibrachiatum*）分离的一种纤维素酶均可直接起到免疫相关反应激发子的作用。

Francesco 等（2006）从国际著名的木霉菌 T22、T39、A6 和 P1 中分离到一系列次生代谢物，如 azaphilone（T22）、butenolide（T39）、1,8-hydroxy-3-methyl-anthraquinone、1，8-dihydroxy-3-methyl-anthraquinone、harzianolide，-6-n-pentyl-6H-pyran-2-none 和 harzianopyridone，其中前两种新获得的次生代谢物除具有对 *Gaeumannomyces graminis* var. *tritici*、*Rhizoctonia solani* 和 *Pythium ultimum* 的明显拮抗作用外，还可诱导油菜（canola）幼苗产生对灰霉病菌（*Botrytis cinerea*）和黑胫病菌（*Leptosphaeria maculans*）的系统抗性。

Slavica 等（2006）从 *Trichoderma virens* 分泌物中分离到了一种小的、富含半胱氨酸的疏水性蛋白 Sm1（small protein1），与 cerato-platanin（分离自悬铃木溃疡病菌 *Ceratocystis fimbriata* f. sp. *platani*）基因家族有很高的同源性，该小蛋白不仅对植物和微生物无毒，还能诱导水稻、棉花活性氧释放以及葡聚糖酶、几丁质酶和过氧化酶等防御反应基因的局部和系统表达，还与倍半萜类化合物（sesquiterpenoide）合成相关的 HMG-CoA 还原酶（HMG）和杜松烯合成酶（(+)-δ-cadinene sythase）有关。在宿主植物或不同营养条件下 *SM1* 可在真菌整个发育阶段表达。利用提纯的 Sm1 处理棉花叶片可明显诱导出对炭疽病（*Colletotrichum* spp.）的抗性。利用 *T. virens* Gv29-8 野生株和 SM1 断裂或过量组成表达的转化子处理玉米根系，然后在叶部挑粘接种炭疽病菌（*Colletotrichum gramincola*），结果发现该木霉菌的 *Sm1* 高水平表达与玉米叶片茉莉酸诱导增加和发病程度下降呈正相关。野生型木霉产生的 *Sm1* 在玉米植株存在条件下表现为上调，而在培养基条件下（无玉米植株）则无此规律。进一步研究发现，*Sm1* 的缺少或过量表达并没有影响该木霉菌生长发育、孢子萌发、黏胶霉毒素（gliotoxin）分泌、菌丝缠绕能力、疏水特性及定殖玉米根系的能力。总之，Sm1 是 *T. virens* 诱导玉米系统抗性的重要功能因子（Slavica et al.,2006; Walter et al.,2007）。Marra 等（2006）从 *T. atroviride* 的 P1 菌株分离到了一系列与疏水蛋白同源的 ABC 转运蛋白、胁迫相关蛋白（HSP70、几丁质合成酶、Hex1 蛋白），这些蛋白可能与诱导抗性有关。

屈中华等（2007）筛选出了对黄瓜白粉病具有诱导抗性作用的木霉菌 REMI（限制酶介导基因整合技术）转化子 3 株。利用木霉菌出发菌株 T23 及其 300 余株 REMI 转化子的发酵液处理黄瓜幼苗的根部，随后在叶片上挑粘接种白粉病菌，调查病情指数。结果表明转化子 F3 对白粉菌的防效最高，达到 66.7%，且发现经转化子 F3 发酵液处理后黄瓜叶片防御酶 PAL、PPO、CAT、POD、SOD 活性以及蛋白含量与对照相比均有显著变化。采用透析和浓缩的方法，将发酵液分为蛋白组分和非蛋白组分，分别处理黄瓜幼苗根部，结果表明原始发酵液具有较好的诱导抗病效果，而采用发酵液中的蛋白和非蛋白组分分别处理黄瓜幼苗时则不产生诱导抗病效果，但将蛋白和非蛋白组分重新混合后处理黄瓜则可产生诱导抗性效果。以上结果证明，F3 发酵液中诱导黄瓜抗白粉病的物质是蛋白和非蛋白成分共同作用的结果，而不是其中单一组分的作用。

2. 胞外酶降解病菌或植物胞壁组织释放的免疫相关反应诱导因子

从病菌或宿主植物胞壁或胞内释放出的具有诱导植物免疫反应功能的生化因子，即所谓次生激发子。如在重寄生过程中，木霉菌可识别病菌细胞信号，产生一系列水解酶类物质（如内切几丁质酶和葡聚糖降解酶）降解真菌细胞壁，进而释放出一系列寡糖类物质，这些寡糖类物质已证明可以诱导植物产生抗性。从病菌释放的重寄生作用激发子可激发木霉菌生物防治功能；重寄生和定殖过程中专化性诱导的真菌启动子可参与诱导植物抗性相关蛋白和植保素。通过转基因技术可证明木霉菌转导的异源蛋白有进入植物的能力。

3. 免疫相关反应诱导因子的生理功能

免疫相关反应诱导因子除具有诱导抗性反应信号功能外，还对来源菌生理功能产生影响。

（四）植物-木霉菌互作中的信号转导

1. 植物胞内 Ca^{2+} 信使感应免疫相关反应诱导因子

木霉菌可分泌一系列与诱导抗性有关的代谢物，如蛋白、肽类、寡糖和抗生素等，其中很多种类已证明具有激发植物系统抗性的功能，而宿主植物恰好能够识别这些激发类物质。众所周知，在植物-真菌互作过程中经常发生信使的交换。在这种互作过程中胞内信使 Ca^{2+} 浓度变化证明参与了互作中的信号转导，植物对病菌侵染的反应可以通过植物胞内 Ca^{2+} 快速诱导和含量增加得到客观反映，而这种变化随后可激活一系列防御反应的发生。

Lorella（2007）通过比较 *Trchoderma atroviride* P1 和敲除内切几丁质酶的该菌株的突变株所产生的代谢物与植物互作效应的差异，发现植物细胞可以通过 Ca^{2+} 的变化特异性感知与其互作的木霉菌培养液中大分子。钙离子是胞内信使物质，参与了一系列生物刺激因子引起的植物信号转导，包括来自病菌和共生真菌（如木霉菌等）信号分子。通过分子筛可将木霉菌或其几丁质酶基因敲除突变株、病菌（灰霉菌）单独培养或双方共培养过程中产生的代谢物分成＜3kDa 和＞3kDa 两部分，然后分别处理可表达水母发光蛋白的大豆悬浮细胞液，检测大豆悬浮细胞游离 Ca^{2+} 浓度的瞬时变化与不同来源代谢物作用的相互关系。结果表明：处理后的大豆细胞内的 Ca^{2+} 变化能够特异性应答来自木霉菌野生株或几丁质酶基因敲除突变株或病菌单一培养或其与木霉菌共培养代谢物的作用，实际上产生了 Ca^{2+} 印迹效应。研究发现，敲除 2kDa 内切几丁质酶基因后的木霉菌突变株代谢物作用大豆细胞所起的 Ca^{2+} 印迹效应也发生了变化。说明几丁质酶基因也参与了木霉菌调控植物 Ca^{2+} 信使的作用。利用二氯二氢荧光素二乙酯（dichlorofluorescein diacetate）测定表明：来自灰霉菌代谢物（主要是＜3kDa）诱导大豆细胞活性氧（ROS）的效应明显高于木霉菌，而木霉菌与病菌共培养的代谢物所激发的活性氧水平很低，尤其是＜3kDa 的分子。进一步研究发现，敲除 2kDa 内切几丁质酶基因的木霉菌突变株（△ech42）对大豆细胞活性氧的诱导效应与野生型木霉菌没有明显区别。推测活性氧诱导在植物与木霉菌互作反应中不起主要作用。上述研究还可看出，木霉菌或病菌产生的代谢物除产生了对大豆细胞 Ca^{2+} 印迹效应外，还能对大豆细胞其他生理产生不同影响。用木霉菌和病菌或两者共培养的代谢物处理大豆细胞，可使细胞活性下降，甚至导致细胞死亡，尤其是<3kDa 的小分子代谢物这种作用更为明显。上述代谢物分子在引起大豆程序性细胞死亡（PCD）也表现明显不同的规律。通过测定大豆细胞胱冬肽酶-3类蛋白酶（Caspase-3-like protease）活性，发现上述代谢物引起程序性细胞死亡的模式不同。Ca^{2+} 和胱冬肽酶-3 类蛋白酶已证明参与调控细胞过敏性坏死反应。虽然植物细胞的 Ca^{2+} 、活性氧和程序性细胞死亡均能应答木霉菌的作用，但三者之间因果关系或作用网络的先后顺序目前还无法确定（Lorella et al.,2007）。

2. 木霉菌对植物茉莉酸和水杨酸的诱导

早期研究表明，植物根系一旦被非致病性木霉菌定殖后，分别在根部局部性积累和叶部系统性积累拮抗性物质（Howell et al.,2000；Yedidia et al.,2003）。近来研究表明，茉莉酸/乙烯（JA/ET）和促分裂原活化蛋白激酶（MAPK）是木霉菌介导的黄瓜系统性诱导抗性的重要信号转导途径（Shoresh et al.,2005, 2006；Viterbo et al.,2005）。PAL 的表达受茉莉酸/乙烯信号途径调控。PAL 是苯丙烷类生物合成中的第一个限速酶，它主要是为一系列抗菌物质的合成提供前体物质，而 Sm1 激发子能够促进棉花 PAL 的表达水平增高，从而提高各种酚类物质，如倍半萜类植保素和木质素等的积累和氧化水平。Slavica（2007）在 *T. virens* 调控的玉米抗性反应中也证实木霉菌的 Sm1 可激发 PAL 表达。另一种与 JA/ET 信号途径调控有关的蛋白为脂氧合酶（lipoxygenase，LOX）。该酶催化的产物主要是茉莉酸和其他氧合化脂肪酸，如氧类脂（oxylipin）。这些物质均已证明参与了 ISR 的信号转导（Conrath et al.,2006）。目前对 13-LOX 催化的亚油酸氧合作用、丙二烯氧化物合成酶（AOS）和氢过氧化物裂合酶（HPL）的催化作用开展了深入研究。AOS 包括一系列酶，主要有丙二烯氧化物环化酶和 12-氧代-植物二烯酸还原酶（12-oxo-phytodienoic acid reductase，OPR），催化产生多种茉莉酸。HPL 的催化产物包括许多挥发性 C-6 醛和乙醇或绿叶气味物质（GLV）。GLV 是植物产生的一种对病原菌和害虫侵染的防御性信号物质。*AOS* 和 *OPR7*（氧代-植物二烯酸还原酶基因）或 *OPR8* 与茉莉酸合成有关，与 *PAL* 基因类似，*AOS* 和 *OPR7* 在野生型或过量表达的菌株中是上调的，而在未用木霉菌或仅用缺失 Sm1 的菌株处理的植株中仅有基础水平的表达。*LOX* 和 *HPL* 已证明最有可能属于玉米中的产 GLV 的酶（Nemchenko et al.,2006）。研究表明，虽然玉米中 *LOX10* 与被非致病性 *Pseudomomas* 菌株所诱导 ISR 反应相关的 *LOX* 同源，但在 *T. virens* 中该 *LOX* 表达并不随处理时间增加而增加。相反，*HPL* 在野生型或过量表达 *T. virens* 菌株中是上调的，与未用木霉菌或用缺失 Sm1 的菌株处理的表达水平类似（Slavica et al.,2007）。

3. 木霉菌对植物促分裂原活化蛋白激酶的诱导

Michal Shoresh 等（2007）研究表明，*Trichoderma asperellum* 通过茉莉酸和乙烯信号转导途径诱导黄瓜系统抗性。促分裂原活化蛋白激酶（mitogen-activated protein kinase，MAPK）已经证明参与了黄瓜抗逆反应的信号转导。木霉菌诱导的 *MAPK* 基因（*TIPK*）与伤口诱导的类似。利用弱毒病毒载体，绿皮南瓜黄色花叶病毒（zucchini yellow mosaic virus，ZYMV）过量表达 TIPK 蛋白和反义 RNA。研究发现过量表达 TIPK 的黄瓜叶片提高了对病原细菌（*Pseudomonas syringae* pv. *lachrymans*）的抗性。由于表达反义 *TIPK* 的黄瓜叶片提高了对病菌的敏感性，因此木霉菌预接种黄瓜根系并不能保护转反义 *TIPK* 黄瓜叶片免受挑粘接种的叶斑细菌的侵染，从而证明了木霉菌是通过激活黄瓜 *TIPK* 而实现保护效应的（Michal et al.,2007）。

四、展望

综上所述，木霉菌由于可以定殖于植物根表，并随着根系生长而不断扩展，因此，从免疫学角度看，木霉菌可以作为一种长效的免疫原生物存在于免疫位点，持续分泌一系列免疫相关反应诱导分子，如各种蛋白、无毒基因蛋白、倍半萜类物质等，从而满足植物疫苗和免疫反应的基本要求。另一方面，由于木霉菌可定殖于植物根系的皮层内，为免疫诱导因子和效应因子发挥作用提供了稳定的环境，尤其是可定殖于维管束的内生木霉菌更合适作为免疫反应诱导因子来源生物，因为植物维管束可为免疫反应诱导因子及效应分子长距离运输提供途径。关于木霉菌及其激发子诱导植物 ISR 的茉莉酸信号途径是否是木霉菌调控植物免疫反应的共同信号系统，以及该信号系统与其他信号系统应答网络和级联放大的时空规律研究仍不深入。从新型植物免疫药物开发角度，需要通过现代生物工程技术手段进一步分离木霉菌源免疫反应诱导因子或分子修饰诱导因子提高诱导免疫效果，使之成为新型绿色农药先导化合物，或将该诱导因子的基因直接转入受体植物中，实现在叶片和根组织内的定向表达。由于目前关于免疫反应诱导因子及效应分子在植物中的转运规律和形态，以及植物遗传背景和组织结构对诱导因子和效应分子转运和有效性的影响等均不清楚，因此需要深入研究植物发育过程中干扰免疫反应诱导因子和效应分子长距离转导和持效表达主要生理学和遗传学基础，为分子修饰免疫反应诱导因子、培育分子免疫植物新品种奠定理论和技术基础。总之，仅依靠传统分子生物学和遗传学手段已无法全面揭示木霉菌蛋白等代谢物分子调控植物免疫反应的本质，需要从系统生物学角度全面研究木霉菌代谢物分子与受体植物互作的动力学，才能使今后创制出木霉菌源的植物分子免疫疫苗成为可能。

（陈　捷）

参考文献

陈捷，徐书法，黄秀丽，刘力行，陈云鹏．2007．玉米几种重要病害蛋白质组学研究进展．植物病理学报，37（5）：449～455．

陈捷，刘限，徐书法等．2005．利用限制性内切酶技术获得木霉菌插入变异．上海交通大学学报，39（11）：1918～1923

刘限，高增贵，庄敬华等．2005．木霉菌原生质体的制备和再生的研究．沈阳农业大学学报，36（1）：37～40．

屈中华，薛春生，刘力行，陈捷．2007．生物型种衣剂诱导后黄瓜叶片蛋白质组学初步研究．安徽农业科学，35（21）：6487～6489

Alfano G，Lewis I，ML，et al. 2007. Systemic modulation of gene expression in tomato by Trichoderma hamatum 382，Phytopathology，97（4）：429～437

Calderon AA，Z JM.，Munoz R，et al. 1993. Reseratrol production as a part of the hypersensitive-like response of grapevine cells to an elicitor from Trichodermaa viride. New Phytol，24：455～463

Chen J，Harman GE，Comis A. 2005. Proteomics related to the biocontrol of *Pythium damping* off in maize with *Trichoderma harzianum*. Journal of integrative plant biology，47（8）：988～997

Chen J，Liu X，Xu SF，et al. 2005. Insertional Mutagenesis of *Trichoderma* obtained by REMI Technique. Journal of Shanghai Jiaotong University，39（11）：1918～1923

Christelle M，Fré dé ric B，Emilie LC，et al. 2001. Salicylic Acid and Ethylene Pathways Are Differentially Activated in Melon Cotyledons by Active or Heat-Denatured Cellulase from Trichoderma longibrachiatum Plant Physiol，127：334～344

Francesco V，Krisnapillai S. 2006. Proceedings of the 9th Trichoderma and Gliocladium Meeting Vienna

Harman GE，Howell CR，Viterbo A，et al. 2004. Trichoderma species-oppotunistic，avirulent plant symbionts. Nat. Rev. Microbio l 2：43～46.

Harman GE. 2006 Overview of mechanism and use of Trichoderma spp. Phytopathology. 96：190～194

Howell CR，Hanson LE，Stipanovic RD，et al. 2000. Induction of terpenoid synthesis ubcotton roots and control of Rhizoctonia solani by seed treatment with Trichoderma virens. Phytopathology，90：248～252

Lorella N，Barbara B，Roberto M，et al. 2007. Calcium-mediated perception and defense responses activated in plant cells by metaboloite mixtures secrected by the biocontrol fungus Trichoderma atroviride BMC Plant Biology，7（41）：1～9

Lotan T, Fluhr R. 1990. Xyalanase, a new elicitor of pathogenesis-related proteins in tobacco, use a non-ethylene pathway for induction. Plant Phytiol, 93: 811～817

Michal S, Amit G, Diana L, et al. 2006. Characterization of a Mitogen-Activated Protein Kinase Gene from Cucumber Required for Trichoderma-Conferred Plant Resistance Plant Physiol. 2006 November, 142 (3): 1169～1179

Marra R, Patrizia A, Virginia C, et al. 2006. Study of the three-way interaction betweenn Trichoerma atroviride. plant and fungal pathogens by using a proteomics approach Curr. Genet. DOI10. 1007/s 00294-006-0091-0

Sharon A, Fuchs Y, Anderson JD. 1993. The elicitation properties of a Trichoderma xylanase are not related to the cell wall degradation activity of the enzyme. Plant Physiol. 102: 1325～1329

Shoresh M, Yedidia I, Chet I. 2005. Involvement of jasmonic acid/ethylene Signaling pathway in the systemic resistance induced in cucumber by Trichoderma asperellum T-203. Phytopathology, 95: 76～84

Slavica D, Maria J, Pozo L, et al. 2006. Sm1, a proteinaceous elicitor secreted by the biocontrol fungus Trichoderma virens induces plant defense responses and systemic resistance. Molecular Plant-Microbe Interactions, 19 (8): 838～852

Slavica D, Walter A, Vargas M, et al. 2007. A Proteinaceous elicitor Sm1 from beneficial fungus Trichoderma virens is required for induced systmic resistance in maize Plant Physiology, 145: 875～889

Yedidia I, Benhamou N, Kapulnik Y. 2000. Plant Physiol Biochem. 38: 863～873

Yedidia I, Shoresh M, Kerem Z, et al. 2003. Concommitant inducion of sytemic resistance to *Pseudomonas springae* pv. l *achryman* in cucumber by Trichoderma asperllum (T-203) and accumulation of phytoalexins. Appl Environ Microbiol, 69: 7343～7353

第七章　植物“逆境抗灾疫苗”——脱落酸的研究与应用

一、脱落酸的结构与生理活性

脱落酸（abscisic acid，(＋)-ABA，ABA，农药中文通用名 S-诱抗素）是一种具有倍半萜羧酸结构的植物天然生长调节物质（李宗霆等，1996），是世界公认的植物抵御逆境的“抗逆免疫因子”，属右旋型(＋)-或（S）-，2-顺式与 2-反式结构（图 7.1）。

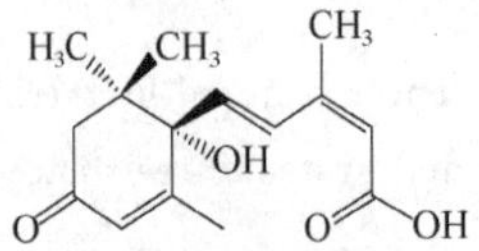

图 7.1　脱落酸的化学结构式

分子式：$C_{15}H_{20}O_4$；分子质量：264.32；CAS：21293-29-8；化学名：[S-(Z,E)]-5-(1′-羟基-2′，6′，6′-三甲基-4′-氧代-2′-环乙烯-1′-基)-3-甲基-2 顺-4 反-戊二烯酸

1961 年至 1963 年，Addicott 和 Ohkuma 等从脱落的棉花幼铃中提取到脱落酸，Eagles 和 Wareing 也从槭树叶片中提取到。1965 年 Ohkuma 等利用紫外、红外、核磁共振及质谱确定了其平面化学结构式。脱落酸在 1967 年的第六届国际生长调节物质会上被正式命名。

自脱落酸被发现以来，人们就其获得方法及植物生理活性进行了长期深入的研究。起初，脱落酸的来源主要通过人工合成和直接从植物中提取。但由于脱落酸有右旋型[(＋)-或(S)-]与左旋型[(-)-或(R)-]两种旋光异构体；有 2-顺式与 2-反式两种几何异构体，而植物体内的天然形式主要是 2-顺式(＋)-ABA，有时存在微量的 2-反式(＋)-ABA（李宗霆等，1996）。因此，人工合成的脱落酸［47.6 美元/mg（SIGMA，2007)］，得到的是消旋体 ABA，即为天然型(＋)-ABA 与非天然型(-)-ABA 的混合物。植物体内的天然脱落酸(＋)-ABA 含量极微，提取成本昂贵。两种光学构型的 ABA 活性差异很大，(＋)-ABA 活性比(-)-ABA 活性强 3～5 倍，甚至更高（沈嘉祥等，1995）。20 世纪 70 年代以后，以意大利人 Assante 等为代表的微生物学家尝试利用真菌发酵技术获得天然型脱落酸，但由于菌株发酵水平低，生产成本仍居高不下。目前天然脱落酸的售价高达 63.6 美元/mg（SIGMA，2007）。因此，尽管大量的植物生理学研究表明，脱落酸在调控植物生长发育、诱导植物对不良生长环境产生抗性等许多方面有着重要的生理活性作用和应用价值，但昂贵的价格和活性上的差异，致使天然活性脱落酸和人工合成脱落酸在国内外都没有田间大面积应用。脱落酸是 20 世纪末唯一未被广泛应用于农林业的天然植物生长调节物质。

二、脱落酸的微生物发酵生产技术

（一）脱落酸产生菌株及其遗传改良

已经报道的能产生(+)-ABA 的微生物菌株有尾孢霉属（*Cercospora fres*）、交链孢属（*Alternaria Neesex Wallr*）、葡萄孢霉属（*BotrytisPers. ex Fr*）、青霉菌属（*Penicillium LK. ex Fries*）、长喙壳属（*Ceratocystis Ell. et Hais*）和曲霉属（*Aspergillus Micheli ex Fr.*）等（杨美林等，1996；莫才清等，1995），其中研究较多的是尾孢霉属菌和葡萄孢霉属菌。尚未见到细菌产生 ABA 的报道。1969 年，Rudunicki 最早报道生长于橘皮上的青霉菌（*Penicillium italicum*）菌丝中含有 ABA，后来证明这些菌丝中所含 ABA 是从橘皮中富集而来(李宗霆等，1996)；1977 年 Assante 等发现真菌蔷薇色尾孢霉（*Cercospora rosicola*）能产生(+)-ABA，但该菌株菌丝生长缓慢，易被杂菌污染，(+)-ABA 最高产量只有 0.06～0.32g/L（Assante et al.,1977），生产成本极高，故而未能形成 ABA 商品化生产；1982 年，Oritani 等发现豆类煤污尾孢霉（*Cercospora cruenta*IFO 6164）也能产生(+)-ABA，但此菌株仍因生长缓慢，ABA 产量低，工艺复杂而难以用于发酵生产（Oritani et al.,1982）。1982 年，Marumo 等报道真菌葡萄灰孢霉菌（*Botrytis cinerea*）能产生(+)-ABA，该菌克服了前两株菌在生长培养上的缺点，在培养基中添加橘皮干粉、橘皮水浸提液及在蓝光照射下，(+)-ABA 产量可达 0.3～0.8g/L（Shingo et al.,1982），其原因可能是蓝光可激活甲羟戊酸（MVA）的合成调控酶 3-羟基-3-甲基戊二酰（HMG)-CoA 还原酶，橘皮中含有该酶的激活因子或 ABA 合成的前体物质等。由于该菌株具有较好的工业化生产前景，1990 年以后，日本 TORAY 公司开始利用该菌进行 ABA 的规模生产研究（李宗霆等，1996）。

1991 年以来，中国科学院成都生物研究所谭红等科研人员，从土壤、植物表面等采集真菌菌株，经过大量的菌种筛选工作，获得天然型 ABA 产生菌株灰葡萄孢霉（*Botrytis cinerea*）X。该菌株菌丝生长较快，生孢丰实，ABA 产量较高。将其作为进一步诱变选育高产菌株的出发菌株，通过利用常规诱变育种方法及其原生质体紫外线诱变、回复再生技术对该菌株进行遗传学改良，获得了脱落酸高产菌株，(+)-ABA 在发酵液中的质量浓度可达 1.4 g/L,并建立了该菌株的规模发酵生产工艺系统。研究工作居世界领先水平（谭红等，1998）。

(二) 脱落酸的真菌生物合成途径

1. 蔷薇色尾孢霉的 ABA 合成途径

真菌合成 ABA 的代谢途径研究始于 20 世纪 80 年代，主要研究的真菌有：蔷薇色尾孢霉（*Cercospora rosicola*）、豆类煤污尾孢霉（*Cercospora cruenta*）、灰葡萄孢霉（*Botytis cinerea*）、松叶枯尾孢属（*Cercospora pini-densiflorae*）等（李宗霆等，1996；增田芳雄等，1978）。

C. rosicola 是最早被用于研究 ABA 合成途径的菌株。1982 年，Neill 等将同位素标记的甲羟戊酸（[^{3}H] MVA）掺入到 *C. rosicola* 的培养基中，其主要的产物为 ABA 和 1′-脱氧 ABA。因此推测 MVA 可能是 ABA 生物合成的前体。赤霉素、麦角甾醇、类固醇等也是通过 MVA 途径合成的。MVA 是由葡萄糖分子转化而来。其 ABA 生物合成途径可归纳如图 7.2。

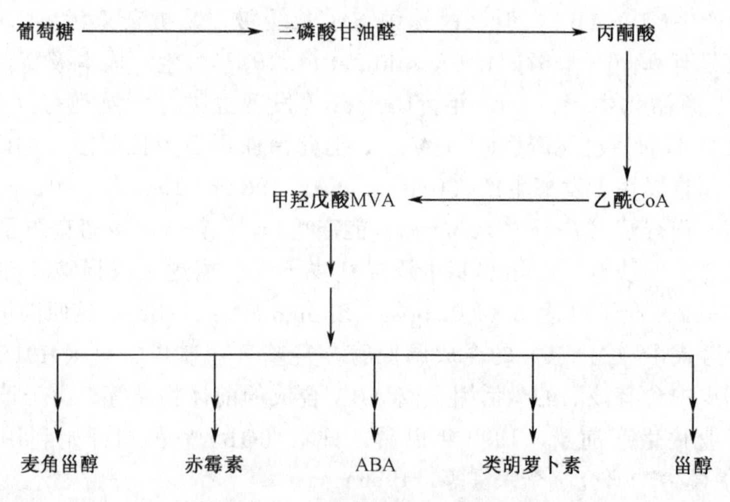

图 7.2 ABA 的生物合成途径

从 MVA 转化为 ABA 的途径，不同的菌株有所不同。

Neill 等继续将放射性标记的 [^{2}H]α-芷香叉乙酸（α-INAA）和 α-芷香叉乙醇掺入到培养基中（Steven et al.,1983），发现它们可被 *C. rosicola* 高效地转化为 1′-脱氧 ABA 和 ABA，通过质谱可证实标记物的掺入。

之后，Norman、Neill、Bennet 等（Shirley et al.,1985）通过同位素示踪，及利用放射性标记化合物对代谢途径的调控研究，初步得到其 ABA 合成途径（图 7.3）。

豆类煤污尾孢霉合成 ABA 的途径与此略有不同，主要表现在法泥醇焦磷酸（FPP）环化后的环上双键的位置，其中间产物之一，4′-羟基-γ-INAA，既可经氧化和羟化直接转变为 ABA，也可先转化为 4′-羟基-α-INAA，再形成 ABA（Takayuki et al.,1997）。

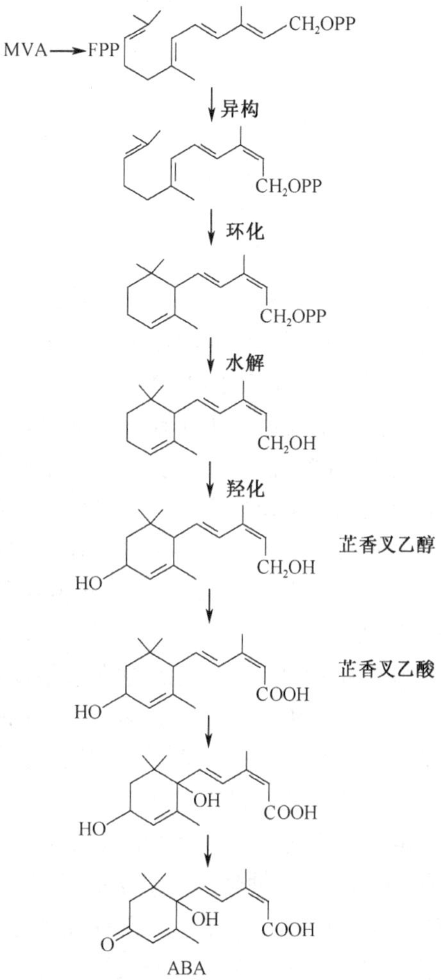

（三）脱落酸发酵生产工艺及主要技术参数

脱落酸的发酵生产菌株可采用前文所述的部分菌株，及其遗传改良菌种。脱落酸可采用固体表面法或液体深层发酵法制备。

已报道的固体表面制备法主要采用马铃薯葡萄糖琼脂（PDA）培养基，少数采用合成培养基。发酵温度 22～28℃，时间 7～30 天。蔷薇色尾孢霉发酵起始 pH6.5～6.8，在发酵培养过程中若用 $CaCO_3$ 和 $Mg(PO_4)_2$ 调节 pH，会抑制菌丝生长，降低 ABA 的产量，但加入 0.1%的玉米浸提液和增加接种量可一定程度上克服 $CaCO_3$ 和 $Mg(PO_4)_2$ 对菌丝造成的生长和产酸的抑制；在发酵培养基中添加维生素、生长因子及部分氨基酸，如：硫胺素、玉米素、酵母膏、马铃薯粉、谷氨酸等，可改善菌丝生长状况，提高 ABA 的产量；在发酵的第五天添加水仙植物提取物，ABA 产量可提高 36 倍（Norman et al.,1981；Takayama et al.,1983）。已报道的蔷薇色尾孢霉在良好的发酵条件下，最高产量可达 0.32 g/L（Norman et al.,1981；Takayama et al.,1983）。

图 7.3 真菌中 ABA 合成的一般途径

灰葡萄孢霉（*Botrytis cinerea*）在 PDA 培养基中，于黑暗或蓝光（λ_{max} 450±50nm，光强度 76$\mu W/cm^2$）照射下，27℃发酵培养 7 天，可获得较高产量的 ABA（Shingo et al.,1982）；在培养基中添加橘皮干粉、橘皮水浸提液、硫胺素、玉米素、蔗糖、麦芽糖、乳糖、纤维二糖等可提高菌株的产量。也可采用麸皮、米糠、葡萄糖等作为培养基质进行固体发酵。已报道的灰葡萄孢霉（*Botrytis cinerea*）及其遗传改良菌株，在良好的固体发酵条件下，最高产量可达 0.3～

0.8g/L（Shingo et al.,1982）。

固体表面制备法的主要缺点是ABA产量较低，易污染杂菌，提取纯化工艺难度较大。

液体深层发酵技术主要是固定化菌体半连续发酵法（专利申请号：96117784）、批次发酵法和流加补料批次发酵法（专利授权号：ZL00132024.6）。

固定化菌体半连续发酵工艺，是采用固定化细胞技术将灰葡萄孢霉（*Botrytis cinerea*）菌丝体固定，并连续或批次底物流加补料，定时定量出料。该方法充分利用菌体连续产生脱落酸的特性，使产酸高峰期能维持较长时间，消除产物阻遏作用，提高单位时间内的产酸量，从而降低能耗和原材料用量，降低生产成本。利用该技术脱落酸的最高产量可达1.2 g/L左右。该方法的主要缺点是对各项发酵指标的监控要求较精细、准确，工艺较复杂，杂菌污染率较高。

批次发酵工艺主要为：在发酵罐中一次性加入足够的培养基质，菌丝体在发酵液中完成生长积累后，进入脱落酸生产期，直至基质消耗完全。该工艺起始发酵液基质的碳氮比例较为重要。在发酵液中添加马铃薯葡萄糖液及羧甲基纤维素泡沫有利于提高ABA的产量。该方法的主要缺点是没有充分利用菌体连续产生脱落酸的特性，ABA的产量不高，约0.3 g/L左右。

流加补料批次发酵法，是在起始发酵液中加入基本培养基，菌丝体在发酵液中完成生长积累后，进入脱落酸生产期时通过连续或非连续流加方式补充部分培养基成分，维持较长时间的产酸期，以优化发酵参数，获得较高的脱落酸产量。该方法脱落酸产量最高可达到1.6g/L。

液体发酵工艺所用发酵培养基相似，单糖以葡萄糖为主，双糖可采用蔗糖、麦芽糖、乳糖、糖蜜等，氮源可采用豆饼粉、花生饼粉等农副产品，也可用NH_4NO_3、$(NH_4)_2SO_4$、$NaNO_3$等化合物；发酵液中添加适量的硫胺素、玉米素、及KH_2PO_4等对提高产酸量有益。培养基质中的碳氮比较为重要，可直接影响产酸量或代谢途径。

三种工艺发酵条件基本相同：发酵温度25～30℃，发酵pH3.0～7.0，发酵周期7～30天。在发酵过程中可用NaOH或KOH溶液调节pH，也可添加有利于ABA合成的前体物质或诱导物质，如羧甲基纤维素（CMC）、柑橘油、橘皮提取物等。已报道的在良好的液体深层发酵条件下，脱落酸的最高产量可达1.8 g/L左右。

蔷薇色尾孢霉在光照培养条件下，其产物(＋)-ABA中2-trans-ABA（t-ABA）的含量较黑暗条件下多5%～40%；灰葡萄孢霉菌（*Botrytis cinerea*）在黑暗和蓝光照射下的培养产物(＋)-ABA中t-ABA的含量均低于5.0%（Shingo et al.,1982；Norman et al.,1981）。

（四）脱落酸的提取技术

脱落酸是胞外自溶产物，其提取技术相对简便。固体表面法制备的 ABA，一般采用丙酮浸提，乙酸乙酯萃取的方法提取（Shingo et al.,1982）；发酵液中 ABA 的提取，主要采用离子交换树脂或大孔吸附树脂吸附，低级醇洗脱的方法，也可采用萃取、膜交换等方法提取回收。得到的粗品经过硅胶柱层析、重结晶等方法精制，可得到纯度达 98%以上的白色晶体。

（五）脱落酸分析检测技术

脱落酸是一种有植物生理活性的有机酸，其分析检测技术较多。植物内源 ABA 的检测以及微量 ABA 的分析，多采用以单克隆抗体为基础的免疫检测技术和气-质联用谱（GC-MS）。RIA 和 ELISA 是目前常用的两种免疫定量技术（李宗霆等，1996），其优点是专一性强，灵敏度高，操作简便，样品只需初步纯化。GC-MS 也是现代植物激素检测的新技术之一，能准确检测微量（10^{-12} g）的 ABA。在 GC-MS 中，选择性离子检测技术（SIM）更迅速有效，具有高灵敏度和能准确鉴定激素的立体结构的特点。

在脱落酸的发酵生产工艺中，ABA 含量可达较高水平（10^{-3} g），常用的检测分析方法有高效液相色谱（HPLC）、紫外吸收光谱（UV）、薄层层析法（TLC）、小麦芽鞘法等。HPLC 采用 ODS 反相层析柱（Develosil-ODS-5），流动相可为甲醇：水＝6：4（v/v）溶液或甲醇：水：乙酸＝6：4：0.1（v/v/v）（谭红等，1998），紫外检测器（λ_{max} 252nm）测定发酵液中 ABA 的含量。HPLC 方法精确度较高，检测速度快，但对设备及分析技术要求较高。采用紫外分光光度仪也可测定发酵液中 ABA 的含量，检测波长为 λ_{max} 252 nm。但该方法发酵液中的 ABA 需经过提取纯化方能测定，否则发酵液中的其他成分会干扰 ABA 的紫外吸收值，造成测定不准确。TLC 法是发酵工艺过程中一种快速检测手段，可采取与已知的标准层析点相对照的方法对发酵液中的 ABA 含量做粗略的定量分析，常用的展开剂为乙酸乙酯：正己烷＝1：1（v/v），Rf＝0.6，硫酸（5%）显色为黄绿色斑点。该方法快速简便，但准确度较低。小麦芽鞘法（朱广廉等，1990）除可作为粗略的定量测定方法外，通常作为产品 ABA 的生物活性检测方法。

三、脱落酸——植物“逆境抗灾疫苗”

（一）脱落酸的植物抗逆生理活性基础

自脱落酸被发现以来，科学家们对其植物生理活性和功能进行了长期不懈的探索，化学文摘（CA）和生物学文摘（BA）上累计已有上万篇研究报告。大量研究表明，脱落酸主要调节植物对逆境的适应以及种子发育、幼苗生长、叶片气孔行为等，是一个生命攸关的化学信号分子。近年来ABA作为植物抵御逆境的“逆境胁迫激素”、“抗逆免疫因子”的植物生理活性的研究报道尤其居多。

（二）脱落酸诱导植物对“非生物逆境”产生抗性

脱落酸能够诱导、启动植物150多种抗逆基因的表达，约占植物基因总数的0.5%。研究表明，ABA广泛参与植物生长发育的调控和对多种环境胁迫的适应性反应，提高植物对干旱、低温、盐碱、水涝等非生物逆境的耐受性。ABA信号转导和作用机制的研究一直是植物逆境生物学的重要课题，现已鉴定出许多重要的ABA信号转导元件，包括蛋白激酶、磷酸酶、离子通道和Ca^{2+}等。同其他任何激素等化学信号一样，ABA执行其生物学功能的过程，实质上是一个细胞信号转导过程。ABA信号首先通过细胞受体被识别，然后通过一系列细胞内下游信使将信号转导到“靶酶”或细胞核内“靶基因”上，最终直接引起酶活性的变化或基因表达的改变，从而导致生理效应。如Xiong等研究表明，S-ABA能提高水稻促分裂原活化蛋白激酶（mitogen- activated protein kinase，MAPK）的活性。该酶的高表达能增强植株对非生物逆境如干旱、高盐、低温的耐受力。在土壤干旱胁迫下，ABA诱导叶片细胞质膜上的信号转导，导致叶片气孔不均匀关闭，减少水分蒸腾散失，提高植物抗旱能力。在盐渍胁迫下，ABA诱导植物增强细胞膜渗透调节能力，降低每克干物质Na^{+}含量，提高PEP羧化酶活性，增强植株的耐盐能力（李宗霆等，1996；龚明等，1990）。

ABA能够诱导植物抗寒抗冻，被认为是抗冷基因表达的启动因子。抗寒性不同的植物品种，其内源ABA含量也不同。一般而言，抗寒性强的品种高于抗寒性弱的品种。外源施用ABA能够增强植物的抗寒能力已被许多实验所证实（罗正荣，1989）。水稻、苜蓿、马铃薯、棉花、黄瓜、小麦等作物，通过外施脱落酸能有效提高抗低温能力（罗正荣，1989）。分析外施脱落酸提高水稻幼苗的抗冷性，发现叶片电解质渗透率减少，叶片的褪色速度减慢和阻止了叶鲜重的下降。以10^{-5} mol/L脱落酸预处理水稻三叶期幼苗24h就可大幅度降低电解质渗透率。低温期间，水稻幼苗的可溶性糖含量增加。外施脱落酸提高可溶性糖的含量，在低温第4天更明显，这是对低温的一种适应，因为加速水稻幼苗的可溶性糖积累能够提高抗冷性。有研究报道，低温下，用浓度为2×10^{-5} mol/L的脱落酸处理的杂交水稻幼苗膜亚油酸含量上升，亚麻酸下降，接近于正常生长条件下的含量，使脂肪酸不饱和指数降低。无论对抗冷性强还是弱的品种，脱落酸都可以提高抗冷性（曾韶西等，1994；李玲等，1994）。

植物体内的脱落酸含量与作物的生长和抗性的强弱有关，因为脱落酸直接参与维持质膜的结构和功能，并能导致作物体内产生一系列适应并抵抗逆境的生理反应和形态反应，以提高抗性（曾韶西等，1994）。

ABA 尤其在调节植物水分平衡方面，有着独特的生理活性作用。植物叶表布满了大量的气孔，它们是植物叶片进行光合作用时从空气中吸收二氧化碳放出氧气的主要通道，也是植物水分散失的主要途径。ABA 可以通过影响细胞中 K^+、Ca^{2+} 等离子的输送，在几分钟内引起气孔的不均匀关闭。在水分胁迫下植物体内会大量合成 ABA 以促进气孔关闭，减少叶片水分的蒸腾散失，以保持植物体内维持正常生存的水分。外源施用 ABA 可以达到同样的效果。

ABA 在促进气孔关闭过程中，涉及对十几种酶或基因不同程度的调节和诱导作用。而各种非生物逆境的胁迫，皆能诱导植物体内 ABA 的生物合成，其中以干旱最为普遍和敏感。表 7.1 列出了部分已报道的可受干旱、ABA 等诱导的植物基因。

表 7.1 部分受 ABA 诱导的基因

作物基因名称	基因类别及功能	胁迫因子	文献
拟南芥 *RD29* 基因	脱水诱导基因，在植物脱水逆境中起保护作用	脱水胁迫、ABA	Shinozaki. et al., 1997
拟南芥 *AtmyB2* 转录因子	脱水诱导基因，在植物脱水逆境中起保护作用	脱水胁迫、ABA	Yamaguchi-shinozaki, 1992
脱水素的基因(dchydrin) *BDN*	脱水素基因 BDN_1，在植物脱水逆境中起保护作用	脱水胁迫、ABA	Jin H. et al., 1996
水稻悬浮培养细胞的 *Eon* 基因	脱水素基因 BDN_1，在植物脱水逆境中起保护作用	盐、ABA	Ingram et al., 1996
小麦 *Wcol 400* 基因	胚胎晚期丰富蛋白（Lea），提高水稻耐盐性	干旱、ABA	Bostock. et al., 1992
拟南芥 *Cor 78* 基因	冷调节基因，冷胁迫引起缺水时对植物细胞起保护作用	低温、干旱、ABA	Hughes et al., 1996
油菜 *adh* 基因	冷调节基因，冷胁迫引起缺水时对植物细胞起保护作用	低温、干旱、ABA	Dolfrus et al., 1994
油菜 *BN 28* 基因	冷调节基因，冷胁迫引起缺水时对植物细胞起保护作用	干旱、ABA	Kurkela et al., 1990
大麦 *blt 4.1* 基因	类脂转移蛋白基因，保护膜的透性	低温、干旱、ABA、病害	Molina et al., 1993
大麦 *blt 4.2* 基因	类脂转移蛋白基因，保护膜的透性	低温、干旱、ABA、病害	White et al., 1994

续表

作物基因名称	基因类别及功能	胁迫因子	文献
大麦 *blt 4.9* 基因	类脂转移蛋白基因，保护膜的透性	低温、干旱、ABA、病害	White et al., 1994
拟南芥 *Cor47* 基因	冷调节基因，冷胁迫引起缺水时对植物细胞起保护作用	低温、干旱、ABA	Alurata et al., 1998
拟南芥 *Cor 6.6* 基因	冷调节基因，冷胁迫引起缺水时对植物细胞起保护作用	低温、干旱、ABA	Alurata et al., 1998
小麦 *Cor 39* 基因	冷调节基因，冷胁迫引起缺水时对植物细胞起保护作用	低温、干旱、ABA	Hughes et al., 1996
玉米 *RAB17* 基因	胚胎晚期丰富蛋白（Lea），提高水稻耐寒、抗冻能力	水胁迫、ABA	Shen et al., 1996
番茄 *Osmotin* 基因	渗调蛋白（Osmotin），提高植物在渗透逆境下的适应能力	ABA、盐	Chang et al., 1995
烟草 *Osmotin* 基因	渗调蛋白（Osmotin），提高植物在渗透逆境下的适应能力	ABA、盐	Singh et al., 1989
高粱 *Osmotin* 基因	渗调蛋白（Osmotin），提高植物在渗透逆境下的适应能力	干旱、ABA	Hughes et al., 1996
冰草根 *ESI* 基因	渗调蛋白（Osmotin），提高植物在渗透逆境下的适应能力	盐、ABA	Galvez et al., 1993
水稻 *Osem* 基因	渗调蛋白（Osmotin），提高植物在渗透逆境下的适应能力	盐、ABA	Hobo et al., 1999

植物在受外界逆境胁迫时，会很快产生感受反应，最初反应就是蛋白质的磷酸化与去磷酸化，该功能是由磷酸激酶完成的。ABA 可以诱导数十种蛋白激酶基因的表达（表 7.2）。

表 7.2　部分 ABA 诱导蛋白激酶的种类

作物基因名称	基因类别及功能	胁迫因子	文献
拟南芥 *RPK1*	受体蛋白激酶(RPK)感受外界刺激参与胞内信号传导	脱水、高盐、低温、ABA	Li et al ., 1997 Hong. et al., 1997
拟南芥 *ATPK6*	核糖体蛋白激酶(RPK),感受外界刺激参与胞内信号传导	干旱、高盐、低温、ABA	Mizoguchi et al., 1995
蛋白激酶基因 *PK-ABA1*	受体蛋白激酶,感受外界刺激参与胞内信号传导	干旱、ABA	Anderberg et al., 1992 Holappa. et al., 1995

续表

作物基因名称	基因类别及功能	胁迫因子	文献
水稻中低钙和磷酶激酶基因	磷脂激酶，感受外界刺激，保护脂膜	低温、ABA	Komatsu et al.，1997
拟南芥 *AAPK* 基因	ABA 激活丝氨酸/苏氨酸蛋白激酶，感受外界刺激参与胞内信号传导	ABA	Li et al.，2000
玉米 *CKPKI* 和 *KIa* 基因	钙依赖而钙调素不依赖蛋白激酶(CDPK)感受外界刺激参与胞内信号传导	干旱、高盐、ABA	Sheen，1996
烟草 *MAPK* 基因	促分裂原活化蛋白激酶(MAPK)，感受外界刺激参与胞内信号2传导	干旱、高盐、ABA	Schroede et al.，2001
大麦糊粉层原生质体 *MAPK* 基因	细胞分裂原激酶(MAPK)，感受外界刺激参与胞内信号传导	逆境、ABA	Bogre. et al.，1999
拟南芥根特异表达的 *ARSK* 基因	特异蛋白激酶(ARSK)，感受外界刺激参与胞内信号传导	干旱、盐、ABA	Hwang. et al.，1995
燕麦糊偻层细胞 *MAPK* 基因	促分裂原活化蛋白激酶(MAPK)，感受外界刺激参与胞内信号传导	逆境、ABA	Knetsch et al.，1996
蚕豆 *MAPK* 基因(48kDa 蛋白)	促分裂原活化蛋白激酶，感受外界激酶参与信号传导	干旱、ABA	Meyer et al.，1994
拟南芥磷酸酶类型2(PP2C) *ABI1.12*基因	蛋白磷酸化酶，促进蛋白质磷酸化	干旱、ABA	Bertauche et al.，1996

ABA 还可以诱导 MYB 转录因子基因的表达。MYB 转录因子在维持染色体结构和转录调节及应答外界环境胁迫中发挥着重要作用。现已知道在拟南芥中有 74 个 R_2R_3-MYB 基因，其中 11 个受 ABA 调节，7 个受生长素调节，6 个受乙烯调节，5 个受细胞激动素调节，1 个受 GA_3 调节（Kranz et al.,1998）。

脱落酸影响作物体内抗氧化酶活性的变化也有研究报道，脱落酸可提高超氧歧化酶活性，在逆境胁迫下阻止细胞内产生过多的生物自由基，或诱导形成逆境适应蛋白，阻止膜脂过氧化，使细胞免遭伤害。

（三）脱落酸诱导植物对生物逆境产生抗性

在相关研究中，越来越多的证据显示 ABA 在植物抵御部分生物逆境——病原物侵染时也发挥着重要作用。

Fraser（1982）研究发现喷施 ABA 能够提高烟草对花叶病毒感染的抗性，

病斑变小且病斑数目减少了70%。随后Whenham等（1986）报道当病毒侵染烟草植株时，叶片内ABA的浓度增加了3～4倍，用外源ABA进行处理后，烟草的抗病性提高（Whenham et al.,1986）。Wiese等（2004）研究证明，采用ABA处理大麦根部后，植株对白粉病菌的抗性明显提高，疱斑数目减少50%以上。Jung等从辣椒体内发现一个富含亮氨酸重复的基因——*CALRR1*，该基因不仅可被病原物野菜黄单胞杆菌（*Xanthomonas campestris*）、辣椒疫霉菌（*Phytophthora capsici*）、刺盘孢菌（*Colletotrichum coccodes*）和炭疽病菌（*Colletotrichum gloeosporioides*）诱导表达，也可以在高盐和伤害等非生物胁迫条件下，以及ABA诱导下表达，表明ABA与诱导*CALRR1*基因表达的信号转导途径有关（Jung et al.,2004）。

ABA对一些抗生物逆境的酶或基因也有轻微的调节作用，故它在抗非生物逆境的同时，对少数生物逆境也有一定诱导抗性的作用（表7.3）。

表7.3　ABA对蛋白质抑制酶等的诱导作用

作物基因名称	基因类别及功能	胁迫因子	文献
马铃薯 Pin II 酶基因	抗逆物质，提高植物抗逆能力	伤害、ABA	Hildmann et al.,1992
马铃薯LAP酶基因（*LAPA*）	抗逆物质，提高植物抗逆能力	伤害、ABA	Hildmann et al.,1992
马铃薯TDA酶基因	抗逆物质，提高植物抗逆能力	伤害、ABA	Hildmann et al.,1992
番茄LAP酶基因（*LAPA*）	抗逆物质，提高植物抗逆能力	ABA、系统素MeJA、乙烯	Chao et al.,1999
拟南芥*HRGP*基因	抗逆物质，提高植物抗逆能力	ABA、MeJA、水杨酸、伤害	Merkouropoulos et al.,1999
吡咯啉-5-羧酸合成酶(CP5CS)基因	抗逆物质，提高植物抗逆能力	ABA	Yoshiba et al., 1997

四、脱落酸作为植物“逆境抗灾疫苗”的应用

脱落酸能够启动植物本身的抗逆基因，诱导激活植物体内的抗逆免疫系统，提高植物自身对干旱、寒冷、病虫害、盐碱等逆境的抗性。脱落酸这种独特的植物逆境生理活性作用，可以针对不同的逆境开发系列的植物“逆境抗灾疫苗”，应用于提高冬季大棚作物耐寒性、帮助作物抵抗早春低温冷害；抵抗越来越多的干旱环境，帮助人类开发利用中低产田，提高贫瘠土地的粮食产量，解决21世纪16亿中国人的吃饭问题；提高植物对病害的免疫力，减少农药对环境的危害，

提高农产品的产量和质量；有利于西部地区生态植被的恢复重建，城市园林建设，植树造林等，应用价值极高，应用前景极为广阔。

在土壤干旱（水分）胁迫时，外源施用 1～20 μg/ml ABA，能诱导相关抗旱基因表达，调节细胞渗透作用，促进叶片气孔不均匀关闭，抗水分蒸腾散失，促进侧根生长以增大根系的表面积，吸收更多水分，调节植物水分平衡，提高植物的综合抗旱能力。

外源施用 100～2000 μg/ml ABA，盆栽花在不浇水的情况下（干旱胁迫）可以延长约 1 倍花期；用 20～100 μg/ml ABA 溶液浸泡已经长根的天竺葵插枝或其他花卉幼苗，可以在运输过程中抑制蒸腾作用和控制生长；对受水分胁迫的树苗喷施 50～200 μg/ml ABA 溶液，其光合成速度及水势随干旱加剧而比对照增高，显示出 ABA 对光合作用和水分平衡的有利影响；在花卉、树木苗期移栽过程中用 2～50 μg/ml ABA 处理，可以通过抑制蒸腾作用和促进侧根生长而显著改善植株体内水分状态，提高成活率；植物根部吸收 0.5～1000 μg/ml ABA，可以提前或延后果树或花卉的花期；ABA 与其他调节剂配合施用，可以使名贵花木的移栽成活率提高 75%；在干旱、低温、盐碱等气候土质恶劣地区的植树成活率达到 90%以上，如在新疆干旱、盐碱地区已连续 3 年植树造林成活率达到 90%以上，累计成活树木 600 万株。

水稻用 0.1～1.0 μg/ml ABA 浸种，可提高秧苗的抗寒、抗旱性和抗病性，提高稻米品质；在四川、安徽、海南、湖北、湖南、河南等地进行水稻种子处理试验，面积近 1000 万亩，抗逆、增产和提高稻米品质效果明显。

叶面喷施 0.5～5.0 μg/ml ABA，能有效提高蔬菜、烟草、花卉、棉花、水稻等农作物的抗旱、抗病能力，在略微改善作物品质的情况下，提高植株的综合抗逆能力和生长素质，抗灾减灾，提高产量。对多种作物（如棉花、各种蔬菜等）施用 ABA 后，发现其抗病能力显著提高，尤其是对枯萎病、灰霉病、根腐病及疫病等的防御效果特别显著，可以大幅度减少化学农药的施用量。

在旱灾、水涝、冷害、除草剂药害后，施用 0.5～5.0 μg/ml ABA 具有明显的修复、解毒和复壮功能，起到抗灾减灾的作用。

ABA 受体是 ABA 向下游转导信号所必需的感应子（sensor）。基于目前研究手段的限制，这一 ABA 信号传递途径上的重要因子的研究一直进展缓慢。另外，ABA 的过量使用易使作物产生一些负面作用（谭红等，未发表资料）。作者所在的研究组在已实现 ABA 工业化规模制备，以及大量实验室和田间的应用效果研究的基础上，正专注研究其作用的靶标受体及其介导的信号转导通路，以期在外施 ABA 如何激发植物的抗逆反应、如何适时适量外源施用 ABA，使其成为在农林业广泛应用的“植物逆境抗灾疫苗”生物农药等方面实现突破。

（本文借鉴了周金燕，肖亮，黄新河，宋薇薇，陈虎保等同志的部分文献，特此表示感谢。）

（谭　红）

参考文献

龚明，丁念城．1990．ABA 对大麦和小麦抗盐性的效应．植物生理学通讯，3：14～18

李玲，付翀，郭绍川．1994．温度胁迫下杂交稻幼苗内源 ABA 含量和电解质渗漏率变化．植物生理学通讯，30（2）：103～105

李宗霆，周燮．1996．植物激素及其免疫检测技术．江苏：科学技术出版社．158～203

罗正荣．1989．植物激素与抗寒力的关系．植物生理学通讯，（3）：1～5

莫才清，王方盛．1995．脱落酸产生菌的初步筛选．氨基酸和生物资源，17（4）：1～3

沈嘉祥，丹羽利夫，丸茂晋吾等．1995．天然型与非天然型脱落酸的生物活性比较．植物生理学报，21（2）：166

谭红，李志东，雷宝良等．1998．利用原生质体诱变技术筛选脱落酸高产菌株．应用与环境生物学报，4（3）：281～285

谭红，肖亮，黄新河等．植物疫苗脱落酸的生理活性作用及应用．未发表资料．

杨美林，谭红．1996．微生物生产天然型脱落酸研究的新进展．云南农业大学学报，11（4）：203～208

曾韶西，李美茹．1994．冷锻炼和 ABA 诱导水稻幼苗提高抗冷性期间膜保护系统的变化．热带亚热带植物学报，1（1）：44～50

增田芳雄，胜见允行，今关英雅（日）．1978．植物激素．北京：科学出版社．6～80

朱广廉，钟海文，张爱琴．1990．植物生理学实验．北京：北京大学出版社，141

Anderberg RJ, Walker-Simmons MK. 1992. Isolation of a wheat cDNA clone for an abscisic acid-inducible transcript with homology to protein kinases. Proc Natl Acad Sci USA, 89: 10183～10187

Assante G, Merlini L, Nasini G. 1977. (+) -Abscisic acid, a metabolite of the fungus *Cercospora rosicola*. Experientia, 33: 1556～1557

Bertauche N, Leung J, Giraudat J. 1996. Protein phosphatase activity of abscisic acid insensitive 1 (ABI1) protein from Arabidopsis thaliana. Eur J Biochem, 241: 193～200

Bögre L, Calderini O, Binarova P, et al. 1999. A MAP kinase is activated late in plant mitosis and becomes localized to the plane of cell division. Plant Cell, 11 (1): 101～113

Bostock RM, Quatrano RS. 1992. Regulation of EM gene expression in rice interaction between osmotic stress and abscisic acid. Plant Physiol, 98: 1356～1363

Chao WS, Gu YQ, Pautot V, et al. 1999. Leucine aminopeptidase RNAs, proteins, and activities increase in response to water deficit, salinity, and the wound signals systemin, methyl jasmonate, and abscisic acid. Plant Physiol, 120: 979～992

Dolferus R, Jacobs M, Peacock WJ, et al. 1994. Differential interactions of promoter elements in stress responses of the Arabidopsis Adh gene. Plant Physiol, 105: 1075～1087

Fraser RSS. 1982. Are 'pathogenesis-related' proteins involved in acquired systemic resistance of tobacco plants to tobacco mosaic virus? J Gen Virol, 58: 305～313

Galvez AF, Gulick PJ, Dvorak J. 1993. Characterization of the early stages of genetinc salt-stress responses in salt-tolerant lophopyrum-elongatum, salt-sensitive wheat, and their amphiploid. Plant Physiol, 103: 257～265

Hildmann T, Ebneth M, Pena-Cortes H, et al. 1992. General roles of abscisic and jasmonic acids in gene activation as a result of mechanical wounding. Plant Cell, 4: 1157～1170

Hirai N, Okamoto M, Koshimizu K. 1986. The 1′,4′-trans-diol of abscisic acid, a possible precursor of abscisic acid in Botrytis cinerea. Phytochemistry, 25: 1865～1868

Hirotaka Y, Takayuki O. 1997. Incorpration of farnesyl pyrophosphate derivertives into abscisic acid and its biosynthesis intermediates in *Cercospora cruenta Biosci*. Biotech. Biochem, 61: 821～824

Hobo T, Kowyama Y, Hattori T. 1999. A bZIP factor, TRAB1, interacts with VP1 and mediates abscisic acid-induced transcription. Proc Natl Acad Sci USA, 96: 15348～15353

Holappa LD, Walker-Simmons MK. 1995. The Wheat Abscisic Acid-Responsive Protein Kinase mRNA, PKABA1, Is Up-Regulated by Dehydration, Cold Temperature, and Osmotic Stress. Plant Physiol, 108: 1203～1210

Hong SW, Jon JH, Kwak JM, et al. 1997. Identification of a receptor-like protein kinase gene rapidly induced by abscisic acid, dehydration, high salt, and cold treatments in Arabidopsis thaliana. Plant Physiol, 113: 1203～1212.

Hughes MA, Dunn MA. 1996. The molecular biology of plant acclimation to low temperature. J Exp Bot, 47: 291～305

Hwang I, Goodman HM. 1995. An arabidopsis thaliana root-specific kinase homolog is induced by dehydration, ABA, and NaCl. Plant J, 8: 37～43

Ingram J, Bartels D. 1996. The molecular basis of dehydration tolerance in plants. Annu Rev Plant Physiol Plant Mol Biol, 472: 377～403

Julian IS, Gethyn JA, Veronique H. 2001. Guard Cell Signal Transduction. Plant Mol Biol, 52: 627～658

Jung EH, Jung HW, Lee SC, et al. 2004. Identification of a novel pathogen-induced gene encoding a leucine-rich repeat protein expressed in phloem cells of *Capsicum annuum*. Biochi Biophy Acta, 1676: 211～222

Knetsch M, Wang M, Snaar-Jagalska BE, et al. 1996. Abscisic Acid Induces Mitogen-Activated Protein Kinase Activation in Barley Aleurone Protoplasts. Plant Cell, 8: 1061～1067

Komatsu S, Karibe H, Masuda T. 1997. Effect of abscisic acid on phosphatidylserine-sensitive calcium dependent protein kinase activity and protein phosphorylation in rice. Biosci Biotech Biochem, 61: 418～423

Komatsu S, Karibe Hi, Masuda T. 1997. Effect of Abscisic Acid on Phosphatidylserine sensitive Calcium Dependent Protein Kinase Activity and Protein Phosphorylation in Rice. Biosci

Biotech Biochem, 61: 418～423

Kranz HD, Denekamp M, Greco R, et al. 1998. Towards functional characterisation of the members of the R2R3-MYB gene family from *Arabidopsis thaliana*. Plant J, 16 (2): 263～276

Kurkela S, Franck M. 1990. Cloning and charcterization of a cold-inducible and ABA-inducible arabidopsis gene. Plant Mol Biol, 15: 137～144

Li J, Chory J. 1997. A putative leucine-rich repeat receptor kinase involved in brassinosteroid signal transduction. Cell, 90: 929～938

Li J, Wang XQ, Watson MB, et al. 2000. Regulation of abscisic acid-induced stomatal closure and anion channels by guard cell AAPK kinase. Science, 287: 300～303

Merkouropoulos G, Barnett DC, Shirsat AH. 1999. The arabidopsis extensin gene is developmentally regulated, is induced by wounding, methyl jasmonate, abscisic and salicylic acid, and codes for a protein with unusual motifs. Planta, 208: 212～219

Meyer K, Leube MP, Grill E. 1994. A protein phosphatase 2C involved in ABA signal transduction in Arabidopsis thaliana. Science, 264: 1452～1455.

Mizoguchi T, Hayashida N, Yamaguchi-Shinozaki K, et al. 1995. Two genes that encode ribosomal-protein S6 kinase homologs are induced by cold or salinity stress in Arabidopsis thaliana. FEBS Lett, 358: 199～204.

Molina A, Garciaolmedo F. 1993. Developmental and pathogen-induced expression of 3 barley genes encoding lipid transfer proteins. Plant Physiol, 4: 983～991

Nagel WW, Vallee BL. 1995. Cell cycle regulation of metallothionein in human colonic cancer cells. Proc Natl Acad Sci USA, 92: 579～583

Neill ST, Horgan R. 1983. Incorpration of α-ionylidene ethanol and α-ionylidene acetic acid into abscisic acid by *Cercospora rosicola*. Phytochemistry, 22: 2469～2472

Nishimura H, Nishimura N, Kobayashi S, et al. 1991. Immunohistochemical localization of metallothionein in the eye of rats. Histochemistry, 95: 535～583

Norman SM, Maier VP, Echols LC. 1981. Influence of nitrogen source, thiamine and light on biosynthesis of abscisic acid by Cercospora rosicola Passerini. Appl Environ Microbiol, 41: 981～985

Sheen J. 1996. Ca^{2+}-dependent protein kinases and stress signal transduction in plants. Science, 274: 1900～1902

Shen QX, Zhang PN, Ho THD. 1996. Modular nature of abscisic acid (ABA) response complexes: Composite promoter units that are necessary and sufficient for ABA induction of gene expression in barley. Plant cell, 8: 1107～1119

Shingo M, Masato K, Eisaku K, et al. 1982. Microbial Procuction of Abscisid acid by *Botrytis cinerea*. Agri Biol Chem, 46: 1967～1968

Shirley MN, Stephen MP, Mary D, et al. 1985. Ionylideneacetic acid and abscisic acid biosynthesis by *Cercospora rosicola*. Agri Biol Chem, 49: 2317～2324

Singh NK, Nelson DE, Kuhn D, et al. 1989. Molecular cloning of osmotin and regulation of its expression by ABA and adaptation to low water potential. Plant physiol, 90: 1096～1101

Takayama T, Yoshida H, Araki K, et al. 1983. Microbial Production of abscisicacid accumulation by plant extracts. Biotech Lett, 5: 55～58

Takayama T, Yoshida H, Araki K, et al. 1983. Microbial production of abscisic acid with *Cercospora rosicola*. II. Effect of pH control and medium composition. Biotechnol. Lett, 5: 59～62

Takayuki O, Michio I, Kyohei Y. 1982. The Metabolism of Analogs of Abscisic Acid in *Cercospora cruenta* Agric Biol Chem, 46: 1959～1960

Whenham RJ, Fraser RSS, Brown LP, et al. 1986. Tobacco-mosaic-virus-induced increase in abscisic-acid concentration in tobacco leaves: Intracellular location in light and dark-green areas, and relationship to symptom development. Planta, 168: 592～598

White AJ, Dunn MA, Brown K, et al. 1994. Comparative-analysis of genomic sequence and expression of a lipid transfer protein gene family in binter barley. J Exp Bot, 45: 1885～1892

Wiese J, Kranz T, Schubert S. 2004. Induction of pathogen resistance in barley by abiotic stress. Plant Biol, 6: 529～536

Yamaguchi SK, Koizumi M, Urao S, et al. 1992. Molecular cloning and characterization of 9 cDNAS genes that are responsive to desiccation in arabidopsis-thaliana sequence analysis of one cDNA clone that encodees a putative transmenbrane channel protein. Plant Cell Physiol, 33: 217～224

Yoshiba Y, Kiyosue T, Nakashima K, et al. 1997. Regulation of levels of proline as an osmolyte in plants under water stress. Plant Cell Physiol, 38: 1095～1102

第八章 拮抗微生物疫苗的研究现状与展望

一、拮抗微生物疫苗的研究现状

农作物病虫害严重制约着农业的发展，我国每年因农作物病虫害造成的粮食损失为35%，蔬菜为30%，棉花为33.8%。在世界范围内，农作物病虫害造成的损失高达20%。为了应对上述情况，过量的化学农药被用于控制植物病害。这引发了以下问题：第一，直接导致了有害生物产生抗药性，增加了防治有害生物的难度；第二，造成了农产品农药残留量过高，危害人畜健康；第三，破坏生态平衡，使病原物再增猖狂；第四，造成了环境的污染。鉴于上述状况，不能过分依赖化学农药已成为各国的共识。最近，美国撤销了近百种化学农药的登记，50种化学农药被禁止使用，瑞典、丹麦、荷兰等国家也以法规形式制定了5～10年内减少50%化学农药用量的目标（刘士旺，2007）。为了达到在不危害人畜健康、维持生态平衡以及保护生态环境的前提下有效防治植物病害的目的，筛选出对植物病害有显著防治作用的生防菌，经改良将其开发为能够有效防治植物病害的生防制剂便越来越引起广泛的重视。

植物生防制剂是指利用生物活体及其基因产生或表达的各种生物活性成分，制备出用于防治植物病虫害、杂草以及调节植物生长的生物活体及其代谢产物的总称。目前，已有一定数量的生防制剂被应用到农业生产当中，其中一部分生防制剂在单独或者配合化学农药控制植物病害的实践中，已经体现出了良好的效果。植物生防制剂具有以下优点：①对病虫害防治专一性强；②对人畜安全无毒，不污染环境，无残留；③对病菌、害虫的杀伤特异性强，不伤害天敌和有益生物，能保持生态自然平衡；④生产原料和有效成分属天然产物，可回归自然，保证可持续发展；⑤可用生物技术和基因工程的方法对微生物进行改造，开发利用途径多样，害虫和病原菌难以产生抗药性。由此可见，将由生防菌经改良而开发出的生防制剂应用到对植物病害的防治当中，不但能够降低植物病害所造成的损失，而且有助于推动农业生产的可持续发展。

筛选对植物病害具有显著防治作用的生防菌是开发高效生防制剂的先决条件。目前，用于生防制剂开发的生防菌主要分布于细菌、真菌、放线菌等微生物类群中。这些生防菌防治植物病害的机制主要有：①与病原菌竞争生态位和营养物质；②分泌抗菌物质；③寄生于病原菌；④多种生防机制对病原菌的协同拮抗作用；⑤诱导寄主植物产生对病原菌的系统抗性；⑥促进植物生长，提高植物的健康水平，增强其对病害的抵御能力；⑦对寄主植物的微生态系进行调控，实现对病害的防治。在这些生防机制中，前4种机制是生防菌防治植物病害的直接的拮抗机制。⑤和⑥两种机制则是生防菌通过与植物的互作对植物病害进行间接防治的机制。由于生防菌诱导植物产生对病原菌的系统抗性这一生防机制，类似于动物通过接种疫苗以实现对病原物侵染的抵抗，再加上生防菌所具有的直接拮抗病原物的功效，在植物病害的防治过程中，生防菌可以作为具有拮抗作用的微生物疫苗而被使用，故生防菌亦可被称为拮抗微生物疫苗。需要注意的是，诱导系统抗性虽然类似于动物通过接种疫苗以实现对病原物侵染的抵抗，但事实上二者的作用机理有着本质的区别。首先，与动物不同，植物既不具备循环系统也不能进行免疫监视；其次，动物的免疫能够针对抗原产生高度特异性的抗体，而植物的诱导抗性是非特异性的（Van Loon，1997）。最后一种防病机制是在植物微生态学基本原理指导下产生的植物病害防治的新方法，是微生态学在植物病害防治实践中的具体应用。目前，对于生防菌对植物病害直接拮抗机制的认识已经较为深入，本章将结合国内外研究进展及生产实践，对生防菌这一植物病害拮抗微生物疫苗，诱导植物产生系统抗性与通过调控植物微生态系来防治植物病害的作用机理及应用前景进行介绍与分析。

二、拮抗微生物疫苗的诱导抗性作用

（一）系统获得抗性与诱导系统抗性

1933年，Chestwer首次报道了由病原菌侵染而诱导寄主植物产生抗病性的现象（Chestwer，1933）。20世纪60年代以后植物诱导抗病性的研究引起了广泛关注。植物诱导抗病性（induced resistance）是指经外界因子诱导后，植物体内产生的对有害病原菌的抗性现象。植物的诱导抗性分为两种主要类型，即由病原微生物等诱导的系统获得抗性（systemic acquired resistance，SAR）和由非病原微生物介导的诱导系统抗性（induced systemic resistance，ISR）。ISR是由荷兰的Pieterse等在1996年提出的，通过研究他们发现 *P. fluorescens* WCS417r在拟南芥上诱导了一种控制植物系统抗性的新途径，该途径不同于控制经典系统获得抗性的途径，而且这种新途径引导了一种不依赖于水杨酸的积累与PR蛋白基因表达的系统抗性形式（Pieterse et al.,1996）。拮抗微生物疫苗诱导植物产生的系统抗性属于ISR。

虽然SAR与ISR在表型上相似，但它们存在着重要的区别。首先，SAR是由坏死性病原菌刺激寄主植物而产生的系统抗性，寄主植物上会有过敏反应，而ISR是由包括生防菌在内的非病原菌诱导寄主植物而产生的系统抗性，寄主植物上不会有这一表现；其次，SAR与ISR的反应机制不同，在信号转导途径及诱导抗病的分子基础等方面都存在差异。对拟南芥（*Arabidopsis thaliana*）的系统研究已经表明：ISR 的信号转导主要依赖于感应植物激素茉莉酸（jasmonic acid，JA）和乙烯（ethylene，ET），而 SAR 则以早期内源水杨酸（salicylic acid，SA）水平的增加为特征（图 8.1）（刘晓光，2007）。

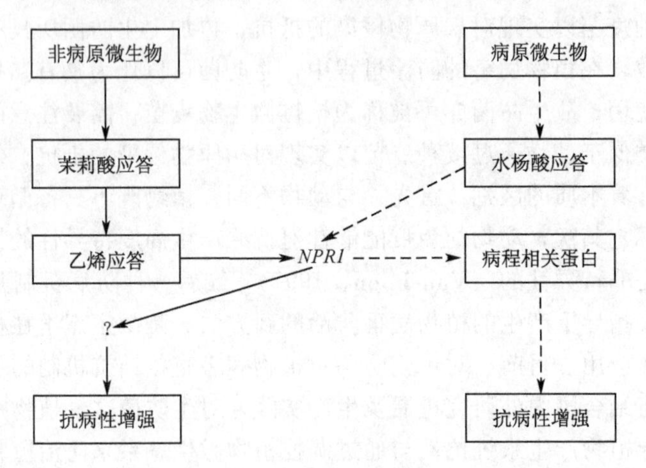

图 8.1 ISR 和 SAR 信号转导途径模式图（引自刘晓光，2007）

（二）生防细菌介导的 ISR

尽管对生防菌介导的 ISR 的研究起步较晚，但目前已经成为该领域的一个研究热点。目前，生防细菌与生防真菌这两类拮抗微生物疫苗所介导的 ISR 被研究的较为深入。

1. 生防细菌介导的 ISR

最先观察到的由 PGPB 激发的 ISR 是香石竹（康乃馨）（*Dianthus caryophyllus*）对枯萎病（*Fusarium* sp.）的诱导抗性（Van Peer et al.,1991）。随后研究者以拟南芥为材料，进行了大量关于生防细菌介导的 ISR 的研究，发现假单胞菌属、芽孢杆菌属、沙雷氏菌属、根瘤菌属及类芽孢杆菌属的生防细菌可以诱导寄主植物对病原物产生的系统抗病性。已报道的生防细菌-寄主植物-病原物的互作组合主要有：*Pseudomonas* sp. strain WCS417r-香石竹-*Fusarium oxysporum* f. sp. *dianthi*、*Pseudomonas. fluorescens* EP1-甘蔗-*Colletotrichum falcatum*、*Burkholderia phytofirmans* PsJN-葡萄树-*Botrytis cinerea*、*Burkholderia phytofirmans* PsJN-番茄-*Verticllium dahliae*、*Pseudomonas. denitrificans* 1-15 和 *Pseudomonas. putida* 5-48-橡树-*Ceratocystis fagacearum*、*Pseudomonas. fluorescens* 63-28-番茄-*Fusarium. oxysporum* f. sp. *radicis-ly-*

copersici、*Pseudomonas. fluorescens* 63-28-豌豆-*Pythium ultimum* and *F. oxysporum* f. sp. *pisi*、*Bacillus pumilus* SE34-豌豆-*F. oxysporum* f. sp. *pisi*、*Bacillus pumilus* SE34-棉花-*F. oxysporum* f. sp. *Vasinfectum*。其中，对假单胞菌诱导抗性的研究最为深入（Van Peer et al.,1991；Viswanathan et al.,1999；Ait et al.,2000；Ait et al.,2002；Sharma et al.,1998；Brooks et al.,1994；M' Piga et al.,1997；Benhamou et al.,1996a；Benhamou et al.,1996b；Conn et al.,1997）。

生防细菌诱导寄主植物产生对病原物系统抗性的机制目前还没有统一的认识，在不同类型的生防细菌-寄主植物-病原物的互作组合中，诱导防御反应的分子基础与信号转导途径也是丰富多样的。

2. 生防细菌诱导抗性的激发子

生防细菌诱导寄主植物产生对病原物系统抗性的激发子包括脂多糖、嗜铁素、水杨酸、抗生素 2,4-二乙酰基间苯三酚、O-免疫抗原与鞭毛的组合及挥发性有机物（表 8.1）。

表 8.1 不同寄主植物中诱导系统抗性的细菌激发子（引自刘晓光等，2007）

细菌菌株	植物种	激发子	病原物
Bacillus amyloliquefaciens IN937a	拟南芥	挥发性有机物	*Erwinia carotovora* subsp. *carotovora*
B. subtilis GB03	拟南芥	挥发性有机物	*Erwinia carotovora* subsp. *carotovora*
Pseudomonas aeruginosa 7NSK2	菜豆	水杨酸	*Botrytis cinerea*
	烟草	水杨酸	*tobacco mosaic virus*
		绿脓菌素	
	番茄	等	*B. cinerea*
Pseudomonas. fluorescens CHAO	拟南芥	间苯三酚	*Peronospora parasitica*
	烟草	嗜铁素	*tobacco mosaic virus*
	番茄	间苯三酚	*Meloidogyne javanica*
Pseudomonas. fluorescens Q2-87	拟南芥	间苯三酚	*Pseudomonas syringae* pv. *tomato*
Pseudomonas. fluorescens WCS374		脂多糖	
	小萝卜	嗜铁素	*Fusarium oxysporumf.* sp. *raphani*
Pseudomonas. fluorescens WCS417	拟南芥	脂多糖	*Pseudomonas syringae* pv. *tomato*
			Fusarium oxysporumf. sp. *raphani*
	康乃馨	脂多糖	*Fusarium oxysporumf.* sp. *raphani*
	小萝卜	脂多糖	*Fusarium oxysporumf.* sp. *raphani*

续表

细菌菌株	植物种	激发子	病原物
P. fluorescens WCS58	拟南芥	脂多糖	*Pseudomonas syringae* pv. *tomato*
		嗜铁素	*Pseudomonas syringae* pv. *tomato*
		鞭毛	*Pseudomonas syringae* pv. *tomato*
	菜豆	脂多糖	*B. cinerea*
			Colletotrichum lindemuthianum
		嗜铁素	*B. cinerea*
			Colletotrichum lindemuthianum
	番茄	脂多糖	*B. cinerea*
		嗜铁素	*B. cinerea*
Rhizobium etli G12	马铃薯	脂多糖	*Globodera pallida*

3. 信号转导途径及生化和细胞学机制

生防细菌诱导抗性的信号分子主要是茉莉酸与乙烯，独立于水杨酸信号途径。然而某些生防细菌也可通过产生纳克级的水杨酸激发依赖于水杨酸的信号转导途径，例如，由 *B. pumilus* 菌株 T4 激发的抗性则依赖于水杨酸，而不依赖于茉莉酸和 *NPR*1（Kloepper et al., 2004）。大多数的生防细菌都是通过与茉莉酸及乙烯有关的不依赖于水杨酸的信号途径而介导 ISR 的。在 ISR 过程中植物对相关激素的敏感度得到了提高，而这些激素的量并没有增加，控制这两个过程的防御基因可能是有差异的。此外，在研究中还发现生防细菌诱导抗性的信号转导途径取决于不同的寄主种和病原物的组合。

生防细菌介导的 ISR 可以诱导过氧化物酶、苯丙氨酸降解酶、植物保卫素、多酚氧化酶以及查耳酮合成酶等与植物抗病性防御反应相关的酶类在植物体内的积累，还能够促进与植物防御有关的其他化学物质的合成，这些化合物会在病原物侵入的位点发生积累并形成阻止病原物侵入的障碍物结构。例如，在荧光假单胞菌（*P. fluorescens*63228）-豌豆-枯萎病菌（*Fusarium oxysporum* f. sp. *pisi*）组合中，*Fusarium* 的生长和发育被限制在根的表皮和皮层外部，新形成的含胼胝质的沉积物在细胞壁的内表面沉积，病原菌没有进入维管中柱。邻近植物细胞壁沉积物的病原菌，常被漆酶-金标记所显示的含酚类化合物的聚集物包围（Benhamou et al., 1996c）。最近有证据表明，生防细菌用于种内细胞群体感应的信号分子——酰基高丝氨酸内酯可以对某些植物防御反应化合物的诱导起到激发作用（Mathesius et al., 2003）。

（三）生防真菌介导的 ISR

生防真菌是另一类群的拮抗微生物疫苗。1997 年，Bigirimana 等首次用哈茨木霉（*Trichoderma harzianum*）诱导了菜豆（*Phaseolus vulgaris*）对叶部病原菌 *Botrytis cinerea* 和 *Colletotrichum lindemuthianum* 的系统抗病性（刘晓光，2007）。在这以后研究者又相继对其他一些生防真菌的诱导抗病性进行了研究，但对生防木霉诱导抗性的研究最为深入。已报道的生防真菌-寄主植物-病原物的互作组合主要有：*Trichoderma harzianum*-菜豆-*Botrytis cinerea* 和 *Colletotrichum lindemuthianum*、*Pythium oligandrum*-番茄-*Fusarium oxysporum* f. sp. *Radicislycopersici*、*Candida Oleophila*-柚子-*Penicillium digitatum*、*Fusarium. oxysporum* Fo47-豌豆-*Fusarium. oxysporum* f. sp. *Pisi*、*Rhizoctonia* AG2K（BNR）-大豆-*Rhizoctonia solani*、*Verticillium lecanii*-黄瓜-*Pythium ultimum*、*Verticillium lecanii*-柠檬-*Penicillium. digitatum*（刘晓光，2007；Benhamou et al.,1997；Droby et al.,2002；Benhamou et al.,2001；Poromarto et al.,1998；Benhamou et al., 2001；Benhamou et al., 2004）。

1. 生防真菌诱导抗性的激发子

生防真菌诱导抗性的激发子主要包括 3 种化合物：具有酶活性或其他功能的蛋白质、无毒基因（*Avr*）产物的同源物及寡糖和低分子质量化合物（刘晓光，2007）。

2. 生防真菌信号转导途径及生化和细胞学机制

生防真菌的信号转导途径与生防细菌类似。生防真菌木霉 *T. asperellum* T-203菌株所诱导的对黄瓜叶部病原细菌 *Pseudomonas syringae* pv. *lachrymans* 的系统抗病性依赖于 ISR 中的 JA 和 ET 信号转导途径，同时伴随着病程相关蛋白（PR），如几丁质酶、β-1,3-葡聚糖酶及过氧化物酶（POD）编码基因的高水平表达，所以同时具有 ISR 和 SAR 的部分特征（Shoresh et al., 2005）。此外某些生防木霉依赖于 MAPK 信号途径以完整的诱导寄主植物对病原物的系统抗性（Viterbo et al., 2005）。

定殖于寄主植物体内及体表的生防真菌可提高植物相关防御酶的水平，如病程相关蛋白（PR），包括几丁质酶、β-1,3-葡聚糖酶、过氧化物酶（POD）、多酚氧化酶（PPO）、脂氧合酶（LOX）以及甜蛋白（thaumatin）和低分子质量的植保素（phytoalexin）等（刘晓光，2007）。生防真菌的定殖还能诱导与植物抗病防御反应有关的细胞超微结构的变化，形成阻挡病菌入侵的物理结构屏障，如乳突（papillae）、胼胝质（callose）和酚类化合物（phenolic compound）在寄主细胞壁和细胞间沉积（刘晓光，2007）。例如，当寡雄腐霉侵入番茄的根内，病原菌 *F. oxysporum* f. sp. *radicislycopersici* 的生长即被限制在最外层的根组织内，番茄能在入侵部位形成结构屏障。细胞壁沉积有大量的胼胝质，其中还有一些酚类化合物在寄主细胞壁和细胞间聚集（Benhamou et al.,1997）。

总之，生防菌诱导植物抗病的机制是极其复杂的，在不同类型的生防菌-寄主植物-病原菌组合中，诱导植物防御反应的分子基础及其所依赖的信号转导途径并不一致。目前的研究还处于初步阶段，许多研究工作得出的结论还都比较粗糙，不同的研究常常会得出不同的结果。因此，在今后的研究工作中，需要全面跟踪生防菌与寄主植物互作过程中寄主植物所发生的生理生化改变，确定相关的信号物质，阐明生防菌所诱导寄主植物抗病的信号转导途径，最终彻底揭示生防菌诱导植物抗病的机制。

三、拮抗微生物疫苗的微生态调控作用

（一）植物微生态系

植物微生态系是指在一定结构的空间内，正常微生物群以其宿主植物的组织和细胞及其代谢产物为环境，在长期进化过程中形成的能独立进行物质、能量及基因相互交流的统一的生物系统（梅汝鸿，1998）。

（二）微生态调控与生物防治

微生态调控（microecological control）是在植物微生态学基本原理指导下产生的植物病害防治的新方法，是微生态学在植物病害防治实践中的具体应用。它通过调节、控制寄主植物组织和生理、寄主个体微环境、微生物种群三者与目标微生物（病原物、次病原物、无症状病原物）种群的微生态平衡关系来防治病害，达到最佳的经济、社会和生态效益（梅汝鸿，1998）。

生物防治是微生态调控的一个重要手段。生物防治是指在农业生态系统中，调节植物的微生物环境，使其有利于寄主而不利于病原物，或者使其对寄主与病原物的相互作用发生利于寄主而不利于病原物的影响，从而达到防治病害的目的。它利用的是活的微生物或其代谢产物，直接或者间接的防治病原微生物。微生态调控是调控生态环境与有害微生物（病原菌）的平衡；调节寄主组织细胞同有害微生物的平衡；协调植物体内的共生菌，包括寄主和腐生的微生物同病原物的平衡。微生态调控的措施可以用生物的手段（包括拮抗微生物疫苗），与生物防治一样，也可用物理、化学的措施来控制，调节微生态系，达到防治病害的目的，因此，生物防治是微生态调控的一个重要手段。生物防治是一项单一措施，微生态调控是多种措施的综合使用。

（三）拮抗微生物疫苗的微生态调控作用

拮抗微生物疫苗能够通过调控寄主植物的微生态系来防治病害。以往的研究

发现，将某些微生物接种到植物体内，会引起植物体内微生态系的变化（Fernando et al.,2006；Andreote et al.,2004）。植物微生态学认为，菌群的失衡是植物病害的直接诱因之一。生防菌能够通过调控植物微生态系，使因病害而失衡的微生态系重新建立平衡，以达到防治植物病害的目的。既然生物防治是微生态调控的一个重要手段，那么拮抗微生物疫苗微生态调控作用的机制应当与其生物防治的机制相同，亦即：①与病原菌竞争生态位和营养物质；②分泌抗菌物质；③寄生于病原菌；④多种机制对病原菌的协同拮抗作用；⑤诱导寄主植物产生对病原菌的系统抗性；⑥促进植物生长，提高植物的健康水平，增强其对病害的抵御能力。目前，对于这方面的研究尚处于初始阶段，研究内容主要集中于：拮抗微生物疫苗引起的寄主植物微生物群落的变化及其在寄主植物上的定殖，对于更加深入的机制依然缺乏了解。

1. 拮抗微生物疫苗引起寄主植物上微生物群落的变化

将拮抗微生物疫苗接种到寄主植物上，会引起相关微环境中微生物群落的变化。例如，生防菌 NJ02 对辣椒根围土壤放线菌含量没有影响，NJ02 对真菌和细菌数量均有一定的控制作用（徐刘平，2007）。木霉生防菌对辣椒根际大多数真菌种有抑制作用或重寄生作用，或两种作用皆有，并主要引起真菌种群数量的减少和区系组成变化，对数量占绝对优势的细菌和放线菌的种群数量和区系的影响不大（燕嗣皇等，2005）。目前已经报道了一定数量的关于此类研究的结果，但绝大多数都停留在对微生物群落变化的描述上，鲜见关于深入机制的报道。

2. 拮抗微生物疫苗在寄主植物上的定殖

拮抗微生物疫苗要充分发挥其在防治植物病害中的作用，首先要稳定地定殖于寄主植物。有关生防细菌在寄主植物上定殖的研究较多，并已取得了一定的进展。

影响细菌定殖的因素有细菌自身因素和非生物因素，其中细菌自身因素包括细胞表面多糖、鞭毛、纤毛、细菌趋化性以及微生物的耐渗透能力，而非生物因素包括环境 pH、温湿度以及其他化学物质的影响。

影响生防细菌在寄主植物上定殖能力的自身因素包括：细胞表面多糖、鞭毛、纤毛、细菌趋化性以及其自身耐渗透能力对定殖的影响。细胞表面多糖主要有以下三个方面的作用：与寄主之间起信号感应作用，保护细胞以及集中营养和离子供给细胞。Vladimir 等（2005）研究发现枯草芽孢杆菌的 *pgcA* 基因编码 α-葡萄糖磷酸变位酶，并与 UDP-Glc 的形成有关，能影响 *Bacillus subtilis* 的生物膜的形成，最终影响其定殖能力。鞭毛是细菌的运动器官，细菌的运动能力很大程度上决定于鞭毛，鞭毛作用的发挥与土壤中水分的含量密切相关。对于细菌在土壤中运动过程中鞭毛的作用已有很多研究（Simons et al.,1996；Chin-A-Woeng et al.,2000；Dekkers et al.,1998；de Weger et al.,1987）。Sylvia 等（2003）研究表明，鞭毛决定了细菌在固体表面或黏性环境下的集聚能力和运动性，这被认为在很大程度上影响细菌的定殖能力，并影响生物膜的形成。本实验室经研究发现，蜡样芽孢杆菌的鞭毛蛋白 FLA 能够影响其在小麦根表与根内的定殖（辜旭辉等，2005）。纤毛是细菌的一种丝状蛋白附属物，它可使细菌附着于寄主细胞和惰性表面，帮助建立细菌-植物的相互关系，可能参与小麦根上第一阶段的定殖。Chen 等在放线菌上的一项研究表明，可调控纤毛基因的 *flp* 操纵子具有分泌多糖的功能（Ying，2005）。从这个角度来看，纤毛在微生物定殖过程中很可能具有感应信号的功能。趋化性也是影响植物内生细菌定殖的一个重要因素（Dekkers et al.,2000；de Mot，1991；Geels，1983；Rainey，1996；Shanahan et al.,1992）。趋化性使生防细菌向寄主分泌物（包括根分泌物和种子分泌物）运动，它可以帮助生防细菌找到侵入位点，有助于生防细菌侵入寄主。蜡样芽孢杆菌的趋化性蛋白 CHEA 能对其在小麦根表与根内的定殖产生影响。细菌的耐渗透性对其定殖的影响主要表现在高耐渗透力有助于某些细菌在根围的存活。由此可见，细胞表面多糖、鞭毛、纤毛、细菌趋化性以及其自身耐渗透能力，这些细菌自身的因素均能影响生防细菌在寄主植物上的定殖能力。

影响生防细菌定殖的非生物因素包括环境中的温湿度、pH 及某些化学物质。在这些非生物因素中，水分对生防细菌定殖的影响主要表现在影响其运动能力上，绝大多数的微生物在根围的运动都离不开水分。而微生物在土壤中的运动直接影响其定殖的结果。而在温度方面，由于生防细菌在最适生长温度下各种活性都较高，土壤的温度直接影响其定殖能力。一般的，在一定温度以下，土壤温度越高，微生物的活性就越高，且与土著微生物竞争较少。不同微生物的最适生长 pH 不同，土壤的 pH 影响着生防细菌的定殖。Lisa 等（2005）发现，几乎所有调控鞭毛基因的表达在 pH 高于 8.7 的环境下都受到抑制。植物的不同部位由于结构不同，可利用的物质的活度也不同，营养物质和水活度问题对于内生细菌的存活也有较大影响（Catherine et al.,2001）。紫外线对 DNA 有直接损害，有研究表明 *recA* 基因功能的丧失不利于内生细菌忍受紫外线，嗜铁素（siderophore）则可以增强内生细菌对紫外线耐受性，而有运动能力的细菌则可以通过在植物细胞间隙及其他一些部位移动躲避紫外线的伤害（Knut et al.,2004）。本实验室经过研究发现，分散剂 MF、N 与无机盐 $CaCl_2$ 在小麦的苗期都能促进蜡样芽孢杆菌在小麦体内的定殖（焦文沁等，2005），还发现外界环境的温度、接种时所使用的菌悬液的浓度、接种时间以及某些化学物质均能够影响芽孢杆菌在小麦根面以及根内的定殖及转移（刘忠梅等，2005）。由此可见，温湿度、pH 及某些化学物质等非生物因素对生防细菌在寄主植物上的定殖能够产生影响。

对于生防真菌，此方面的研究热点主要集中在生防木霉在寄主植物上的定殖。研究发现，温度、湿度、土壤肥力、光照与化学杀菌剂等环境因素均能影响生防真菌的定殖能力（王芊等，2006；燕嗣皇，2000；庄敬华等，2005），同时，环境中的微生物也能够影响生防真菌的定殖能力（王芊，2006）。

综上所述，拮抗微生物疫苗可以通过调控植物体表及体内的微生物群落，使植物微生态系达到平衡，从而达到防治植物病害的目的，在这一过程中生防菌的定殖是生防菌能否充分发挥其功效的先决条件。在今后的研究中，要对生防菌在寄主植物体内或者体表的定殖进行更深入的研究，确定某些生防菌定殖时的最佳条件组合，这将有助于生防菌在防治植物病害的过程中发挥出最佳效果，同时，这也将有利于揭示生防菌通过调控植物微生态系防治植物病害的机制。

四、拮抗微生物疫苗的应用现状与前景

（一）拮抗微生物疫苗诱导植物抗性的应用

拮抗微生物疫苗诱导寄主植物对病原物产生系统抗性的功效已经被广泛应用于植物病害防治中。生防细菌的诱导抗性已被应用于对甜菜叶斑病、番茄病毒病、番茄斑驳病毒病、番茄细菌枯萎病、长甜椒炭疽病、黄瓜花叶病、广东莱薹猝倒病、火炬松梭锈病及甜瓜枯萎病的防治中；生防真菌的诱导抗性已被应用于对棉苗立枯病、柚子采后腐烂病、番茄枯萎病、黄瓜叶斑病、黄瓜细菌性角斑病、灰霉病、黄瓜病毒病、早疫病及炭疽病的防治中，并已取得了一定的防治效果。其中一些拮抗微生物疫苗已经做到了商品化，这其中主要是能够形成芽孢、抗逆性较强、保持活力时间较长的芽孢杆菌，已商品化的生防细菌包括 *B. subtilis* GB03（Kodiak、Gustafson）、MBI 600（Subtilex、Berker Underwood）和 QST 713（Serenade、AgraQuest）、*B. pumilus* GB34（YieldShield、Gustafson）以及 *P. fluorescens*、*P. putida*、*P. chlororaphis* 的一些菌株等（Cedomon、BioAgri）。这些拮抗微生物疫苗被加工成颗粒剂、粉剂、或胶囊和种子包衣剂（刘晓光，2007）。此外，中国农业大学植物生态工程研究所研制开发的芽孢杆菌制剂“益微”以及德国 ABiTEP 研制开发的芽孢杆菌制剂 FZB24 与 FZB42，在诱导寄主植物对病原物产生系统抗性方面效果明显。由此可见，拮抗微生物疫苗诱导植物产生系统抗病性的功能取得了良好的效果。

拮抗微生物疫苗的诱导抗性具有抗病谱广、持续时间较长、抗病性表达时间和空间可控等优势，而且最为重要的是对环境无污染。这些特点决定了拮抗微生物疫苗的诱导抗性应该具有良好的应用前景。但是，在科研及实际应用过程中仍然存在以下尚待解决的问题。

1. 诱导抗性的稳定性

植物在经过生防菌的诱导之后，所产生抗病性的强弱取决于抗性基因的表达程度，而抗性基因的表达会受到环境因子、病原物等多种因素的影响，因此，必须设法提高生防菌诱导抗性的稳定性。

2. 多种拮抗微生物疫苗的配合使用

在实际应用的过程中，拮抗微生物疫苗所处的环境是复杂多变的，环境因子的变化会使拮抗微生物疫苗的作用功效不稳定。利用两种或多种拮抗微生物疫苗进行植物抗病性的诱导，具有以下优点：①扩大生态适应范围，减少其诱导效果的可变性，从而增加生物制剂的稳定性和生物防治的可靠性；②扩大抗性作用范围。因此，为了更好地发挥拮抗微生物疫苗诱导植物抗病性的功效，在条件允许的情况下，有必要使用两种或多种拮抗微生物疫苗的混合体诱导寄主植物的抗病性。

3. 拮抗微生物疫苗的商品化

为了更大范围地推广利用拮抗微生物疫苗的诱导抗性来防治植物病害，将诱导抗性效果显著的拮抗微生物疫苗开发为商品化的制剂就成了一条必经之路。在这一过程中必须保证所开发产品的稳定性与货架期，解决好这一问题，将能够使拮抗微生物疫苗诱导植物产生系统抗病性的效果更加稳定，有助于使这一植物病害防治方法在更大范围内得到推广。

4. 拮抗微生物疫苗防病机制的完整性

必须认识到拮抗微生物疫苗的诱导抗性只是其防病机制的一个分支，在应用过程中不能片面夸大其作用，而忽略抗生、寄生及促生等其他防病机制，在使用过程中应尽量创造条件发挥各种机制的协同作用，使拮抗微生物疫苗防治病害的作用达到最大限度的发挥。

（二）拮抗微生物疫苗微生态调控的应用

虽然拮抗微生物疫苗通过调控植物微生态系来防治病害的机制尚未揭示清楚，但作为拮抗微生物疫苗的一种有效防病机制，已被广泛应用于植物病害的防治当中。目前，由具有该功效的生防菌研制与开发出的微生态制剂已被用于多种植物病害的防治当中。例如，由中国农业大学植物生态工程研究所研制开发的“益微”微生态制剂已被用于板栗干腐病、苹果霉心病、苹果青霉病、苹果斑点落叶病、苹果轮纹病、小麦纹枯病等多种病害的防治当中，并已取得了良好的效果。

为了使拮抗微生物疫苗在通过调控植物微生态系防治病害的作用发挥得更加充分，在今后的科研及实践中需要注意以下问题：

1. 确定拮抗微生物疫苗在寄主植物上定殖的最佳条件

拮抗微生物疫苗能否在寄主植物上持久的定殖，直接决定着拮抗微生物疫苗在通过调控植物微生态系防治病害的过程中，能否充分发挥其作用，所以在使用拮抗微生物疫苗前，有必要确定其最佳的定殖条件组合，以取得最佳的防治效果，减少不必要的浪费。

2. 揭示拮抗微生物疫苗通过调控植物微生态系防治病害的机制

目前关于拮抗微生物疫苗通过调控植物微生态系防治病害机制的认识还很有限，这一点必将制约拮抗微生物疫苗在植物病害防治过程中功能的发挥，因此，将拮抗微生物疫苗应用到实践中的同时，必须继续对拮抗微生物疫苗调控植物微生态系防治病害的机制进行研究，使该机制最终能够得到彻底揭示，将拮抗微生物疫苗的作用效果最大化。

（三）应用前景展望

综上所述，对于拮抗微生物疫苗诱导寄主植物产生对病原物的系统抗病性与通过对植物微生态系的调控来防治病害的研究还比较有限，对于其中较深入的机制，目前还知之甚少。为了彻底揭示其机制，还有大量的工作需要开展。但是，由于拮抗微生物疫苗的这两种防病机制在防治植物病害的实践过程中取得了良好的效果，使得利用这两种机制防治植物病害成为一种趋势，为了顺应这种趋势，使拮抗微生物疫苗防治病害的功效有更大的发挥空间，就必须对目前应用过程中存在的问题进行解决。相信在日益注重环境保护以及生态健康的当今社会，能够诱导寄主植物对病原物产生系统抗性，能够调控植物微生态系来防治病害的拮抗微生物疫苗，将在防治植物病害以促进农业发展的实践中发挥更加重要的作用。

（王 琦 牛 犇）

参考文献

辜旭辉等. 2005. 蜡样芽孢杆菌 A47 鞭毛蛋白基因的克隆及其定殖相关性初探. 植物病理学报，99：418～425

焦文沁，王霞，齐俊生等. 2005. 小麦有益内生蜡样芽孢杆菌增效因子的筛选及增效机制研究. 植物病理学报，35（6）：207

刘士旺，郭泽建. 2007. 生防制剂与诱导植物抗病性. 西北农林科技大学学报，33：210～214

刘晓光. 2007. 生防菌诱导植物系统抗性及其生化和细胞学机制. 应用生态学报，18（8）：1861～1868

刘忠梅，王霞，赵金焕等. 2005. 有益内生细菌 B946 在小麦体内的定殖规律. 中国生物防治，21（2）：113～116

梅汝鸿. 1998. 植物微生态学. 北京：中国农业出版社

王芊，王志英，张匀华. 2006. 木霉菌和灰霉菌相互作用关系的初步研究. 黑龙江八一农垦大学学报，18（6）：39～42

王芊，王志英，张匀华. 2006. 影响木霉菌在叶表定殖的因素. 中国农学通报，22：387～389

徐刘平，郭坚华. 2007. 生防菌 NJ02 防治辣椒疫霉病效果及对辣椒根围微生物群落的影响. 江苏农业科学，59～62

燕嗣皇，吴石平，陆德清等. 2000. 三唑酮对木霉根际竞争定殖的影响. 植物病理学报，30：266～270

燕嗣皇，吴石平，陆德清等. 2005. 木霉生防菌对根际微生物的影响与互作. 西南农业学报，18：40～47

庄敬华，杨长城，牟连晓等. 2005. 土壤不同处理对木霉菌定殖及其生防效果的影响. 植物保护，31（6）：42～44

Ait BE，Belarbi A，Hachet C，et al. 2000. Enhancement of in vitro growth and resistance to gray mould of Vitisvinifera cocultured with plant growth-promoting rhizobacteria. FEMS Microbiol. Lett，186：91～95

Ait BE，Gognies S，Nowak J，et al. 2002. Inhibitory effect of endophyte bacteria on Botrytis cinerea and its influence to promote the grapevine growth. Biol. Control，24：135～142

Andreote FD，Gullo MJM，Lima AOS，et al. 2004. Impact of genetically modified Enterobacter cloacae on indigenous endophytic community of Citrus sinensis seedlings. J. Microbiol，43：169～173

Benhamou N，Belanger RR，Paulitz TC. 1996a . Induction of differential host responses by Pseudomonas fluorescens in Ri T-DNA-transformedtransformed pea roots after challenge with Fusarium oxysporum f. sp. pisi and Pythium ultimum. Phytopathology，86：114～178

Benhamou N，Belanger RR，Paulitz TC. 1996c. Induction of differential host responses by Pseudomonas fluorescens in Ri T-DNA-transformed pea roots after challenge with Fusarium oxysporum f. sp. pisi and Pythium ultimum. Phytopathology，86：1174～1185

Benhamou N，Brodeur J. 2001. Preinoculation of Ri T-DNA transformed cucumber roots with the mycoparasite，Verticillium lecanii，induces host defense reactions against Pythium ultimum infection. Physiological and Molecular Plant Pathology，58：133～146

Benhamou N，Garand C. 2001. Cytological analysis of defense-related mechanisms induced in pea root tissues in response to colonization by nonpathogenic Fusarium oxysporum Fo47. Phytopathology，91：730～740

Benhamou N，Kloepper JW，Quadt-Hallmann A，et al. 1996b. Induction of defense-related ultrastructural modifications in pea root tissues inoculated with endophytic bacteria. Plant Physiol, 112: 919～929

Benhamou N, Rey P, CherifM, et al. 1997. Treatment with the mycoparasite Pythium oligandrum triggers induction of defense-related reactions in tomato roots when challenged with Fusarium oxysporum f. sp. radicislycopersici. Phytopathology, 87: 108～122

Benhamou N. 2004. Potential of the mycoparasite, Verticillium lecanii, to protect citrus fruit against Penicillium digitatum , the causal agent of green mold: A comparison with the effect of chitosan. Phytopathology, 94: 693～705

Brooks DS, Gonzalez CF, Apple DN, et al. 1994. Filer. Evaluationof endophytic bacteria as potential biological control agents for oak wilt. Biol. Control, 4: 373～381

Catherine K, Marilyn J, Renate L, et al. 2001. Determinants of Chemotactic Signal Amplification in Escherichia coli. J. Mol. Biol, 307: 119～135

Chestwer KS, Chestwer KS. 1933. The problem of acquired physiological immunity in plants. Review Biol, 8: 275～324

Chin-A-Woeng TFC, Bloemberg GV, Mulders IHM, et al. 2000. Root colonization is essential for biocontrol of tomato foot and root rot by the phenazine-1-carboxamide-producing bacterium Pseudomonas chlororaphis PCL1391. Mol. Plant-microbe Interact, 13: 1340～1345

Conn KL, Nowak J, Lazarovits G. 1997. A gnotobiotic bioassay for studying interactions between potato and plant growth-promoting rhizobacteria. Can J Microbiol, 43: 801～808

de Mot R, Vanderleyden J. 1991. Purification of a root-adhesive outer membrane protein of root-colonising Pseudomonas fluorescens. FEMS Microbiol Lett, 81: 323～328

de Weger LA, van der Vlugt CIM, Wijfjes AHM, et al. 1987. Flagella of a plant growth stimulating Pseudomonas fluorescens strain are required for colonization of potato roots. J Bacterio, 169: 2769～2673

Dekkers LC, Mulders IHM, Phoelich CC, et al. 2000. The sss colonization gene of the tomato-Fusarium oxysporum f. sp. radicis-lycopersici biocontrol strain Pseudomonas fluorescens WCS365 can improve root colonization of other wild type Pseudomonas bacteria. Mol Plant-Microbe Interact, 13: 1177～1183

Dekkers LC, van der Bij AJ, Mulders IHM, et al. 1998. Role of the O-antigen of lipopolysaccharide, and possible roles of growth rate and NADH: ubiquinone oxidoreductase (nuo) in competitive tomato root-tip colonization by Pseudomonas fluorescens WCS365. Mol Plant-microbe Interact, 11: 763～771

Droby S, Vinokur V, Weiss B, et al. 2002. Induction of resistance to Penicillium digitatum in grapefruit by the yeast biocontrol agent, Candida oleophila. Phytopathology, 92: 393～399

European Journal of Plant Pathology, 103: 753～765

Fernando D, Andreote. 2006. Model plants for studying the interaction between Methylobacterium mesophilicum and Xylella fastidiosa. Can J Microbiol., 52: 419～426

Geels FP, Schippers B. 1983. Reduction of yield depressions in high frequency potato cropping soil after seed tuber treatments with antagonistic fluorescent *Pseudomonas* spp. Phytopathol,

108：207～214

Jahreis K，Morrison TB，Garzó n A，et al. 2004. Parkinson. Chemotactic Signaling by an *Escherichia coli* CheA Mutant That Lacks the Binding Domain for Phosphoacceptor Partners. Journal of Bacteriology，5：2664～2672

Kloepper JW，Ryu CM，Zhang S. 2004. Induced systemic resistance and promotion of plant growth by *Bacillus* spp. Phytopathology，94（11）：1259～1266

Lisa MM，Elizabeth Y，Sandra S，et al. 2005. Slonczewski. pH Regulates Genes for Flagellar Motility，Catabolism，and Oxidative Stress in Escherichia coli K～12. Journal of Bacterology，Jan，p. 304～319

M'Piga P，Belanger RR，Paulitz TC，et al. 1997. Increased resistance to Fusarium oxysporum f. sp. radicislycopersici in tomato plants treated with the endophytic bacterium Pseudomonas fluorescens strain 63～28. Physiol Mol Plant Pathol，50：301～320

Mathesius U，Mulders S，Gao MS，et al. 2003. Extensive and specific responses of a eukaryote to bacterial quorum-sensing signals. Proc Natl Acad Sci USA，100：1444～1449

Pieterse CMJ，Van Wees SCM，Hoffland E，et al. 1996. Systemic resistance in Arabidopsis induced by biocontrol bacteria is independent of salicylic acid accumulation and pathogenesis-related gene expression. Plant Cell，8（8）：1225～1237

Poromarto SH，Nelson BD，Freeman TP. 1998. Association of binucleate Rhizoctonia with soybean and mechanism of biocontrol of Rhizoctonia solani. Phytopathology，88：1056～1067

Rainey PB，Bailey MJ. 1996. Physical and genetic map of the Pseudomonas fluorescens SBW25 chromosome. Mol Microbiol，19：521～533

Shanahan PO，Simpson DJ，Glennon P，et al. 1992. Isolation of 2，4-diacetylphloroglucinol from a fluorescent Pseudomonad and investigation of physiological parameters influencing its production. Appl Environ Microbiol，58：353～358

Sharma VK，Nowak J. 1998. Enhancement of verticillium wilt resistance in tomato transplants by in vitro coculture of seedlings with aplant growth-promoting rhizobacterium（Pseudomonas sp. strain PsJN）. Can J Microbiol，44：528～536

Shoresh M，Yedidia I，Chet I. 2005. Involvement ofjasmonic acid / ethylene signaling pathway in the systematic resistance induced in cucumber by Trichoderma asperellum T-203. Phytopathology，95：76～84

Simons M，van der Bij AJ，Brand J，et al. 1996. Gnotobiotic system for studying rhizosphere colonization by plant growth-promoting Pseudomonas bacteria. Mol. Plant-microbe Interact，9：600～607

Sylvia M，Kirov. 2003. Bacteria that express lateral flagella enable dissection of the multifunctional roles of flagella in pathogenesis. Microbiology Letters，224：151～159

Van Loon LC. 1997. Induced resistance in plants and the role of pathogenesis-related proteins.

Van Peer R，Niemann GJ，Schippers B. 1991. Induced resistance and phytoalexin accumulation in biological control of Fusarium wilt of carnation by Pseudomonas sp. strain WCS417r. Phytopathology，81：728～734

Viswanathan R，Samiyappan R. 1999. Induction of systemic resistance by plant growth-promoting rhizobacteria against red rot disease caused by Colletotrichum falcatum went in sugarcane，24～39. In Proceedings of the Sugar Technology Association of India，vol. 61. Sugar Technology Association，New Delhi，India.

Viterbo A，Harel M，Horwitz BA，et al. 2005. Trichoderma mitogen activated p rotein kinase signaling is involved in induction of p lant systemic resistance. Applied and Environmental Microbiology，71 (10)：6241～6246

Vladimir L，Blazenka S，Noël M，et al. 2005. Bacillus subtilis α-phosphoglucomutase is required for normal cell morphology and biofilm formation. Applied and Enviromental Microbiology，l：39～45

Ying WT，Casey Chen. 2005. Mutation analysis of the flp operon in Actinobacillus actinomycetemcomitans. Gene，351：61～ 71

第九章　青枯雷尔氏菌无致病力菌株免疫抗病机理的研究与应用

一、病原菌免疫抗病特性的基础——青枯雷尔氏菌致病机理的多态性

（一）青枯雷尔氏菌致病因子的多态性

了解青枯雷尔氏菌无致病力菌株的免疫抗病机理，首先要了解青枯雷尔氏菌致病机理。青枯雷尔氏菌要顺利完成从土壤到茎秆的生长历程，受到许多特异性基因产物的调控。实验证明，特异性蛋白在青枯雷尔氏菌营养的获得、细胞间隙的移动、木质部导管的穿透和逃避植物免疫系统过程中起着重要的作用，这些蛋白的作用表现出了在时间、空间和数量上的特异性，了解这些由调节网络控制的基因产物在生化特性和生理功能上差异性，对于了解青枯雷尔氏菌致病因子的多态性具有重要意义（Schell，2000）。

1. 外泌多糖Ⅰ

外泌多糖Ⅰ（exopolysaccharides Ⅰ，EPS Ⅰ）是青枯雷尔氏菌的主要致病因子，它是一个多聚糖长链，由三聚重复单位 *N*-乙酰基半乳糖胺、2-*N*-乙酰基-2-脱氧-L-半乳糖醛酸和 2-*N*-乙酰基-4-（3-hydroxybutanoyl）-2-4-6-三脱氧-D-葡萄糖组成的多聚体（Orgambide et al.,1991；Schell et al.,1994a）。在室内培养及植株体内条件下，青枯雷尔氏菌产生大量的 EPS Ⅰ，其中 90%以上是外泌多糖（Schell，1996；Saile et al.,1997；McGarvey et al.,1999）。EPS Ⅰ特异性的单克隆抗体分析显示，许多不同的青枯雷尔氏菌各自产生的 EPS Ⅰ存在着异质性，其中 85%的 EPS Ⅰ以游离的、不与菌体细胞黏附的状态存在（Alvarez et al.,1990；Arias et al.,1998），但有 15%的 EPS Ⅰ呈荫状地黏附在细胞表面（McGarvey et al.,1999）。EPS Ⅰ合成特异性阻断突变的青枯雷尔氏菌，几乎不能使植株致病（萎蔫或杀死植株），即使把大量的菌体直接注射到茎秆也不能引起植株发病（Denny et al.,1990；Denny et al.,1991；Kao et al.,1991；Kao et al.,1992；Denny et al.,1994；Denny，1995；Denny，1999；McGarvey et al.,1999；Denny，2000）。

青枯雷尔氏菌 EPS Ⅰ的释放可能会造成植株导管堵塞（Denny et al.,1990；

Denny，1995），或引起过高的静水力学压力（Kelman et al.,1973），导致导管破裂（Diatloff et al.,1992），进而引起植株萎蔫（Burney et al.,1995）。最近通过土壤进行接菌侵染试验表明，EPS Ⅰ还能促进茎秆的伸长，侵染 EPS Ⅰ缺失突变菌的茎秆比侵染野生型长得慢，长度也小很多（Saile et al.,1997）。同样，用组培苗试验发现，可能由于植物的防御反应，青枯雷尔氏菌 EPS Ⅰ缺失突变菌不能进入到植株木质部导管，只能黏着在根皮层的细胞间隙，并逐步退化（Araud et al.,1998）。有趣的是，青枯雷尔氏菌 EPS Ⅰ缺失突变菌在易感病的番茄植株体内，其行为与野生型在抗性植株体内的行为相似（Grimault et al.,1995；Prior et al.,1996；Saile et al.,1997；McGarvey et al.,1999）。尽管缺乏直接的证据，但是 EPS Ⅰ可能掩盖了作为植物免疫系统识别或攻击目标的青枯雷尔氏菌表面结构（如菌毛、脂多糖）（Sequeira，1985；Young et al.,1985；Leigh et al.,1992；Elphinstone et al.,1994；Denny，1995）。

青枯雷尔氏菌 EPS Ⅰ生物合成途径的许多蛋白质是由 16 kb 的 *eps* 基因操纵子编码的，因为 *eps* 基因上的任何突变都会阻碍 EPS Ⅰ产生（Denny，1995；Huang et al.,1995）。此外，*eps* 基因编码的许多蛋白质的氨基酸序列与已被描绘的其他细菌催化外泌多糖生物合成酶的序列相似（Huang et al.,1997）。*eps* 操纵子包含有 12 个以上基因，它的转录由一个启动子引导，需要 10 个调节基因的产物和 3 种以上不同的信号相互作用才能完全激活（Huang et al.,1995；Schell，1996；Huang et al.,2000）。虽然还不清楚这种复杂的和严格的调控机理，但这表明，青枯雷尔氏菌准确地产生 EPS Ⅰ严格途径的重要性。或许在一定的植物体内条件下不适当的 EPS Ⅰ的产生，会影响致病性的延续。产生大量的含氮量丰富的 EPS Ⅰ，引起过度的新陈代谢，可能是另外一个植物致病的原因。据报道，其他植物和动物病原菌也能利用严格合成途径调节外泌多糖的产生（Flavier et al.,1997；Flavier et al.,1998；Denny，1999）。

2. 胞外蛋白

青枯雷尔氏菌合成大概 10 种主要的胞外蛋白（exoprotein），这些蛋白都可以在试验室青枯雷尔氏菌发酵液上清液中轻易地检测到（Kao et al.,1994；Schell et al.,1994；Schell，1996；2000），有些胞外蛋白产生的量很少，有些胞外蛋白只有在一定的条件下才能产生。与许多病原菌一样，青枯雷尔氏菌也是利用两种不同的系统从细胞质向胞外环境分泌多肽：一个是Ⅱ型分泌系统（Boucher et al.,2001；Sundin et al.,2002），由 *eep* 基因编码，分泌大多数的重要胞外蛋白，包括所有的细胞壁裂解酶（Kang et al.,1994）；另一个是Ⅲ型分泌系统（He et al.,1997；Charkowski et al.,1998；Hueck，1998；Feltman et al.,2001；Parsons et al.,2001），由 *hrp* 基因编码（Gough et al.,1992；Gijsegem et al.,1995)，可能是直接向植物细胞释放有毒蛋白。缺失任何一个系统的突变都会导致青枯雷尔氏菌在植株体内的定植力和增殖速度的严重下降（Boucher et al.，1978；Arlat et al.,1992；Boucher et al.,1992)。所以，集合性胞外蛋白的共同作用对青枯雷尔氏菌引起植株发病是十分必要的。然而，在某些情况下，也可检测到个别分散的胞外蛋白的存在，它们可能不是青枯雷尔氏菌引起发病所必需的，但却能促进定殖和增强侵染力。

(1) 果胶溶解酶　在青枯雷尔氏菌菌体内，能合成一种果胶甲基脂酶(Pme）和三种多聚半乳糖醛酸酶。在青枯雷尔氏菌内没有检测到能直接水解果胶的酶（如果胶裂解酶)。42kDa 的果胶甲基脂酶（Spok et al.,1991；Schell，1996；Tans et al.,1998；Tans Kersten et al.,2000)，从果胶上裂解下甲氧基团，生成甲醇和多聚半乳糖醛酸，后者又能被多聚半乳糖醛酸内切酶 PglA（Huang et al.,1990）[又称 pehA（Hartman et al.,1991)]、多聚半乳糖醛酸外切酶 pehB(PglB)（Huang et al.,1997）和 pehC（PglC）（Gonzalez et al.,2003）作用。52kDa 的 PglA（Schell et al.,1988）与农杆菌（*Agrobacterium vitis*）的多聚半乳糖醛酸内切酶 pehA 相似（Herlache et al.,1997)，水解多聚半乳糖醛酸生成单、双和三聚半乳糖醛酸等寡聚半乳糖醛酸。74kDa 的多聚 α-D-半乳糖醛酸外切酶 pehB 与细菌（*Erwinia. chrysanthemi*）的 pehX 酶非常相似（Rojas et al.，2002)，仅能释放出双半乳糖醛酸；而 pehC 酶似乎只能产生单半乳糖醛酸(Huang et al.,1997)。

在植物体内（或土壤中）果胶含量丰富的区域，这 4 种酶共同作用，将果胶裂解成低聚体，也可为青枯雷尔氏菌提供作为生长培养基的单半乳糖醛酸(Tans Kersten et al.,1998)。PehB 酶的缺失突变仅引起青枯雷尔氏菌致病力的细微降低，而 PglA 酶（或 pehA）产生突变的青枯雷尔氏菌造成植株萎蔫及死亡的时间至少要比野生型慢 2 倍（Schell et al.,1994；Huang et al.,1997；Huang et al.,1998)。当青枯雷尔氏菌在土壤中传染时，PglA 酶突变产生的青枯雷尔氏菌致病力，导致侵入植株体内的青枯雷尔氏菌不致病，能阻止外来青枯雷尔氏菌侵入，因此有时用作免疫接种剂。青枯雷尔氏菌 PehA 酶的突变株（及较小范围的 pehB 酶突变）对茎秆的侵染及定殖要比野生型慢得多（Huang et al.，1999；Huang et al.,2000)，这表明，除了营养作用外，多聚半乳糖醛酸酶还能促进青枯雷尔氏菌通过胞间薄层、木质部导管间的纹孔膜和根部再生突出体位点等富含果胶的区域（Tang et al.,1999)。尽管果胶甲基脂酶的失活会破坏青枯雷尔氏菌利用高度甲基化果胶，影响生长（但没有多聚半乳糖醛酸酶和中度甲基化的果胶)，但果胶甲基脂酶突变的青枯雷尔氏菌仍能完全保持对许多寄主的致病力。关于果胶甲基脂酶在青枯病发生过程中的作用还不清楚（Tans et al.,2000)。

(2) 纤维素水解酶　在菌体内，青枯雷尔氏菌产生两种能水解以 β-1,4 糖苷键连接成纤维素的胞外葡聚糖酶——Egl 和 CbhA。Egl 是 42 kDa 的酶 (Gorenflo et al.,2001)，水解可溶性的纤维素，产生纤维二糖、纤维三糖和纤维四糖 (Schell et al.,1988)；CbhA 是 66kDa 的外切纤维素生物水解酶，通过降解结晶纤维素的末端产生纤维二糖 (McGarvey et al.,1999)。Egl 与细菌 (erwinia) 和真菌 (fungi) 的纤维素酶相似 (Roberts et al.,1988)，CbhA 则与来自 *Cellulomonas. fimi*、木霉菌 (*Trichoderma reesei*) 的酶相似 (Petre et al., 1985)。Egl 缺失突变的青枯雷尔氏菌引起的植株发病历程要比野生型慢 (Huang et al.,1992；Wang et al.,1995)。在通过土壤侵染，Egl 缺失突变的青枯雷尔氏菌也能以变缓慢了的速度和效率侵染根部，并在茎秆定植 (Hsu，1989)；通过伤口的接菌能降低这种影响 (Quezado et al.,1994)。因此，Egl 可能会促进青枯雷尔氏菌对根部的侵染，并通过裂解细胞壁的纤维葡聚糖促进青枯雷尔氏菌穿过木质部导管 (Watanabe et al.,1999)。ChbA 在青枯病中的作用还未被研究。因为在生化型Ⅱ、Ⅲ青枯雷尔氏菌侵染的植株体内，egl 酶 (CbhA 也有可能) 能够氧化纤维二糖，所以 egl 酶可能具有营养作用，但值得怀疑的是，在生化型Ⅰ和Ⅳ青枯雷尔氏菌中，没发现这种作用 (Seal et al.,1999)。

(3) Tek 蛋白　28kDa 的 Tek 蛋白是许多青枯雷尔氏菌培养物上清液中最丰富的胞外蛋白 (Schell et al.,1988；Denny et al.,1996；Huguet et al.,1998；Rossier et al.,1999)。它来源于一 58kDa 的与膜相连的 (分布在膜上的) 蛋白质前体，该前体被输送到细胞外后被降解，产生 C 端核心的 28kDa 部分 (Denny, 1995)。Tek 没有表现出任何酶的功能，但凝胶过滤分析及其他证据显示，Tek 可能与 EPS Ⅰ有关联。然而，由于 Tek 缺失的青枯雷尔氏菌仍然具有与野生型一样的 EPS Ⅰ水平和致病力 (Denny et al.,1996)，因此 Tek 的功能仍不清楚。虽然如此，但 Tek 与其他许多致病因子一样也受 *phcA* 基因的调控 (McGarvey et al.,1999)。

(二) 青枯雷尔氏菌致病调控的多态性

青枯雷尔氏菌的 23kb 的 *hrp* 基因簇位于 1.9Mb 的巨型质粒复制子上 (Boucher et al., 1987；Boucher et al., 1992；Gijsegem et al., 1995；Boucher, 1998；Boucher et al.,2001)，可能在病原性基因岛内。20 多个 *hrp* 基因中任何一个失活，几乎都会造成青枯雷尔氏菌引起易感植物发病和在植物体内增殖能力的完全丧失，在抗性植物体内也会丧失引起防御反应的能力 (Arlat et al.,1992；Boucher et al.,1992)。在大多数植物和一些动物的病原菌中，特别是黄单胞杆菌 (*Xanthomonas campestris*)，发现许多与青枯雷尔氏菌的 *hrp* 基因具有序列相似性的基因簇及基因产物的存在 (Barny et al.,1990；Fenselau et al.,1995；Charkowski et al.,1998；Hueck，1998)。这显示了 *hrp* 型基因在许多细菌性病原菌与真核寄主相互作用之间的重要性。青枯雷尔氏菌的 *hrp* 基因簇由 5 个转录单位组成，编码 20 多种多肽，其中包括一Ⅲ型分泌系统（Arlat et al.,1992；Arlat et al.,1994；Gijsegem et al.,1995；Hueck，1998；Gijsegem et al.,2002）。这一系统很可能横跨细胞内膜和外膜，直接将各种各样的致病因子及非致病性蛋白输送到植物细胞外，促进营养的吸收和（或）免疫反应的产生（Innes et al.,1993；Bonas，1994；Huguet et al.,1998）。

先前有许多报道都与 *hrp* 基因编码的Ⅲ型分泌系统的进化、结构及功能等方面的研究有关（Preston et al.,1995；Huang et al.,1997；Charkowski et al.,1998）。最近在青枯雷尔氏菌及其他植物病原菌的 *hrp* 基因系统中发现一个成分是"*hrp*-纤毛"（*hrp*-pili）（Gijsegem et al.,2000；Kang et al.,2002；Van Gijsegem et al.,2002），青枯雷尔氏菌可能也会产生不同于 *hrp*-纤毛的Ⅳ型纤毛（Mattsson et al.,2001；Sundin et al.,2002）。这种纤毛是长的、鞭状的蛋白附肢，延伸到细胞外，在青枯雷尔氏菌的抽搐状运动、黏附及通过植物寄主的运动中，起着极其重要的作用（Rossier et al.,1999）。所有与 *hrp* 基因关联的功能都需要机动性的 *hrp* 纤毛，其被推测为是 *hrp* 系统向外输送蛋白质的通道（He et al.,1997；Rossier et al.,1999；Gijsegem et al.,2000）。*hrp* 基因簇外围的 *5F2* 基因座的突变，会严重降低 *hrp*-纤毛的产生、致病力及青枯雷尔氏菌黏附、进入根部的能力。尽管与 *hrp*-纤毛一样，*5F2* 编码产物的性质还不清楚，但它的表达受 *phcA* 基因的反向调控。有许多其他基因也参与调控 *hrp* 基因的表达（Brumbley et al.,1990）。

PopA 是由青枯雷尔氏菌 *hrp* 基因分泌途径输送出的一种 33kDa 蛋白（Arlat et al.,1994），该蛋白显示与其他细菌性植物病原菌的联结通道（harpin）类似的功能（Wei et al.,1994；Belbahri et al.,2001），例如当它以高浓度渗入植物组织后，会引起组织的超敏反应（Arlat et al.,1994）。然而，青枯雷尔氏菌的 PopA 缺失突变株也具有普通的致病力（Arlat et al.,1994；Van et al.,2000）。近来又发现两种新的 hrp 输出蛋白——PopB 和 PopC（Gueneron et al.,2000）。PopB 核心定位序列表明，像病原菌（*X. campestris*）的 AvrBs3 及其他 hrp 输出蛋白一样（Rossier et al.,1999；Rossier et al.,2000），它必须通过注射到植物细胞内才能发挥作用（He et al.,1993；Charkowski et al.,1998）。PopC 含有一些与植物抗性基因类似的 19 个富含亮氨酸的重复单位（Innes et al.,1993），说明它可能会干扰寄主的防御反应。然而，同所观察到的 PopA 及其他 Avrs 一样，PopB 或 PopC 的缺失不会影响致病性（Arlat et al.,1994；Charkowski et al.,1998），或许它们在致病性上的功能是多余的或是附加的（Van G et al.,1995；Gueneron et al.,2000）。

（三）青枯雷尔氏菌致病基因调控系统的多态性

青枯雷尔氏菌至少在 2 种复杂的小生境中进行繁殖：营养物质缺乏、竞争激烈的、可变的、不同种类的土壤环境和竞争不激烈、营养丰富但防御严密的植物体内环境（Sivamani et al.,1988）。许多在寄主体内增殖中起关键作用的基因产物，在土壤环境中的作用可能就变小了，反之亦然（Yao et al.,1994，Venkatesh et al.,2000）。此外，在寄主植株青枯病发病过程中的不同部位和不同时段，单个的、少量的或大量聚集的青枯雷尔氏菌细胞，必须适应在它们从根部组织扩散到茎秆顶端的过程中所遇到的许多微生境环境对其生理要求发生的变化(Baleshwar，1993)。为适应这些变化着的环境，青枯雷尔氏菌所合成的蛋白的数量和类型必须做出时间上和空间上的调整（Eden et al.,1994)。产生不适当的基因产物是一种浪费，甚至可能起着反作用，因为它可能激起植物的防御反应，因此，青枯雷尔氏菌进化形成了一套复杂的调控网络体系（regulatory cascade）(Brito et al.,1999)，能感觉到关键环境信号的变化。作为反应，基因表达变化能导致植物生理上的剧烈变化（Brito et al.,2002)。监控病原菌其他方面的环境状况的串联基因（cascade）连接到主要的基因群上，构成一调节网络（network）或传感器阵列（sensory array）（Schell，1996)，精细准确地调节致病力和病原性基因的表达（Huang et al.,1995a)。这个网络的成分如表 9.1 所示。这些网络的主要部分是广泛分布的双组分转录调节器家族的成员，它们一般起着如下文所讲述的作用（Cantliffe et al.,1995；Rodriguez-Capote et al.,2001)。横跨膜外周胞质域的传感器激酶成分结合一个特殊的信号分子后，它的激酶结构域从 ATP 上传递一个磷酸基团到细胞质内的“伴侣”反应调节器上。这个磷酸化作用激活了反应调节器 C 端的 DNA 结合结构域和（或）转录激活机制，从而开启目标基因的转录（Toussaint et al.,2003；Rajashekhara et al.,2004)。

表 9.1　调控青枯雷尔氏菌致病力和病原性基因的调节基因和系统

体　系	基　因	基因产物可能的功能或类型	调节的靶目标
phc	*phc*A	LysR-型转录激活物	eps（经 xpsR）；egl；pme；tek；solRI 含细胞^{N}；pglA ** 和运动性（经 peh S/pehR）；hrp 基因（经 hrpB）
	*phc*S/*phc*R	感觉激酶或感应调节子 *	
	*phc*B	3-OH PAME 的生物合成酶	其他胞外蛋白
	*phc*Q	感应调节子	其他胞外蛋白
eps	*xps*R	异常的转录激活物	eps 生物合成操纵子
	*eps*R	非典型的感应调节子	eps 生物合成操纵子^{N}
	*vsr*B/*vsr*C	感觉激酶或感应调节子	eps 生物合成操纵子；pglA^{N}
	*vsr*A/*vsr*D	感觉激酶或感应调节子	eps（经 xpsR）；cbhA；nfrB^{N}；增殖

续表

体系	基因	基因产物可能的功能或类型	调节的靶目标
Quorum	Sensing	Lux-R 型转录激活物	aidA；其他？
	*sol*R	自发诱导酰基化高丝氨酸内	
	*sol*I	脂的生物合成酶	
prh	*prh*A/*prh*R	表面感受器/植物信号的转换	hrp 调节子（经 prhJ?）
	*prh*I	交替的 sigma 因子	hrp 调节子（经 prhJ?）
	*prh*J	LuxR/UhpA-型转录激活物	hrp 调节子（经 prhG）
	*hrp*G	OmpR-型感应调节子	hrp 调节子（经 prhB）
	*hrp*B	XylS/AraC-型转录激活物	hrp 编码的 III 型分泌体系；popABC；其他致病力基因？
其他	*peh*S/*peh*R	感觉激酶或感应调节子	pglA；运动性
	*rpo*S	交替的 sigma 因子	solRI；egl；pglA；低 pH 及在饥饿状态下生存

* 缺乏双组分型感应调节子通常所具有的 C 端 DNA 结合结构域。N 反式调控。* * *pglA*，*pglB* 和 *pglC* 也分别被称为 *pehA*，*pehB* 和 *pehC*。

二、青枯雷尔氏菌致病机理的多态性

在许多植物病原菌中，*hrp* 基因的表达严重地受生长环境的影响（Barny et al.,1990；Arlat et al.,1992；Bonas，1994）。生长在氮素来源复杂（如蛋白胨、酪蛋白水解物）的培养基的青枯雷尔氏菌，*hrp* 基因的表达受抑制，表达水平仅及在营养缺乏的培养基上所检测到的 5%；碳素来源的不同则影响不大（Arlat et al.,1992）。相反，如果将青枯雷尔氏菌与植物细胞共培养，*hrp* 基因的表达水平可以比在营养缺乏的培养基上所观察到的提高 20 倍以上（Marenda et al., 1998）。细菌（*X. campestris*）*hrp* 基因的表达也是可以由植物细胞诱导的（Huguet et al.,1998）。

来源于寄主植物的信号转导到青枯雷尔氏菌编码包括Ⅲ型分泌系统在内的 20 多种蛋白的 4 个转录单元的启动子过程涉及 *prh* 系统，该系统至少由 6 个调节组分串联而成，这些组分可通过利用 DNA 序列分析和 *hrp* 结构基因两侧区域的反向遗传分析而被大量发现。有关 *hrp* 的最初报道是 *hrpB*（Genin et al., 1992；Genin et al.,2002）编码一 XylS/AraC-型转录激活因子（Gadewar et al., 1999），该因子与细菌（*X. campestris*）的 *hrpXv* 具有 58%的相似性，并且可能具有相同的功能（Wengelnik et al.,1996）。*hrpB*（或 *hrpXv*）的失活会导致所有与 *hrp* 有关的转录单元（如 *hrp* 调节子）的表达水平降低 20 倍。在营养丰富的培养基上，依赖于 *hrpB* 的转录单元的表达水平会降低 20 倍，这与 *hrpB* 自身表达量的下降相一致（Genin et al.,1992；Genin et al.,2002）。*hrpB* 的过量表达会极大增加 *hrp* 在营养丰富的培养基中转录的事实表明，环境条件对 *hrp* 调节子的调控是通过从转录水平调控 *hrp*B 来介导的。*hrp*B 可能直接激活 *hrp* 调节子的启动子，也可能是通过存在于大多数 *hrpB*-或 *hrpXv*-调节基因或操纵子的启动子区域的序列（TTCGC-N_{15}-TTCGC）（Wengelnik et al.,1996），或者通过其他中间体来激活转录。*hrp* 基因通过 *hrp*B 的转录激活可能还与一些小的信号分子有关，因为大多数 XylS/AraC 型调控因子的转录激活都需要一些共诱导物的存在（Huang et al.,1994）。

将青枯雷尔氏菌与拟南芥、番茄或烟草细胞培养物上清液共培养，*hrpB* 的转录（可能还包括大多数 *hrp* 基因）可以 20 倍以上的速度迅速被诱导（Marenda et al.,1998）。限制性的或新鲜的共培养培养基则没这种活性，暗示这些诱导分子是不可扩散的，而且这种诱导作用需要有植物细胞的存在。在荧光显微镜下，可看到青枯雷尔氏菌细胞内包含着融合的 *hrp*-：*gfp*，显示只有当菌体同植物细胞或细胞壁碎片相接触时，才能诱导 *hrpB* 的表达（Aldon et al.,2000），这意味着直接与植物细胞有物理接触是诱导以植物为介导的 *hrp* 调节子表达所必需的。这有些出乎意料，因为 hrp 系统显而易见的功能是通过向植物细胞注入毒性蛋白来释放出营养物质，这一步骤可能需要病原菌同寄主细胞有接触。动物病原菌 *Yersinia* Ⅲ型分泌系统基因表达的激活似乎也需要寄主细胞的接触（Gilis et al.,1996）。

青枯雷尔氏菌可能需要一表面受体来感觉与植物细胞接触的信号。最有可能的受体是 *prh*A（Marenda et al.,1998），其氨基酸序列与 FhuE、FecA 及其他依赖于 TonB 的向细胞外周胞质输入 Fe-含铁细胞联合体的外层膜受体蛋白的氨基酸序列有微小的相似性（Figge et al.,1999；Niepold，1999）。青枯雷尔氏菌的 *prh*A 突变株对拟南芥没有致病性，与植物细胞共培养也不能诱导 *hrpB* 的表达（Marenda et al.,1998）。然而，*prhA* 的失活不会影响 *hrpB* 在营养缺乏的培养基上的表达或影响对番茄的致病力。假如 *prh*A 如预期的那样是一种含铁细胞受体，那么铁的状态将不会影响 *prhA* 或 *hrp* 基因的表达，这说明 *prh*A 是诱导青枯雷尔氏菌 *hrp* 调节子表达的来源于植物细胞的信号的表面受体（Marenda et al.,1998）。

寄主植物信号从 *prh*A 到 *hrp* 基因启动子的转导必然还涉及其他成分。其中最有可能的是被公认的 LuxR/UhpA 型转录激活因子——*prh*J（Brito et al.,1999），因为当与拟南芥细胞共培养时，*prhJ* 的表达能以提高 50 倍的速度被诱导，而且因为 *prhA* 的失活会破坏这种诱导作用（Brito et al.,2002）。与 *prhA* 一样，*prhJ* 的失活会消除植物细胞对 *hrpB* 表达的诱导作用，也会严重降低对拟南芥的致病力，但对番茄的致病力不受影响。对青枯雷尔氏菌 *prhA* 和 *prhJ* 突变株会影响对某种寄主的致病力，但又不会影响对另一种寄主的致病力的现象，暗示可能存在着另外的、或许是寄主特异性的信号转导途径（Vasse et al.,2000）。

对 *prhI* 和 *prhR* 特征的初步描述，提供了这样一个信息，即 *prhI* 和 *prhR* 可能还编码了转导这些植物信号蛋白质群（Brito et al.,2002）。像 *prhA* 一样，*prhI* 或 *prhR* 的突变会破坏植物细胞介导的对 *hrpB* 的激活，而且可能破坏对 *hrp* 调节子的激活。*prh*R 和 *prh*I 分别与 FecR 和 FecI 相似，在 *E. coli* 中，FecR 和 FecI 是包括与 *prhA* 相似的含铁细胞受体——FecA 在内的信号转导体系的组成部分（Figge et al.,1999；Schonfeld et al.,2003）。这使得 prhA、prhI、和 prhR 的功能类似于 *E.coli* 内的同类物 FecA 的观点更加具有迷惑力，但也更具有猜测性和可能性（Figge et al.,1999）。根据这一模式，prhA 将来自植物细胞表面的信号转导（或传送）到跨膜蛋白 prhR 内侧的外周胞质区域。然后，prhR 在原生质区激活被认为是交替 δ-因子的 prhI 的功能，进而指导 RNA 聚合酶开始转录 *prhJ*。随后，prhJ 激活编码与 *X. campestris* 的 hrpG 有 55%同源性的应答性调控因子的 *hrpG* 的转录（Wengelnik et al.,1996）。在所试验过的各种条件下，包括与植物细胞共培养，青枯雷尔氏菌（和 *X. campestris*）*hrpG* 的突变造成 *hrpB*（或其他 *hrp* 基因）以极低的水平表达（Wengelnik et al.,1996；Brito et al.,1999）。此外，青枯雷尔氏菌中 *hrpG* 的表达是可由植物细胞诱导的，并且依赖于 prh 的存在（Brito et al.,1999）。因此，通过 prh 系统，来源于植物细胞的信号可能激活 *hrpG* 的转录，*hrpG* 的表达产物又激活 *hrpB* 的转录；依次地，*hrp*B 再激活 *hrp* 基因的转录。hrpG 的活性可能受到尚未鉴别出的信号和感应激酶的控制，因为 *X. campestris* 的 hrpG 应答性调控因子磷酸化位点附近的点突变会造成 *hrp* 基因的组成型表达（Wengelnik et al.,1996）。这一模式的许多方面还有待进一步说明和确认。

初步研究结果显示，在营养丰富的培养基上生长的青枯雷尔氏菌菌体细胞内，当 *phcA* 失活时，*hrpB* 的表达水平只能提高 10 倍，这表明通过 phc 系统积聚 3-OH PAME 可以抑制 *hrp* 基因的表达。与此相符的是，hrp 纤毛的产生似乎也受 phc 系统的抑制。这在一定程度上提高了青枯雷尔氏菌细胞在高密度或受到限制时抑制对 hrpⅢ型分泌系统的使用的可能性，而 EPS Ⅰ、Egl 及其他致病力因子所发生的情形则相反。青枯雷尔氏菌或许将高的细胞密度当成一种营养充足的指示器，作为应答，抑制了Ⅲ型分泌系统从植物细胞获取营养的功能的利用。然而，这种假定的在 phc 与 prh 信号转导链间的联系需要在植物体内加以证实（Huguet et al.,1998；Rossier et al.,1999）。

三、青枯雷尔氏菌脂肪酸型的应用

青枯雷尔氏菌作为模式微生物，完成了基因组的测序。青枯雷尔氏菌作为植物病原，具有十分丰富的多态性，它可侵染 44 科 300 多种植物（Middleton et al.,1990），寄主植物有单子叶、双子叶、一年生、多年生、草本、木本等多种类型，表现出高度的生态适应性。这种适应性导致该菌的种下分化的复杂性。以往的研究提出了生理小种（race）（Gabriel et al.,2006）、生化型（biovar）（Tomlinson et al.,2005）、血清型（serotype）（Malandrin et al.,1999）、溶源型（lysotype）（Xu et al.,1986）、基因型（genetype）（Hartung et al.,1998）等方面研究，试图从不同角度，解释种下分化与致病性的关系。但是，研究结果表明，该菌的各种下分化的分析方法无法与其致病性建立相关关系，Yao 等（1990）应用生理小种法分析了四川省茄子、番茄、辣椒、马铃薯等作物上青枯雷尔氏菌的菌系及其分布，结果表明，同一生理小种中存在着不同的致病类型菌株。王国平等（1996）分析了湖南省烟草青枯雷尔氏菌的生化型，认为青枯雷尔氏菌致病力的强弱与生化型没有直接的相关性。用血清型、溶源型分析，操作复杂，同时对致病力识别能力有限。用 PCR 分析，青枯雷尔氏菌的致病性由 22 个基因控制，任何一个基因的改变都会改变其致病性，给 PCR 方法进行致病力检测带来了很大困难。

脂肪酸是生物体内不可缺少的能量和营养物质，是生物体的基本结构成分之一，在细胞中绝大部分脂肪酸以结合形式存在，构成具有重要生理功能的脂类，它是构成生物膜的重要物质，是有机体代谢所需燃料的贮存形式（Melo et al.,1999）；作为细胞表面物质与细胞识别、种族特异性和细胞免疫等有密切关系。脂肪酸和细菌的遗传变异、毒力、耐药性等有极为密切的关系（Suarez et al.,1992）。现代微生物学研究表明：细菌的细胞结构中普遍含有的脂肪酸成分与细菌的 DNA 具有高度的同源性，各种细菌具有其特征性的细胞脂肪酸指纹图谱，目前国内外已有把脂肪酸用于细菌鉴定的报道。由于青枯雷尔氏菌存在着复杂的种下分化，作者首次提出了青枯雷尔氏菌脂肪酸型的概念，分析它与青枯雷尔氏菌的致病性关系，建立青枯雷尔氏菌脂肪酸型判别模型，该方法对于青枯雷尔氏菌种下分化的研究和抗病免疫机理的研究具有重要意义。

在建立青枯雷尔氏菌脂肪酸型模型中，作者采用了分层因子筛选方法，首先通过青枯雷尔氏菌脂肪酸组成与致病性的关系，确定各菌株的脂肪酸型，而后用聚类分析，对菌株的脂肪酸进行聚类，把不同致病性菌株间相关的脂肪酸（包括脂肪酸种类的质和量）聚成色谱峰组，在同一个色谱峰组的脂肪酸具有相关同质性。用主成分分析，从不同色谱峰组中分别筛选出特征脂肪酸，提供给判别模型分析用。用贝叶斯判别模型，根据分层筛选法选出的脂肪酸因子建立青枯雷尔氏菌脂肪酸型判别模型，判别准确率达 90%，达到了实用水平，说明该建模方法思路合理。然而，青枯雷尔氏菌种下分化十分复杂，其脂肪酸与致病性还须进一步采集不同寄主、不同地区、不同季节、不同发病率的青枯雷尔氏菌群体，一方面进行模型验证，一方面对建模的数据样本进行扩充分析，增加模型的可靠性，使之不断适应不同类型的青枯雷尔氏菌的脂肪酸型的判别，为建立青枯雷尔氏菌的脂肪酸型模型标准和计算机自动分析方法，提供可靠的基础。脂肪酸型的模型建立也为其他植物病原菌的致病性研究提供了思路和方法。

四、生防菌致弱特性产生青枯雷尔氏菌无致病力菌株

应用TTC平板培养基，培养青枯雷尔氏菌单细胞菌落，构建弱化指数，结合不同弱化指数的青枯雷尔氏菌回接番茄组培苗发病率的分析，确定弱化指数作为致病性指标的范围，简化了青枯雷尔氏菌致病性变化的测定，为致病性研究提供了量化指标。青枯雷尔氏菌在人工培养的条件下易发生突变，产生致病性的丧失，Zhang等（1993）对青枯雷尔氏菌花生菌株P9和芝麻菌株Ss1每隔两天在斜面上移殖1次，连续移殖5次后，在TTC培养基上菌落100%变为红色，即成为无致病力菌株。作者用生防菌ANTI-8098A处理青枯雷尔氏菌，24h后在TTC培养基上大部分转变为红色，即弱化指数＞0.80，回接番茄组培苗不引起寄主发病，成为无致病力菌株，形成致弱作用。这种致弱行为与其他因素引起青枯雷尔氏菌的突变差异显著。

为了区别致弱特性，本研究进行了培养致弱、物理致弱、化学致弱和生物致弱的比较。结果表明，对于特定的青枯雷尔氏菌菌株，延长培养时间不会发生致弱作用；在继代培养中，15代后才出现致弱现象，与生防菌24h致弱的行为显著不同；超声波对青枯雷尔氏菌无物理致弱作用；农用链霉素作为化学物质，对青枯雷尔氏菌有抑制作用，但无致弱作用；用不同细菌进行致弱作用试验表明，生防菌ANTI-8098A和球形芽孢杆菌对青枯雷尔氏菌具有较强的致弱作用，其他供试细菌，除部分细菌具有一定的抑制作用外，无致弱作用，说明致弱作用不是细菌的共性，仅存在于部分生防菌中，为生防菌的特殊性。在生防菌致弱作用的研究过程中，发现野生型青枯雷尔氏菌存在着强致病力菌株和无致病力菌株的混杂，生防菌的致弱过程，伴随着强致病力菌株和无致病力菌株所占比例的变化，当强致病力菌株占优势时，菌株表现出致病性，当无致病力菌株占优势时，菌株不表现出致病性，某些生防菌如ANTI-8098A处理能在短时间内（如24h）使野生型青枯雷尔氏菌的无致病力菌株占优势，表现出致弱作用。

生防菌对青枯雷尔氏菌作用机理的研究有许多报道。Qiu等（2002）通过抑菌圈的测定，研究生防菌对青枯雷尔氏菌的抑制作用；Guo等（1995）研究了芽孢杆菌B130对生姜青枯雷尔氏菌的拮抗作用；巨大芽孢杆菌B130-1对生姜青枯雷尔氏菌抑制作用的研究结果表明，位点竞争作用是其抑菌作用的主要原因之一；自发突变的无致病力番茄青枯菌株Tm3具有产生细菌素的能力，对防治番茄青枯病的能力表现为诱导抗病作用。关于青枯雷尔氏菌致病机理的研究也有很多，外泌多糖Ⅰ（EPS Ⅰ）是青枯雷尔氏菌的主要致病力因子（Orgambide et al.,1991）。在植株体内，青枯雷尔氏菌产生大量的EPS Ⅰ，EPS Ⅰ的释放可能

会造成植株导管堵塞，或引起过高的静水力学压力，导致导管破裂，进而引起植株萎蔫（Saile et al.,1997）。Schell 等（2000）综述了青枯雷尔氏菌致病性基因调控的研究，指出致病过程至少受到 22 个基因调控作用，形成复杂的致病性网络控制系统。然而，国内外文献未见生防菌对青枯雷尔氏菌致弱作用的报道。

生防菌使野生型青枯雷尔氏菌致弱的机理可以从微生态选择和生理生化选择两方面来理解。Li 等（2000）对瓜枝胞弱毒菌株致弱机理的研究表明，强致病菌株产生的纤维素酶和果胶酶活性显著高于弱毒菌株，形成生理生化上的差异。在微生态选择中，可能由于野生型青枯雷尔氏菌菌落中不同致病性个体对生防菌的敏感性差异，使得强致病力菌株个体的生长受到抑制，无致病力菌株个体的生长得到发挥，表现出菌株的致弱现象。在生理生化选择中，由于生防菌的处理，使得野生型青枯雷尔氏菌菌落中不同致病性个体生理生化特性发生变化，使之丧失致病性，表现出致弱现象，产生的青枯雷尔氏菌无致病力菌株可用于免疫抗病机理的利用。

五、青枯雷尔氏菌绿色荧光蛋白基因转化意义

GFP 是目前能在活细胞中表达的发光蛋白之一，作为荧光标记分子，GFP 检测方便，荧光稳定，易于构建载体且对活细胞无毒害，对目的基因的功能也没有影响，转化后细胞可以继续传代。利用 GFP 标记进行病原菌侵入活体细胞过程的跟踪观察更开创了病理学研究的新时代。转座子 mini-Tn5 是 Tn5 的衍生物，能将外源基因随机地整合到细菌染色体上（Okabe et al.,1954）。与质粒载体介导方法比较，因目的基因是整合到细菌染色体 DNA 中而不是以质粒的形式游离在基因组之外，因而表达稳定性更高。

本研究中用电转化方法将 *gfp* 与 *LuxAB* 融合基因转化到青枯雷尔氏菌后，这两个基因都得到了很好的表达，说明该启动子在青枯雷尔氏菌上同样具有很高的活性。另外由于转座子 mini-Tn5 是 Tn5 的衍生物（Alexeyev et al.,1995），能将外源基因随机整合到细菌染色体上，与质粒载体介导方法相比，因目的基因是整合到细菌染色体 DNA 中而不是以质粒的形式游离在基因组之外，因而表达稳定性更高。

已有的研究结果表明标记菌所发出荧光的强度除与选用的 GFP 类型、GPP 基因的拷贝数、宿主菌的生理状态等因素有关外（Bloemberg et al.,1997；Egener et al.,1998），还与启动子有关。本研究所用的转座载体中 *gfp* 与 *LuxAB* 融合基因同时受启动子 *psbA* 的控制，*psbA* 来自苋科植物 *Amaranthus hybridus*，是一个组成型且具有广泛寄主范围的强启动子，已被证实可以在多种细菌中高效表达（Wolk et al.,1991），但还没有在青枯雷尔氏菌中应用的报道。*gfp* 基因和 *luxAB* 基因是目前应用较为广泛的两种标记基因（Jansson et al.,1999；Xue et al.,2002）。应用 *gfp*/*luxAB* 双标记系统的优点是可以增强检测的特异性及灵敏

度，虽然二者都是利用它们表达产物的荧光特性对标记物细胞进行检测，但二者的发光机制不同，GFP 的发光不需要底物，而荧光素酶需要催化底物后才能发光，利用这个不同点将两个基因融合并在靶标细菌中表达后可以同时监测细胞总的数量及其能量状况（Unge et al.,1999；Jansson et al.,1999）。

荧光素酶基因作为一种报道基因已被广泛应用于不同启动子下外源基因表达强度和转录调控的研究。该基因的灵敏度高，对于研究低水平表达如弱启动子的调控方式有较大意义。目前，利用 *lux* 基因作为报道基因研究了多种枯草杆菌启动子、分支杆菌乙酰胺酶基因启动子的诱导、链霉菌 *sapA* 基因编码的孢子相关多肽的转录时间分布和空间定位。同时利用核酸酶保护杂交技术及发光监测，确定荧光酶合成与气生菌丝发生及 *sapA* 基因转录起始一致。荧光素酶检测的最大优点是不损害监测对象，便于在整体水平或离体器官内测定基因产物是否表达。可见光的形成使观察基因的空间表达成为可能，为研究细胞分化、细胞间联络、基因的空间表达和生物（或细胞）间的相互作用提供了新的途径。De Weger 等（1991）将 *lux* 基因导入植物根瘤菌中，通过发光检测设备监测指示菌生成的光线，在线监测了细菌侵入植物的整个过程。本研究成功地采用 *LuxAB* 标记了青枯雷尔氏菌，并对其荧光素酶活性进行了定时检测。结果表明在对数生长期（12h），荧光素酶活性呈线性递增，到了稳定期，由于代谢能力下降导致荧光素酶活性逐渐降低。由于荧光素酶表达的检测不受活体材料的影响，因此，可以直接利用其监测标记菌株侵入植株的整个过程，为进行青枯雷尔氏菌的侵染过程的观察提供直观的检测工具。

由于 *gfp* 基因是插入目标菌株的染色体内，而且这种插入是无法定位的随机插入，如果插入位点是在非编码区内，可能对该菌株的生长及代谢或其他功能不会带来什么影响，但如果插入位点正好在某个基因的编码区，由此引起的后果可能还不仅是一个基因失活的问题。重叠基因的存在，可能会影响到一系列基因的表达，其结果表现为对菌株的正常生长、代谢过程或其他特殊功能带来一定的影响。Li 等（2000）用 Tn5 转座诱变粪产碱菌后，一株转化子由于 Tn5 转座片段的插入使该菌株以色氨酸为前体的 IAA 合成途径阻断。因此，外源基因在目标菌株中的转化只是成功的第一步，而接下来对插入型标记菌株的形态特征、生长及生理特性进行研究是很有必要的。作者采用显微镜对标记前后两个菌株菌落及菌体形态的观察结果都表明，标记菌株的菌体形态同野生型青枯雷尔氏菌的菌体相似，都为长椭圆形，近杆状。由于 *gfp* 基因的高效表达使菌落及菌体细胞在 488nm 的荧光激发下可以发绿光，而野生型菌株则不发绿光。对两个菌株生长曲线进行比较，外源基因整合到目标青枯雷尔氏菌的基因组后，由于外源基因的随机插入可能影响到细菌代谢过程所需的某些酶的正常表达，因而与出发菌株相比生长势有所减弱，标记菌株代时延长了 24%。这种由于外源基因插入而导致转化株生长滞后的现象在别的菌株中也有出现，如 Feng 等（2002）在比较水稻内生优势成团泛菌 YS19 及其 GFP 标记的 YS19B：*gfp* 菌株的生长后指出，与野生型菌株相比，标记菌株的代时延长了 14%。

由于微生物的生命活动是由一系列生物化学反应组成的，而这些反应受环境因子如温度和 pH 的影响极为明显，因此温度和 pH 也是决定细菌发酵培养物质量的一个很重要的因素。更重要的是温度还可能影响绿色荧光蛋白在标记菌株中的表达（Siemering et al.，1996），外源基因的插入使标记菌株对温度的敏感性增加，但不影响菌株培养的最适宜生长温度和最适宜 pH 范围，两个菌株最适生长温度均为 30℃，最适 pH 为 7.0，以上这些结果均为标记菌株的发酵培养应用提供了重要的技术参数。

本研究中采用 GFP 基因所标记的青枯雷尔氏菌在 0.1× TSB 非选择性培养基中每隔 12h 连续转接 20 次后，还能检测到 100%的 GFP 荧光细胞，这种 GFP 荧光的高度稳定性部分归功于 GFP 的晶体结构稳定性（Ormö et al.，1996；Unge et al.，1999）。另外被广泛认同的观点是，与带有 *gfp* 基因的质粒型转化子相比，*gfp* 通过转座载体整合到细菌染色体后的表达更稳定（Barry et al.，1986）。例如，Leff 等（1996）用带有 *gfp* 基因的重组质粒转化 *E. coli*，并用这个质粒介导的 *gfp* 基因作为标记监测 GEM 在水环境中的存活能力，发现质粒上携带的 *gfp* 基因在几天内就丢失了。而 *gfp* 基因插入 *Pseudomonas* sp. 染色体后，GFP 标记的菌株接种到土壤中 13 个月后还能检测到。

从 1996 年起，该 GFP 标记系统被广泛应用于各种环境微生物研究中，如水环境（Errampalli et al.，1998）、土壤（Ahn et al.，2001）、根际（Normander et al.，1999）、活性淤泥（Eberl et al.，1997）、生物被膜（Skillman et al.，1998）等。例如将 GFP 标记方法用于研究根瘤细菌在根际的动态变化和空间分布（Zhou，2001）；还被用在生物被膜内各细菌之间基因漂移现象的研究（Christensen et al.，1996）。不同的环境样品中带有 GFP 标记的菌株可以借助各种不同的检测工具和检测方法进行空间定位或定量监测，因而 GFP 为环境微生物分子生态学的研究提供了极其方便的手段。用 GFP 作为标记物，Gau 等（2002）研究了标记细菌在叶片的定殖情况，结果表明细菌喜欢聚集在气孔的开口处，同样，用喷雾器喷雾接菌的方法，Sabaratnam 和 Beattle（2003）的研究证实 *gfp* 标记的植物病原菌 *Pseudomonas syringae*（丁香假单胞菌）定殖在玉米叶片的气孔开口处。另外一项研究中，研究人员观察到带有 *gfp* 和 *gusA* 双标记的巴西固氮螺菌（*Azospirillum brasilense*）在植物新的侧根上富集，可能是由于这个位置上高浓度的植物根系分泌物起到了化学引诱剂的作用（Ramos et al.，2002）。

一旦某个菌株被标记了 *gfp* 基因，就可以很容易地通过绿色荧光这个表现型来监测这个菌群内表达 *gfp* 的细胞。最常用的检测方法是平板计数法，它只需在普通的近紫外光源照射下就可监测发绿色荧光的菌落数，这是一种实验室的常规方法，简单、直观而且成本低。作者利用平板计数法观察了 GFP 标记的青枯雷尔氏菌在番茄组培苗内的定植情况。研究结果表明，标记菌株在接种 9h 后在根部出现青枯菌。12h 后茎基部出现青枯雷尔氏菌，而茎上部和叶部还没出现，15h 后青枯雷尔氏菌已经到达叶部，在以后的时间各部位都有青枯雷尔氏菌。Pistorio 等（2002）将 *npt* 启动子控制下的 GFP-P64L/S65T 基因插入到苜蓿根瘤菌（*Sinorhizobium meliloti*）的染色体中，进行 *gfp* 基因的单拷贝标记。通过荧光显微镜观察到根瘤菌在根部的动态变化的各个阶段（如根部菌落的形成、侵染路线的形成、根瘤的发展）。

近年来，随着遗传工程微生物（GEM）在生物防治、促进植物生长和生物降解等农业及环保各个领域的广泛应用，GEM 在环境中释放后的安全性问题也日益受到重视。因为带有重组 DNA 的微生物经人为释放到环境中后，重组 DNA 有可能通过细菌间基因水平的交换进行不受控制的基因飘移，并可能产生不良后果，已有实验证实自然遗传转化可以在细菌间进行（Lorenz et al.,1994）。因此 GFP 标记系统不仅对农业或环境有益微生物的定殖活动、作用方式及作用机理的研究具有重要意义，而且还将成为 GEM 在环境中释放后安全性研究的一种有效手段。青枯雷尔氏菌绿色荧光蛋白标记的成功，将有助于研究青枯雷尔氏菌对活体植物的侵染机制，避免了传统分离方法的繁琐步骤，以及其他相似细菌的相互影响，同时还可以利用荧光与菌细胞呈线性关系，建立菌体生物量的直观测定方法，并为研究青枯雷尔氏菌的致弱机理及生物防治奠定了基础。

六、青枯雷尔氏菌无致病力菌株免疫接种剂的研发与应用

（一）青枯雷尔氏菌无致病力菌株免疫接种剂

在研究生防菌对青枯雷尔氏菌致弱机理的过程中，观察到无致病力青枯雷尔氏菌对番茄青枯病接种具有免疫抗病作用。作者从青枯雷尔氏菌无致病力菌株鉴定、青枯雷尔氏菌无致病力菌株转 GFP 基因、青枯雷尔氏菌无致病力菌株侵染特性、青枯雷尔氏菌无致病力菌株免疫接种剂的生产工艺、青枯雷尔氏菌无致病力菌株接种免疫抗病特性等几方面进行研究，探讨青枯雷尔氏菌无致病力菌株免疫接种剂的研究与应用。

（二）青枯雷尔氏菌无致病力菌株鉴定

1. 基因鉴定

细菌性青枯病是一种由青枯雷尔氏菌引起的毁灭性土传病害。青枯雷尔氏菌

可危害几百种植物，寄主植物包括番茄、马铃薯、烟草、茄子、辣椒、花生、姜、香蕉、甘蔗、麻等（Hayward，1990）。PhcA 蛋白在这个被称为 Phc 限制感应系统的复杂调控群中处于中心位置。Phc 的主要作用就像一个钟摆装置，由内生信号分子 3-OH 棕榈酸甲基脂调控（Clough et al.，1994；Flavier et al.，1997a）。PhcA 激活编码外泌多糖Ⅰ、内生葡聚糖酶和其他一些胞外蛋白的基因的表达（Huang et al.，1995；Clough et al.，1997a；Schell，2000），而抑制其他一些基因的表达，例如运动性基因（Liu et al.，2001）、多聚半乳糖醛酸酶产物、含铁细胞产物（Huang et al.，1993；Clough et al.，1997b；Schell，2000）和 Hrp 系统（Schell，2000）。这些生物学过程由 *phcA* 直接或者间接通过中间调节基因进行调控（Schell，2000）。当 PAME 累积到一定高的浓度，PhcS/PhcR 两组系统对 PhcA 的抑制消除，从而导致激活或抑制靶基因。本研究主要根据 phcA 基因的全长，利用 Primer5 软件设计引物进行扩增，研究强弱菌株在 phcA 区段的差异。

试验材料青枯雷尔氏菌 *Ralstonia solanacearum* Rs-F.1.2-010618-07V（52）是从发病番茄植株上分离的强致病力菌株。根据青枯雷尔氏菌的 *phcA* 基因片段全长利用 Primer5 软件设计 4 条扩增引物，由上海生工生物工程服务有限公司合成。

引物 1：phcA3，5′-CGACAACGAGTGGGCTACTCGAAC-3′

　　　　phcA4，5′-GGAAGGCGTTGAGGTTGT-3′

引物 2：phcA5，5′-TGCCTTTCCACCTTCTGT-3′

　　　　phcA6，5′-AGGCGTTGAGGTTGTAGGC-3′

PCR 扩增为 25μl 的反应体系：DNA 模板 10～20ng，*Ex Taq*（5U/μl）0.2μl，10×PCR 缓冲液 2.5μl，dNTP（25mmol/L）0.2μl，引物（10μmol/L）各 1μl，加无菌水至 25μl。反应程序：94℃ 3min，然后按 94℃ 30s、50℃ 30s、72℃ 2min 程序 30 个循环，最后，72℃延伸 10min。扩增产物的电泳检测采用 1%的琼脂糖凝胶，于 60V 电压下电泳 30min，在“蓝盾 621”成像系统中观察扩增结果。

分析结果表明，用两对引物扩增出三条带，青枯雷尔氏菌强致病力菌株拥有 A、B 两条带，无致病力菌株拥有 B 带，过渡型菌株拥有 A 带。*STRR* 基因扩增结果表明青枯雷尔氏菌强致病力菌株有 6 条带，无致病力菌株无条带出现。

2. 生物学和生理学鉴定

青枯雷尔氏菌生物学研究表明，无致病力菌株在 24h 生长速度比强致病力菌株高，而在 24h 后，生长速度低于强致病力菌株，这种特性有利于无致病力菌株在环境中的生长竞争和早期侵染。紫外分光分析表明，无致病力菌株的吸收值低于强致病力菌株，可用于发酵液菌株分化识辨。细菌色谱研究表明，青枯雷尔氏菌在细菌色谱上有两个峰，无致病力菌株是前峰高于后峰，而强致病力菌株后峰高于前峰，该方法可用于青枯雷尔氏菌细胞的识别。吸附蛋白研究表明，无致病力菌株具有一条带，强致病力菌株有两条带。

胞外多糖研究表明，青枯雷尔氏菌强致病力菌株 EPS 含量比无致病力菌株高 45%，可用于鉴别青枯雷尔氏菌强致病性。胞外蛋白研究表明，青枯雷尔氏菌强致病力菌株与无致病力菌株存在很大差异，前者在 B 区有多条蛋白带，后者在 C 区有多条蛋白带。青枯雷尔氏菌强致病力菌株与无致病力菌株最后的鉴别方法为利用番茄组培苗回接，统计发病率。

（三）青枯雷尔氏菌无致病力菌株侵染特性

利用青枯雷尔氏菌转 GFP 无致病力菌株侵染番茄，可以在叶、茎、根部检测到 GFP 菌株的存在，用番茄芽，直接在紫外灯下可以见到整个芽发绿色光。对侵染特性研究表明，适宜接种浓度为 10^2～10^9，适宜接种温度为 22～30℃以上，最佳接种方法为灌根和剪叶法。利用青枯雷尔氏菌转无致病力菌株（64）生产出免疫抗病接种剂——鄂鲁冷特，用于接种番茄盆栽苗，接种鄂鲁冷特后 3 天，再接种强致病力菌株，对照采用未接种鄂鲁冷特的组培苗，同时接种强致病力菌株，7 天后，前者发病率为 0，后者发病率为 100%，表明免疫抗病接种剂鄂鲁冷特具有很好的免疫抗病效果。

（四）青枯雷尔氏菌无致病力菌株免疫接种剂的生产工艺

对青枯雷尔氏菌转无致病力菌株的生产工艺进行了研究，提出了菌种制备方法，发酵培养基配方、发酵控制工艺、浓缩提取工艺、基质干燥工艺、产品配置工艺、产品质量标准、产品保存条件、产品效果检测方法等，生产出青枯病免疫抗病接种剂鄂鲁冷特。

（五）青枯雷尔氏菌无致病力菌株接种免疫抗病特性

用免疫接种剂鄂鲁冷特 100 倍液浸种番茄，用清水对照，而后将番茄种子发芽，苗床育苗，田间移栽，25 天后观察苗期青枯病发病率，处理组发病率低于 3%，对照组发病率高于 38%，说明鄂鲁冷特对番茄苗期青枯病有较好的控制能力。用鄂鲁冷特 300 倍液对茄子苗进行灌根，用清水对照，处理面积 4 亩，在茄子结果期调查发病率，使用免疫接种剂发病率低于 8%，不使用免疫接种剂发病率高于 47%，防治效果达 83%。

七、植物免疫系统的研究展望

植物的免疫系统虽然没有脊椎动物和昆虫那么复杂，但同样奥妙无穷。依赖大自然生存的人类，为了遏制病虫害，提高农作物产量，满足日益膨胀的人口对食物的需求，越来越急功近利，大量使用杀虫剂、除草剂，结果是后患无穷，被农药和化学污染搞得焦头烂额，反而自食恶果。于是人们不得不回过头来，重新以大自然为师，研究植物如何依靠自己打退外敌，以便借助各种先进手段，设法让植物将这种天然本能发扬光大，田自为战、株自为战，撵走疾病，远离农药，与环境污染。

美国科学家发现植物免疫系统的“基因开关”。在遭遇病害时，植物的免疫系统往往会通过基因开关启动或关闭免疫系统，做出保护性反应以减少对自身的伤害。美国研究人员最近以拟南芥为研究对象，发现了它的基因开关。据报道，参与研究的北卡罗莱纳大学的杰夫瑞·丹戈博士称，这是科学家们首次发现植物免疫系统的基因开关。这个发现可以帮助人类开发抗病害的植物新品种，更好地抵御细菌、真菌等引起的农作物灾害。丹戈博士等在14种不同的环境下诱发拟南芥开启或关闭自身的免疫系统，同时对拟南芥8000个基因（约占拟南芥基因总量的1/3）的变化情况进行了测试。丹戈博士说：我们发现大约有30个基因在不同的环境下会做出同样的反应。而进一步研究发现，其中每个基因都含有一小段相同的脱氧核糖核酸（DNA）片段。我们认为，这个片段就是控制植物免疫系统的“开关”。

德国马普植物培植研究所的专家最近发现，自然界中的植物具有特殊的免疫传感器，可以针对不同细菌、病毒和霉菌的入侵，启动自身相应的免疫系统。科研人员发现，植物的这种免疫系统进化得非常完善，可以识别许多诸如细菌、病毒和霉菌等微生物的入侵。免疫系统由两级免疫传感器组成，第一级是植物细胞表面的所谓“样本识别免疫传感器（PAMP)”，可以针对不同的微生物入侵者，促使植物细胞分泌出具有抵抗功能的调节蛋白质；第二级是植物细胞内本身就存在的特殊抗体蛋白质，可以与植物细胞的分泌物一起，抵御微生物的入侵。专家用粉霉菌在实验室里对多种植物进行了观测试验，发现植物细胞中的PAMP传感器对霉菌的入侵迅速做出了反应，在植物细胞核里的特定蛋白变得活跃，产生了相应的“抗体”，而且植物细胞在分泌抵抗物质过程中自己不会受损。同样在植物细胞核内，专家也观测到了被称为“MLA”的抗体蛋白，抗体蛋白与PAMP传感器激发的调节蛋白一起，构成了完整的植物免疫系统。这项研究成果不仅让植物学家感兴趣，还为研究动物免疫系统的专家提出了一个新的研究问题——动物乃至人类是否也有类似的免疫系统？

（刘　波　蓝江林　朱育菁　车建美　肖荣凤　林抗美　林营志　葛慈斌　张秋芳）

参考文献

Ahn YB, Beaudette LA, Trevors JT. 2001. Survival of a GFP-labeled polychlorinated biphenyl degrading psychrotolerant Pseudomonas spp. In 4 and 22 soil microcosms. Microbial Ecology, 42 (4): 614~623

Aldon D, Brito B, Boucher C, et al. 2000. A bacterial sensor of plant cell contact controls the transcriptional induction of Ralstonia solanacearum pathogenicity genes. EMBO Journal, 19: 2304~2314

Alexeyev MF, Shokolenkl IN. Croughan TP. 1995. New mini-Tn5 derivatives for insertion mutagenesis and genetic engineering in gram-negative bacteria. Can J Microbiol, 41 : 1053~1055

Alvarez AM, and Benedict AA. 1990. Monoclonal antibodies for the identification of plant pathogenic bacteria potential applications to Pseudomonas solanacearum. ACIAR Proceedings Series, 26~31

Araud R, Vasse IJ, Montrozier H, et al. 1998. Detection and visualization of the major acidic exopolysaccharide of Ralstonia solanacearum and its role in tomato root infection and vascular colonization. European Journal of Plant Pathology, 104: 795~809

Arias RS, Murakami PK, Alvarez AM. 1998. Rapid detection of *pectolytic Erwinia* sp. in Aglaonema sp. HortTechnology, 8: 602~605

Arlat M, Gijsegem FV, Huet JC, et al. 1994. PopA1, a protein which induces a hypersensitivity-like response on specific Petunia genotypes, is secreted via the Hrp pathway of Pseudomonas solanacearum. EMBO Journal, 13: 543~553

Arlat M, Gough CL, Zischek C, et al. 1992. Transcriptional organization and expression of the large hrp gene cluster of Pseudomonas solanacearum. Mol Plant Microbe Interact, 5: 187~193

Baleshwar S, Singh B. 1993. Occurrence of a new biotype of Pseudomonas solanacearum in India. Indian Journal of Agricultural Sciences, 63: 190~192

Barny MA, Guinebretiere MH, Marcais B, et al. 1990. Cloning of a large gene cluster involved in e3Erwinia amylovora CFBP1430 virulence. Mol Microbiol, 4: 777~786

Barry GF. 1986. Permanent insertion of foreign genes into the chromosomes of soil bacteria. Bio/Technology, 4: 446~448

Belbahri L, Boucher C, Candresse T, et al. 2001. A local accumulation of the Ralstonia solanacearum PopA protein in transgenic tobacco renders a compatible plant-pathogen interaction incompatible. Plant Journal, 28: 419~430

Bloemberg GV, Kolter R, Otoole GA, 1997. Lugtenberg BJJ. Green fluorescent protein as a marker for Pseudomonas spp. Appl Environ Microbiol, 63: 4543~4551

Bonas U. 1994. Hrp genes of phytopathogenic bacteria. Curr Top Microbiol Immunol, 192: 79~98

Boucher C, Genin S, Arlat M. 2001. Current concepts on the pathogenicity of phytopathogenic bacteria. C R Acad Sci III, 324: 915~922

Boucher CA, Gijsegem FV, Barberis PA, et al. 1987. Pseudomonas solanacearum genes controlling both pathogenicity on tomato and hypersensitivity on tobacco are clustered. J Bacteriol, 169: 5626～5632

Boucher CA, Gough CL, Arlat M. 1992. Molecular genetics of pathogenicity determinants of Pseudomonas solanacearum with special emphasis on hrp genes. Annual Review of Phytopathology, 30: 443～461

Boucher CA, Sequeira L. 1978. Evidence for the cotransfer of genetic markers in Pseudomonas solanacearum strain K60. Can J Microbiol, 24: 69～72

Brito B, Aldon D, Barberis P, et al. 2002. A signal transfer system through three compartments transduces the plant cell contact-dependent signal controlling Ralstonia solanacearum hrp genes. Mol Plant Microbe Interact, 15: 109～119

Brito B, Marenda M, Barberis P, et al. 1999. PrhJ and hrpG, two new components of the plant signal-dependent regulatory cascade controlled by PrhA in Ralstonia solanacearum. Molecular Microbiology, 31: 237～251

Brumbley SM, Denny TP. 1990. Cloning of wild-type Pseudomonas solanacearum phcA, a gene that when mutated alters expression of multiple traits that contribute to virulence. J Bacteriol, 172: 5677～5685

Burney K, Hussain A. 1995. Bacterial wilt of potatoes in Pakistan, Research and development of potato production in Pakistan. Proceedings of the National Seminar held at NARC, Islamabad, Pakistan 23～25 April, 1995. 1995, 126 129; 8 ref. Pak-Swiss Potato Development Project Pakistan Agricultural Research Council; Islamabad; Pakistan.

Cantliffe DJ, Hochmuth G. J, Locascio SJ, et al. 1995. Production of solanacea for fresh market under field conditions: current problems and potential solutions. Acta Horticulturae, 15: 229～244

Charkowski AO, Alfano JR, Preston G., et al. 1998. The Pseudomonas syringae pv. tomato HrpW protein has domains similar to harpins and pectate lyases and can elicit the plant hypersensitive response and bind to pectate. J Bacteriol, 180: 5211～5217

Christensen BB, Sternberg C, Molin S. 1996. Bacterial plasmid conjugation on semi-solid surfaces monitored with the green fluorescent protein (GFP) from Aequorea Victoria as a marker. Gene, 173: 59～65

Clough SJ, Flavier AB, Schell MA, et al. 1997a. Differential expression of virulence genes and motility in Ralstonia (Pseudomonas) solanacearum during exponential growth. Applied and Environmental Microbiology, 63: 844～850

Clough SJ, Lee KE, M. Schell A, et al. 1997b. A two-component system in Ralstonia (Pseudomonas) solanacearum modulates production of PhcA-regulated virulence factors in response to 3-hydroxypalmitic acid methyl ester. J Bacteriol, 179: 3639～3648

Clough SJ, Schell MA, Denny TP. 1994. Evidence for involvement of a volatile extracellular factor in Pseudomonas solanacearum virulence gene expression. Molecular Plant Microbe Interactions，7：621～630

De Weger LA，Dunbar P，Mahaffee WF，et al. 1991. Use of bioluminescence markers to detect Pseudomonas spp. in the rhizosphere. Appl. Environ. Microbiol.，57：3641～3644

Denny TP，Baek SR. 1991. Genetic evidence that extracellular polysaccharide is a virulence factor of Pseudomonas solanacearum. Molecular Plant Microbe Interactions，4：198～206

Denny TP，Brumbley SM，Carney BF，et al. 1994. Phenotype conversion of Pseudomonas solanacearum：its molecular basis and potential function，pp. 137～155；27 ref，Bacterial wilt：the disease and its causative agent，Pseudomonas solanacearum. Cab International，Wallingford；UK

Denny TP，Carney BF，Schell MA. 1990. Inactivation of multiple virulence genes reduces the ability of Pseudomonas solanacearum to cause wilt symptoms. Molecular Plant Microbe Interactions，3：293～300

Denny TP，Ganova Raeva LM，Huang J，et al. 1996. Cloning and characterization of tek，the gene encoding the major extracellular protein of Pseudomonas solanacearum. Molecular Plant Microbe Interactions，9：272～281

Denny TP. 1995. Involvement of bacterial polysaccharides in plant pathogens. Annual Review of Phytopathology，33：173～197

Denny TP. 1999. Autoregulator-dependent control of extracellular polysaccharide production in phytopathogenic bacteria. European Journal of Plant Pathology，105：417～430

Denny TP. 2000. *Ralstonia solanacearum*—a plant pathogen in touch with its host. Trends Microbiol，8：486～489

Diatloff A，Akiew E，Wood BA，et al. 1992. Characteristics of isolates of Pseudomonas solanacearum from Heliconia. Australasian Plant Pathology，21：163～168

Eberl L，Ammendola A，Geisenberger O，et al. 1997. Use of green fluorescent protein as a marker for ecological studies of activated sludge communities. FEMS Microbiology Letters，149：77～83

Eden Green SJ，Hayward AC，Hartman GL. 1994. Diversity of Pseudomonas solanacearum and related bacteria in south east Asia：new directions for moko disease，25～34；38 ref，Bacterial wilt：the disease and its causative agent，Pseudomonas solanacearum. Cab International，Wallingford；UK

Egener T，Hurek T，Reinhold-Hurek B. 1998. Use of green fluorescent protein to detect expression of nif genes of Azoarcus sp. BH72，a grass-associated diazotroph，on rice roots. Mol Plant-Miocrobe Interact，11：71～75

Elphinstone JG，Bradshaw JE，Mackay GR. 1994. Inheritance of resistance to bacterial diseases，pp. 429～446；90 ref，Potato genetics. Cab International，Wallingford；UK

Errampalli D，Okamura H，Lee H，et al. 1998. Green fluorescent protein as a marker to monitor survival of phenanthrene-mineralizing Pseudomonas sp. UG14Gr in creosote-contaminated soil. FEMS Microbiol. Ecol.，26：181～191

Feltman H, Schulert G, Khan S, et al. 2001. Prevalence of type III secretion genes in clinical and environmental isolates of Pseudomonas aeruginosa. Microbiology, 147: 2659～2669

Feng YJ, Song W. 2002. Characteristics and label loss dynamics of Pantoea aggiomerans, predominant entophytic bacteria isolated from rice plant. Chinese journal of biochemistry and molecular Biology, 18 (1): 85～91

Fenselau S, Bonas U. 1995. Sequence and expression analysis of the hrpB pathogenicity operon of Xanthomonas campestris pv. vesicatoria which encodes eight proteins with similarity to components of the Hrp, Ysc, Spa, and Fli secretion systems. Mol Plant Microbe Interact, 8: 845～854

Figge RM, Schubert M, Brinkmann H, et al. 1999. Glyceraldehyde-3-phosphate dehydrogenase gene diversity in eubacteria and eukaryotes: evidence for intra- and inter-kingdom gene transfer. Mol Biol Evol, 16: 429～440

Flavier AB, Clough SJ, Schell MA, et al. 1997. Identification of 3-hydroxypalmitic acid methyl ester as a novel autoregulator controlling virulence in Ralstonia solanacearum. Molecular Microbiology, 26: 251～259

Flavier AB, Ganova Raeva LM, Schell MA, et al. 1997. Hierarchical autoinduction in Ralstonia solanacearum: control of acyl-homoserine lactone production by a novel autoregulatory system responsive to 3-hydroxypalmitic acid methyl ester. Journal of Bacteriology, 179: 7089～7097

Flavier AB, Schell MA, Denny TP. 1998. An RpoS (sigmaS) homologue regulates acylhomoserine lactone-dependent autoinduction in Ralstonia solanacearum. Mol Microbiol, 28: 475～486

Gabriel DW, Allen C, Schell MA, et al. 2006. Identification of open reading frames unique to a select agent: Ralstonia solanacearum race 3 biovar 2. Molecular Plant-Microbe Interactions Paul, USA: 69～79

Gadewar AV, Chakrabarti SK, Aggarwal MR, et al. 1999. Plasmid profile of indigenous Ralstonia solanacearum and transposon (Tn5) mutagenesis for characterization of phenotype reversion. Potato, global research and development. Proceedings of the Global Conference on Potato. New Delhi: India 1. 261～267

Gau AE, Dietrich C, 2002. Kloppstech K. Non-invasive determination of plant-assoiated bacteria in the phyllosphere of plants. Environ. Microbiol., 4: 744～752

Genin S, Boucher C. 2002. Ralstonia solanacearum: secrets of a major pathogen unveiled by analysis of its genome. Molecular Plant Pathology, 3: 111～118

Genin S, Gough CL, Zischek C, et al. 1992. Evidence that the hrpB gene encodes a positive regulator of pathogenicity genes from Pseudomonas solanacearum. Mol Microbiol, 6: 3065～3076

Gijsegem FV, Gough C, Zischek C, et al. 1995. The hrp gene locus of Pseudomonas solanacearum, which controls the production of a type III secretion system, encodes eight proteins related to components of the bacterial flagellar biogenesis complex. Molecular Microbiology, 15: 1095～1114

Gijsegem FV, Vasse J, Rycke Rd, et al. 2002. Genetic dissection of the Ralstonia solanacearum hrp gene cluster reveals that the HrpV and HrpX proteins are required for Hrp pilus assembly. Molecular Microbiology, 44: 935～946

Gilis AM. Khan A, Cornelis P, et al. 1996. Siderophore-mediated iron uptake in Alcaligenes eutrophus CH34 and identification of aleB encoding the ferric iron-alcaligin E receptor. J Bacteriol, 178: 5499～5507

Gonzalez ET, Allen C. 2003. Characterization of a Ralstonia solanacearum operon required for polygalacturonate degradation and uptake of galacturonic acid. Mol Plant Microbe Interact, 16: 536～544

Gorenflo V, Schmack G, Vogel R, et al. 2001. Development of a process for the biotechnological large-scale production of 4-hydroxyvalerate-containing polyesters and characterization of their physical and mechanical properties. Biomacromolecules, 2: 45～57

Gough CL, Genin S, Zischek C, et al. 1992. Hrp genes of Pseudomonas solanacearum are homologous to pathogenicity determinants of animal pathogenic bacteria and are conserved among plant pathogenic bacteria. Mol Plant Microbe Interact, 5: 384～389

Grimault V, Prior P, Anais G. 1995. A monogenic dominant resistance of tomato to bacterial wilt in Hawaii 7996 is associated with plant colonization by Pseudomonas solanacearum. Journal of Phytopathology, 143: 349～352

Gu JH, Pan DM. 1995. Study on inhibiting Characteristics of Bacillus sp. Biocontrolling bacterial wilt. J Nanjing Agri Uni, 18 (2): 59～62

Gueneron M, Timmers ACJ, Boucher C, et al. 2000. Two novel proteins, PopB, which has functional nuclear localization signals, and PopC, which has a large leucine-rich repeat domain, are secreted through the Hrp-secretion apparatus of Ralstonia solanacearum. Molecular Microbiology, 36: 261～277

Hartman GL, Hong WF, Wang TC. 1991. Survey of bacterial wilt on fresh market hybrid tomatoes in Taiwan. Plant Protection Bulletin, Taiwan, 33: 197～203

Hartung F, Werner R, Muhlbach HP, et al. 1998. Highly specific PCR-diagnosis to determine Pseudomonas solanacearum strains of different geographic origins. Theoretical and Applied Genetics, 96: 797～802

Hayward AC. 1990. Diagnosis, distribution and status of groundnut bacterial wilt. ACIAR Proceedings Series: 12～17

He K, Luo K, Ren X, et al. 1997. A study of the primary infection source of tobacco bacterial wilt (Pseudomonas solanacearum). Journal of Hunan Agricultural University, 23: 260～263

Herlache TC, Hotchkiss AT, Burr TJ, et al. 1997. Characterization of the Agrobacterium vitis pehA gene and comparison of the encoded polygalacturonase with the homologous enzymes from Erwinia carotovora and Ralstonia solanacearum. Applied and Environmental Microbiology, 63: 338～346

Hsu ST, Chang ML. 1989. Effect of soil amendments on survival of Pseudomonas solanacearum. Plant Protection Bulletin, Taiwan, 31: 21～33

Huang H, Lin R, Chang C, et al. 1995. The complete hrp gene cluster Pseudomonas syringae pv. syringae 61 includes two blocks of genes required for harpinPss secretion that are arranged colinearly with Yersinia ysc homologs. Molecular Plant Microbe Interactions, 8: 733～746

Huang HC, Chang JA, Lin YC, et al. 1997. Identification of Xanthomonas campestris pv. mangiferaeindicae using the polymerase chain reaction. Plant Pathology Bulletin, 6: 1～9

Huang J, Carney BF, Denny TP, et al. 1995a. A complex network regulates expression of eps and other virulence genes of Pseudomonas solanacearum. J Bacteriol, 177: 1259～1267

Huang J, Schell MA. 1992. Role of the two-component leader sequence and mature amino acid sequences in extracellular export of endoglucanase EGL from Pseudomonas solanacearum. Journal of Bacteriology, 174: 1314～1323

Huang J, Yindeeyoungyeon W, Garg RP, et al. 1998. Joint transcriptional control of xpsR, the unusual signal integrator of the Ralstonia solanacearum virulence gene regulatory network, by a response regulator and a LysR-type transcriptional activator. J Bacteriol, 180: 2736～2743

Huang JZ, Schell MA. 1990. DNA sequence analysis of pglA and mechanism of export of its polygalacturonase product from Pseudomonas solanacearum. Journal of Bacteriology, 172: 3879～3887

Huang Q, Allen C, Huang Q. 2000. Polygalacturonases are required for rapid colonization and full virulence of Ralstonia solanacearum on tomato plants. Physiological and Molecular Plant Pathology, 57: 77～83

Huang Q, Allen C. 1997. An exo-poly-alpha-D-galacturonosidase, PehB, is required for wild-type virulence of Ralstonia solanacearum. J Bacteriol, 179: 7369～7378

Huang T, Ji Y, Wang Y, et al. 1999. The selection and investigation of tomato disease-resistant stocks. China Vegetables: 10～12

Huang Y, McBeath JH. 1994. Differential activation of the bean chalcone synthase gene in transgenic tobacco by compatible and incompatible strains of Pseudomonas solanacearum. Plant Science Limerick, 103: 41～49

Hueck CJ. 1998. Type III protein secretion systems in bacterial pathogens of animals and plants. Microbiol Mol Biol Rev, 62: 379～433.

Huguet E, Hahn K, Wengelnik K, et al. 1998. HpaA mutants of Xanthomonas campestris pv. vesicatoria are affected in pathogenicity but retain the ability to induce host-specific hypersensitive reaction. Molecular Microbiology, 29: 1379～1390

Innes RW, Bisgrove SR, Smith NM, et al. 1993. Identification of a disease resistance locus in Arabidopsis that is functionally homologous to the RPG1 locus of soybean. Plant Journal, 4: 813～820

Jansson JK, Bruijn FJ de. 1999. Biomarkers and bioreporters to track microbes and monitor their gene expression. Demain, Davies J, Manual of Industrial Microbiology and Biotechnology., 2nd ed. Washington, D. C. American Society for Microbiology, 651～665

Kang Y, Liu H, Genin S, et al. 2002. Ralstonia solanacearum requires type 4 pili to adhere to multiple surfaces and for natural transformation and virulence. Mol Microbiol, 46: 427～437

Kang YW, Mao GZ, Mehan VK, et al. 1994. Factors involved in virulence and pathogenicity of Pseudomonas solanacearum and their role in pathogenesis, Groundnut bacterial wilt in Asia. Proceedings of the third working group meeting 4 5 July 1994, Oil Crops Research Institute, Wuhan, China. 1994, 53～62; 23 ref. International Crops Research Institute for the Semi-Arid Tropics (ICRISAT); Patancheru; India

Kao CC, Barlow E, Sequeira L. 1992. Extracellular polysaccharide is required for wild-type virulence of Pseudomonas solanacearum. J Bacteriol, 174: 1068～1071

Kao CC, Gosti F, Huang Y, et al. 1994. Characterization of a negative regulator of exopolysaccharide production by the plant-pathogenic bacterium Pseudomonas solanacearum. Mol Plant Microbe Interact, 7: 121～130

Kao CC, Sequeira L. 1991. A gene cluster required for coordinated biosynthesis of lipopolysaccharide and extracellular polysaccharide also affects virulence of Pseudomonas solanacearum. J Bacteriol, 173: 7841～7847

Kelman A, Hruschka J. 1973. The role of motility and aerotaxis in the selective increase of avirulent bacteria in still broth cultures of Pseudomonas solanacearum. J Gen Microbiol, 76: 177～188

Leff LG, Leff AA. 1996. Use of green fluorescent protein to monitor survival of genetically engineered bacteria in aquatic environments. Appl. Environ. Microbiol., 62: 3486～3488

Leigh JA, Coplin DL. 1992. Exopolysaccharides in plant-bacterial interactions. Annual Review of Microbiology, 46: 307～346

Li BJ, Peng XW, Liu XL, et al. 2000. Study on attenuation mechanism of an avirulent strain in a melon. Jagric Biotech, 10 (Suppl 3): 85～87

Li FF, Shi ZP, Su BL. 2000. Tn5 mutagenesis and the characteristics of indole-3-acetic acid biosynthesis in alcaligenes faecalis. Acta microbiologica sinica, 40 (5): 551～555

Lorenz MG, Wackernagel W. 1994. Bacterial gene transfer by natural genetic transformation in the environment. Microbiol. Rev., 58: 563～602

Malandrin L, Samson R. 1999. Serological and molecular size characterization of flagellins of Pseudomonas syringae pathovars and related bacteria. Systematic and Applied Microbiology, 22: 534～545

Marenda M, Brito B, Callard D, et al. 1998. PrhA controls a novel regulatory pathway required for the specific induction of Ralstonia solanacearum hrp genes in the presence of plant cells. Molecular Microbiology, 27: 437～453

Mattsson U, Johansson L, Sandstrom G., et al. 2001. Frankia KB5 possesses a hydrogenase immunologically related to membrane-bound. Curr Microbiol, 42: 438～441

McGarvey JA, Denny TP, Schell MA. 1999. Spatial-temporal and quantitative analysis of growth and EPS I production by Ralstonia solanacearum in resistant and susceptible tomato cultivars. Phytopathology, 89: 1233~1239

Melo MSd, Furuya N, Matsumoto M, et al. 1999. Comparative studies on fatty acid composition of the whole-cell and outer membrane in Brazilian strains of Ralstonia solanacearum. Journal of the Faculty of Agriculture, Kyushu University, 44: 17~23

Middleton KJ, Hayward AC. 1990. Bacterial wilt of groundnut. ACIAR Proceedings Series: 58 pp

Niepold F. 1999. Application of peroxide compounds for destroying potato pathogenic bacteria. Beitrage zur Zuchtungsforschung Bundesanstalt fur Zuchtungsforschung an Kulturpflanzen, 5: 22~24

Normander B, Niels BH, Nybroe O. 1999. Green fluorescent protein-marked Pseudomonas fluorescens: localization, viability and activity in the natural barley rhizosphere. Appl. Envir. Microbiol., 65 (10): 4646~4651

Okabe N. 1954. Studies on Pseudomonas solanacearum V Antagordsm among the strains of P. solanacearum. Rep Fac Agric Sluzuoka Univ., 4: 37~40

Orgambide G, Montrozier H, Servin P, et al. 1991. High heterogeneity of the exopolysaccharides of Pseudomonas solanacearum strain GMI 1000 and the complete structure of the major polysaccharide. Journal of Biological Chemistry, 266: 8312~8321

Ormö M, Cubitt AB, Kallio K, et al. 1996. Crystal structure of the Aequorea Victoria green fluorescent protein. Science, 273 (5280): 1392~1395

Parsons YN, Glendinning KJ, Thornton VB, et al. 2001. A putative type III secretion gene cluster is widely distributed in the Burkholderia cepacia complex but absent from genomovar I. FEMS Microbiol Lett, 203: 103~108

Petre D, Beguin P, Millet J, et al. 1985. Heterologous hybridization of bacterial DNA to the endoglucanases A and B structural genes celA and celB of Clostridium thermocellum. Ann Inst Pasteur Microbiol, 136B: 113~124

Pistorio M, Balagu LJ, DelPapa MF, et al. 2002. Construction of a Sinorhizobium meliloti strain carrying a stable and non-transmissible chromosomal single copy of the green fluorescent protein GFP-P64L/S65T. FEMS Microbiology Letters, 214: 165~170

Prior P, Bart S, Leclercq S, et al. 1996. Resistance to bacterial wilt in tomato as discerned by spread of Pseudomonas (Burkholderia) solanacearum in the stem tissues. Plant Pathology, 45: 720~726

Qiu QH, Ji GH. 2002. Screening of biocontrol bacterial agents against potato bacterial blight (BW). J Yunnan Agri Uni, 17 (3): 228~231

Quezado Soares AM, Lopes CA. 1994. Bacterial wilt of two weed species of the family Labiatae, incited by Pseudomonas solanacearum. Bacterial Wilt Newsletter: 6

Rajashekhara E, Watanabe K. 2004. Propionyl-coenzyme A synthetases of Ralstonia solanacearum and Salmonella choleraesuis display atypical kinetics. FEBS Lett, 556: 143～147

Ramos HJO, Roncato-Maccari LDB, Souza EM, et al. 2002. Monitoring Azospirillum-weat interactions using the gfp and gusA genes constitutively expressed from a new broad-host range vector. J Biotechnol., 97: 243～252

Roberts DP, Denny TP, Schell MA. 1988. Cloning of the egl gene of Pseudomonas solanacearum and analysis of its role in phytopathogenicity. J Bacteriol, 170: 1445～1451

Rodriguez-Capote K, Nag K, Schurch S, et al. 2001. Surfactant protein interactions with neutral and acidic phospholipid films. Am J Physiol Lung Cell Mol Physiol, 281: L231～242

Rojas CM, Ham JH, Deng WL, et al. 2002. HecA, a member of a class of adhesins produced by diverse pathogenic bacteria, contributes to the attachment, aggregation, epidermal cell killing, and virulence phenotypes of Erwinia chrysanthemi EC16 on Nicotiana clevelandii seedlings. Proc Natl Acad Sci U S A, 99: 13142～13147

Rossier O, Van den Ackerveken G, Bonas U. 2000. HrpB2 and HrpF from Xanthomonas are type III-secreted proteins and essential for pathogenicity and recognition by the host plant. Mol Microbiol, 38: 828～838

Rossier O, Wengelnik K, Hahn K, et al. 1999. The Xanthomonas Hrp type III system secretes proteins from plant and mammalian bacterial pathogens. Proceedings of the National Academy of Sciences of the United States of America, 96: 9368～9373

Sabaratnam S, Beattle GA. 2003. Difference between Pseudomonas syringae pv. Syringae B728a and Pantoea agglomerans BRT98 in epiphytic and endophytic colonization of leaves. Appl. Environ. Microbiol., 69: 1220～1228

Saile E, McGarvey JA, Schell MA. 1997. Role of extracellular polysaccharide and endoglucanase in root invasion and colonization of tomato plants by Ralstonia solanacearum. Phytopathology, 87: 1264～1271

Schell MA, Denny TP, Huang JZ. 1994. VsrA, a second two-component sensor regulating virulence genes of Pseudomonas solanacearum. Molecular Microbiology, 11: 489～500

Schell MA, Roberts DP, Denny TP. 1988. Analysis of the Pseudomonas solanacearum polygalacturonase encoded by pglA and its involvement in phytopathogenicity. J Bacteriol, 170: 4501～4508

Schell MA. 1996. To be or not to be: how Pseudomonas solanacearum decides whether or not to express virulence genes. European Journal of Plant Pathology, 102: 459～469

Schell MA. 2000. Control of Virulence and Pathogenicity Genes of Ralstonia Solanacearum by an Elaborate Sensory Network. Annu Rev Phytopathol, 38: 263～292

Schonfeld J, Heuer H, Van Elsas JD, et al. 2003. Specific and sensitive detection of Ralstonia solanacearum in soil on the basis of PCR amplification of fliC fragments. Appl Environ Microbiol, 69: 7248～7256

Seal SE, Taghavi M, Fegan N, et al. 1999. Determination of Ralstonia (Pseudomonas) solanacearum rDNA subgroups by PCR tests. Plant Pathology, 48: 115～120

Sequeira L. 1985. Surface components involved in bacterial pathogen-plant host recognition. J Cell Sci Suppl, 2: 301～316

Siemering KR, Golbik R, Sever R, et al. 1996. Mutations that suppress the thermosensitivity of green fluorescent protein. Curr. Biol., 6: 1653～1663

Sivamani E, Gnanamanickam SS, Mahadevan A. 1988. Characterisation of a Pseudomonas solanacearum strain which causes bacterial wilt of 'Poovan" bananas in Pudukkottai district, Tamil Nadu, Advances in research on plant pathogenic. Bacteria based on the proceedings of the National Symposium on Phytobacteriology held at the University of Madras, Madras, India during March 14 15, 1986. 1988, 37 40; 13 ref. Today & Tomorrow's Printers & Publishers; New Delhi; India

Skillman LC, Sutherland LW, Jones MV, et al. 1998. Green fluorescent protein as novel species-specific marker in enteric dual-specices biofilms. Microbiology, 144: 2095～2101

Spok A, Stubenrauch G, Schorgendorfer K, et al. 1991. Molecular cloning and sequencing of a pectinesterase gene from Pseudomonas solanacearum. J Gen Microbiol, 137 (Pt 1): 131～140

Suarez B, Stefanova M. 1992. Determination of fatty acid composition of isolates of Pseudomonas solanacearum and Erwinia chrysanthemi. Revista de Proteccion Vegetal, 7: 1～3

Sundin C, Wolfgang MC, Lory S, et al. 2002. Type IV pili are not specifically required for contact dependent translocation of exoenzymes by Pseudomonas aeruginosa. Microb Pathog, 33: 265～277

Tang SN, Fakhru'l-Razi A, Hassan MA, et al. 1999. Feasibility study on the utilization of rubber latex effluent for producing bacterial biopolymers. Artif Cells Blood Substit Immobil Biotechnol, 27: 411～416.

Tans Kersten J, Gay J, Allen C. 2000. Ralstonia solanacearum AmpD is required for wild-type bacterial wilt virulence. Molecular Plant Pathology, 1: 179～185

Tans Kersten J, Guan Y, Allen C, et al. 1998. Ralstonia solanacearum pectin methylesterase is required for growth on methylated pectin but not for bacterial wilt virulence. Applied and Environmental Microbiology, 64: 4918～4923

Tomlinson DT, Elphinstone JG, Hanafy MS, et al. 2005. Survival of Ralstonia solanacearum biovar 2 in canal water in Egypt, pp. 228～232. In P. C. Struik [ed.], Potato in progress: science meets practice. Wageningen Academic Publishers, Wageningen, Netherlands

Toussaint A, Merlin C, Monchy S, et al. 2003. The biphenyl- and 4-chlorobiphenyl-catabolic transposon Tn4371, a member of a new family of genomic islands related to IncP and Ti plasmids. Appl Environ Microbiol, 69: 4837～4845

Unge A, Tombolini R. 1999. Simultaneous mornitoring of cell number and metabolic activity of specific bacterial populations with a dual gfp/luxAB marker system. Appl Environ Microbiol, 65 (2): 813～821

Van Gijsegem F, Vasse J, De Rycke R, et al. 2002. Genetic dissection of Ralstonia solanacearum hrp gene cluster reveals that the HrpV and HrpX proteins are required for Hrp pilus assembly. Mol Microbiol, 44: 935～946

Vasse J, Genin S, Frey P, et al. 2000. The hrpB and hrpG regulatory genes of Ralstonia solanacearum are required for different stages of the tomato root infection process. Molecular Plant Microbe Interactions, 13: 259～267

Venkatesh AN, Khan A, Khurana SMP, et al. 2000. Prevalence of races/biotypes of Ralstonia solanacearum and management of bacterial wilt of potato, Potato, global research and development. Proceedings of the Global Conference on Potato, New Delhi, India, 6 11 December, 1999: Volume 1. 2000, 452～455; 8 ref. Indian Potato Association; Shimla; India

Wang H, Jones RW, Wang HY. 1995. A unique endoglucanase-encoding gene cloned from the phytopathogenic fungus Macrophomina phaseolina. Applied and Environmental Microbiology, 61: 2004～2006

Watanabe JA, Orrillo M, Watanabe KN. 1999. Resistance to bacterial wilt (Pseudomonas solanacearum) of potato evaluated by survival and yield performance at high temperatures. Breeding Science, 49: 63～68

Wei C, Zhang C, Z. Liu, et al. 1994. Adsorption, penetration and movement of bacterial wilt antagonistic strain 90B 4-2-2 in roots of tomato plants. Acta Agriculturae Shanghai, 10: 48～52

Wengelnik K, Bonas U. 1996. HrpXv, an AraC-type regulator, activates expression of five of the six loci in the hrp cluster of Xanthomonas campestris pv. vesicatoria. J Bacteriol, 178: 3462～3469

Wolk CP, Cai Y, Panoff JM. 1991. Use of a transposon with luciferase as a reporter to identify environmentally responsive genes in a cyano bacterium. Proc Natl Acad Sci, 88: 5355～5359

Xue LX, Tong TJ, Zhang ZY. 2002. The choose and study of the report genes. Progress of physiology, 33 (4): 364～366

Yao G., Peng HX. 1994. Studies on the strains and distribution of bacterial wilt (Pseudomonas solanacearum) from Sichuan. Bacterial Wilt Newsletter: 9

Yao G., Peng HX. 1994. Studies on the strains and distribution of bacterial wilt (Pseudomonas solanacearum) from Sichuan. Bacterial Wilt Newsletter: 9

Young DH, Stemmer WP, Sequeira L. 1985. Reassembly of a fimbrial hemagglutinin from Pseudomonas solanacearum after purification of the subunit by preparative sodium dodecyl sulfate-polyacrylamide gel electrophoresis. Appl Environ Microbiol, 50: 605～610

Zhang CL, Hua JY. 1993. Conservation of Ralstonia solanacearum strains. Plant Protection, 19 (1): 39～40

第十章　聚 γ-谷氨酸疫苗的生物功能与实践

当今石油资源日益枯竭，有害化学制品过度使用，带给我们许多严重的能源问题和环境问题，为了解决这一关系到人类生存的重大问题，保持环境的可持续发展，发展生物可降解高分子材料来代替部分石油制品逐渐成为人们关注的热点之一。生物可降解材料来源广泛，对减轻环境污染和缓解能源危机有着十分重要的意义。一种多聚氨基酸类的环保型多功能生物可降解高分子材料——聚 γ-谷氨酸（poly γ-glutamatic acid，γ-PGA）越来越受到人们的关注。γ-PGA 及其衍生物具有良好的水溶性，超强的吸附性，能彻底被生物降解，无毒无害，可以食用，可作为诸如保水剂、增稠剂、絮凝剂、重金属吸附剂、药物/肥料缓释剂及药物载体等的原料，在农业、食品、医药、化妆品、环保、合成纤维和涂膜等领域具有广阔的应用前景（Shih et al.,2001）。本章简要介绍聚 γ-氨酸疫苗的结构与理化性质，微生物高效制备，在农业上的实践与应用前景。

一、γ-PGA 的结构和理化性质

γ-PGA 是自然界中微生物发酵产生的阴离子型多聚氨基酸，是由 D 型和 L 型谷氨酸通过 α-氨基和 γ-羧基以肽键形式形成的高分子聚合物，在每一个重复单元的 α-碳原子有一个游离的羧基。γ-PGA 通常由 5000 个左右的谷氨酸单体组成，相对分子质量一般在 100～10 000kDa，基本骨架呈直链纤维状（Ashiuchi et al.,2003）。

γ-PGA 在溶液中的构型与 γ-PGA 的离子强度、pH 和溶液浓度有关（Shih et al.,2001；Kishida et al.,1998）。在非离子状态，γ-PGA 为左手 α 螺旋，分子内的氢键维持 γ-PGA 的稳定（Zanuy et al., 1998）；在低离子浓度下（0.1mol/L），为螺旋或 β 折叠构型；在高离子浓度下（0.5mol/L），以 β 折叠构型为主。在低 pH 和低γ-PGA浓度下（0.1%），呈螺旋构型，由于带正电，也呈紧密的球状；在中性偏碱性条件下为 β 折叠；在碱性条件下，带负电，呈伸展状；在有 Ca^{2+} 存在的条件下，γ-PGA 在中性环境中也可呈紧密的球状。在低浓度 γ-PGA 条件下为螺旋构型；高浓度 γ-PGA 条件下（25mmol/L），分子间的相互作用超过了分子内的相互作用，表现为 β 折叠构型（He et al.,2000；Perez-Camero et al.,1999）。

由于在 γ-PGA 分子中有大量游离的亲水性羧基，使它具有很多优良特性：①可在分子内部或分子之间形成氢键，水溶性好；②对金属离子具有超强吸附性；③具有优良的生物降解性，主链上存在大量肽键，在体内环境下受酶的生物作用，降解生成无毒的短肽、小分子或氨基酸单体；④可食无毒；⑤具有良好的生物相容性，无自身抗原性；⑥具有抗冻特性、絮凝特性；⑦高分子质量，平均分子质量 100～1000kDa；⑧可防止细胞脱水、保护细胞免受蛋白酶的降解等（Ashiuchi et al., 2002；Ashiuchi et al., 2003；Mclean et al., 1990；Mitsuiki et al., 1998）。同时，γ-PGA 在放射线照射下会增加分子间的结合，提高吸水性能，由此可开发出一种强吸水性的生物树脂。由于 γ-PGA 易在冷水中分散，可制成水凝胶，γ-PGA 水凝胶有良好的黏弹性，并在一定范围内具有耐高温，耐酸、碱、盐，耐渗透压，抗冻融等优良特性（Kunioka et al., 1998；Han et al., 1999）。

二、γ-PGA 的微生物发酵制备

γ-PGA 的合成方法有化学合成法、提取法和微生物发酵法三种。化学合成法合成的聚谷氨酸多为 α 型，即由 α-羧基与 α-氨基缩合而成。迄今为止发现的生物合成的聚谷氨酸都为 γ 型。由于微生物发酵法较前两种方法生产成本低且生产过程对环境污染小，所以采用微生物发酵法生产 γ-PGA 是一种十分有前途的选择。

为了提高 γ-PGA 的产量，华中农业大学系统研究了 γ-PGA 发酵高产专利菌株（*Bacillus subtilis* CCTCC202048）的培养条件和发酵工艺（陈守文，2003）。通过对 γ-PGA 生物合成液体发酵培养基中碳源和前体物谷氨酸的正交实验、复合氮源实验以及金属离子锰、镁、铁的研究，得到 γ-PGA 生物合成的优化培养基配方。

通过研究不同的初始 pH、温度、接种量、种龄、装液量对 γ-PGA 产量的影响，得到了液体发酵合成 γ-PGA 的优化培养条件。使 *Bacillus subtilis* CCTCC202048 的 γ-PGA 产量由最初的 10g/L（摇瓶水平），逐步提高到 40g/L 以上（$5m^3$ 发酵罐水平）。

通过对发酵液的 pH、固液分离条件、浓缩工艺和浓缩倍数、醇沉条件及干燥方式的研究，建立了成熟的 γ-PGA 提取工艺，γ-PGA 提取回收率可达 91%。该提取工艺流程简洁，设备投入少，生产成本低，产品质量稳定。

通过工艺改进和完善，先后开发出了 γ-PGA 纯品和可湿性粉剂两种剂型产品的生产工艺，并建立了相应产品分析方法和产品质量标准。图 10.1 是聚 γ-谷氨酸生产工艺流程图。

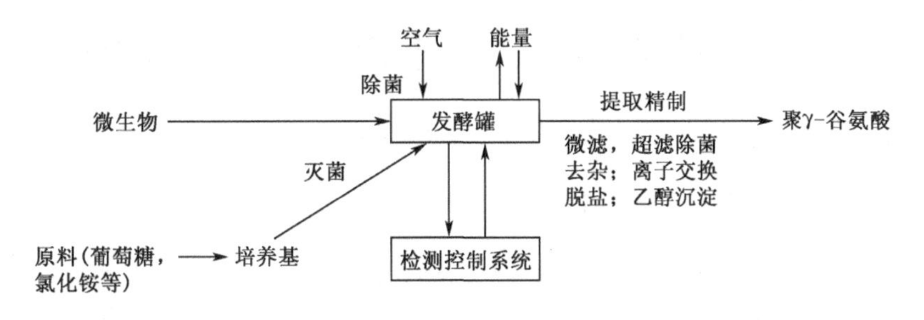

图 10.1　聚 γ-谷氨酸生产工艺流程

三、聚 γ-谷氨酸在农业生产中的应用

1. 聚 γ-谷氨酸

作为保水剂可制成水胶垫

将聚谷氨酸吸水树脂与土壤结合，不仅可以改良土壤的团粒结构，还能改进土壤的保墒、保湿、保肥性能，γ-PGA 吸水饱和后，呈凝胶状，可包裹在植物种子的表面作为种子的理想包衣材料。用于苗木移栽、无土栽培等方面有良好效果，可望在改造荒山、秃岭、沙漠方面发挥积极作用（Gonzales，1996）。原敏夫等（2002）把纳豆树脂与胶状污泥、家畜粪尿混合成肥料，包裹种子，可保证种子在干旱的地里发芽、出土、生长、存活；日本将聚谷氨酸吸水树脂包裹草种子，撒于缺水的阿苏山山麓的沙地上进行绿化试验，一周后种子发芽且长势良好，而过去在那里植物是不会发芽生长的。

2. 农药、肥料的缓释剂

在使用肥料、杀虫剂、除草剂、驱虫剂及其他农用化学品时，加入适量的聚谷氨酸盐可以延长这些药物在作用对象表面上的停留时间，不易因干燥、下雨而被刷掉，因而可以提高这些化学品的使用效果并减少用量，有利于环保。此外，γ-PGA 可作为畜禽养殖的矿物营养强化剂以及果实光亮剂。

3. 促进作物生长的植物疫苗

依据 γ-PGA 无毒、无害、无残留和对一些植物所需养分具有较强的活化特性，华中农业大学将 γ-PGA 应用于多种蔬菜、水稻、玉米、柑橘、烟叶的盆栽和田间栽培。结果表明：通过灌根或喷施 γ-PGA，或将 γ-PGA 添加到尿素和复合肥中（施 γ-PGA 10～25g /亩 1 亩＝666.7m^2），可以在保证产量的同时，减少肥料使用量 10％以上；通过诱导作物抗逆和促进作物根系生长，提高作物产量和品质，增产增效 10％～30％。表明 γ-PGA 是一种新型植物疫苗。

四、聚 γ-谷氨酸植物疫苗在水稻中的生产实践

（一）γ-PGA 对“汕优 63”幼苗生长的影响

1. γ-PGA 对水稻种子萌发的影响

种子发芽势是衡量种子活力的重要指标，体现了种子发芽活力整体水平；而发芽率直接影响成苗率。从水稻芽的根长和根数比较可以看出水稻初期的生长状况。

如表 10.1 所示，经 γ-PGA 处理的水稻种子的发芽势和发芽率要低于空白对照，随着 γ-PGA 浓度的增加，种子的发芽势和发芽率下降。原因可能是随着 γ-PGA 浓度的增加，溶液的黏度变大，降低了溶液中的溶解氧浓度，不利于 CO_2 的排出。

但在经 γ-PGA 处理的第 10 天测得的芽长、根数和根长，要明显好于空白对照组和谷氨酸组。

表 10.1 γ-PGA 对水稻种子萌发的影响

处理	芽长/cm	根长/cm	根数	发芽势/%	发芽率/%
CK	4.97±0.77	11.46±1.02	7.9±1.25	81.43	95.74
Glu 100mg/L	5.02±0.60	14.05±0.97	8.4±1.42	79.58	91.27
γ-PGA 50mg/L	5.76±0.53	16.81±1.05	8.6±0.53	81.06	94.28
γ-PGA 100mg/L	5.79±0.88	16.73±1.14	9.8±1.50	79.37	89.50
γ-PGA 150mg/L	5.61±0.14	17.04±1.12	9.5±1.44	75.42	85.62

2. γ-PGA 对水稻幼苗生长的影响

测量水稻从冒出胚芽开始到浸种后第 32 天的芽（苗）长，结果如图 10.2 所示，在前面 6 天 γ-PGA 处理组的水稻芽长要略短于空白对照组和谷氨酸组。第 6 天以后，γ-PGA 处理组的长势赶上并逐渐超过空白对照组和谷氨酸组，尤其是在三叶期（第 24 天）以后，γ-PGA 处理组的优势更为明显，第 32 天的数据显示 γ-PGA 100mg/L 处理组的苗长比 CK 高了近 44.8%，单因素方差分析结果表明 γ-PGA 处理组与空白对照组和谷氨酸组之间存在显著性差异，而经 γ-PGA 处理的 3 组间没有显著性差异（$P<0.05$）。

上述现象的原因很可能是在初期由于种子表面（内部）的 γ-PGA 存在高分子抑制作用或是还没有刺激到胚芽、胚根细胞内的酶，所以才长得不如空白对照组好。一旦胚芽、胚根细胞适应了 γ-PGA 或 γ-PGA 刺激了细胞内某些酶，使得胚芽、胚根细胞的分裂速度加快并超过了空白对照组和谷氨酸组。

如表 10.2 所示，γ-PGA 处理组的水稻根系活力高于空白对照和谷氨酸组。单因素方差分析也表明确实存在显著性差异，其中 γ-PGA 100mg/L 组与空白对照组间差异极其显著。空白对照组与谷氨酸组间差异不显著（$P<0.05$）；γ-PGA 处理组的叶绿素（Ct）含量高于空白对照和谷氨酸组，其中 100mg/Lγ-PGA 处理高于空白对照组 45.6%。

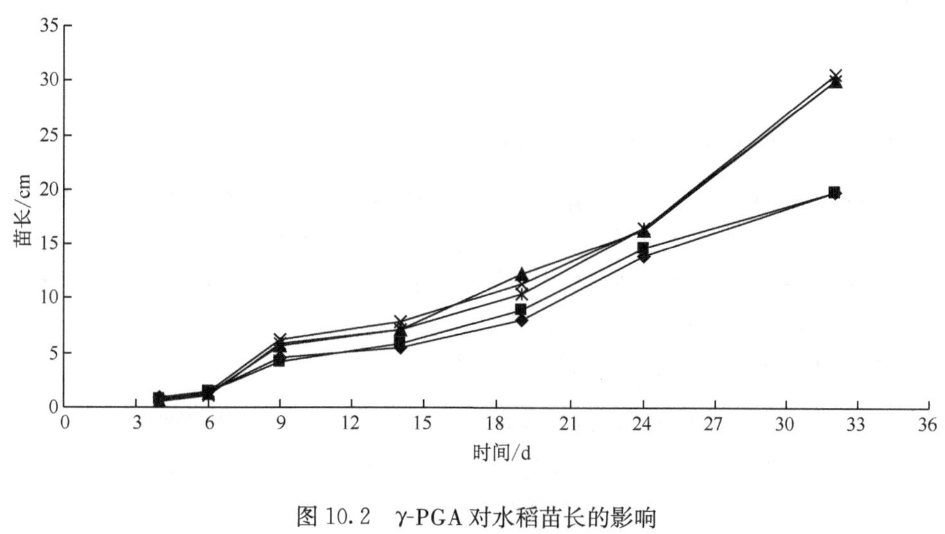

图 10.2　γ-PGA 对水稻苗长的影响

表 10.2　聚 γ-谷氨酸对水稻苗根系活力和叶绿体色素含量的影响

处理	根系活力/［mg TTC/（g FW·h)］	组织中各色素含量/（mg/g FW）		
		Ca	Cb	Ct
CK	0.03517±0.0012[b]	1.28502	0.52725	1.81227
Glu 100mg/L	0.03688±0.0010[b]	1.29060	0.55639	1.84699
γ-PGA 50mg/L	0.05956±0.0027[a]	1.64213	0.70867	2.35079
γ-PGA 100mg/L	0.07176±0.0019[a]	1.87387	0.76638	2.64025
γ-PGA 150mg/L	0.05579±0.0024[a]	1.49280	0.70870	2.20150

注：a、b 表示 5%显著差异性；Ct：总叶绿素；Ca：叶绿素 a；Cb：叶绿素 b。

3. 对水稻苗吲哚乙酸含量的影响

吲哚乙酸（IAA）是植物体内普遍存在的一种生长素，其最明显的效应就是在外用时可促进胚芽鞘切段和茎切段的伸长生长。

如表 10.3 所示，γ-PGA 处理组的吲哚乙酸含量高于空白对照组和谷氨酸组。方差分析表明，γ-PGA 处理组与空白对照组间存在显著性差异。γ-PGA 的应用可能通过提高水稻苗期根叶的吲哚乙酸含量促进水稻根叶的生长。

表 10.3 聚 γ-谷氨酸对水稻幼苗吲哚乙酸含量的影响

处理	第 10 天的秧苗/（μg/kg FW）		第 38 天的秧苗/（μg/kg FW）	
	根	叶	根	叶
CK	7.91	59.20	9.17	55.46
Glu 100mg/L	8.13	63.14	8.63	56.10
γ-PGA 50mg/L	8.60	71.29	9.76	64.38
γ-PGA 100mg/L	7.34	72.03	10.44	59.75
γ-PGA 150mg/L	8.55	69.81	10.06	64.74

4. γ-PGA 对水稻幼苗过氧化物酶活性的影响

γ-PGA 处理的水稻苗过氧化物酶（POD）活性相对于空白对照组都有不同程度的提高。如表 10.4 所示，100mg/Lγ-PGA 组的 POD 活性最高，比空白对照增加了 36.64%，这与实际试验中所观察到的 100mg/Lγ-PGA 组的水稻生长势相符。方差分析显示，γ-PGA 处理组与空白对照间存在显著差异性，谷氨酸组与空白对照组之间差异不显著（$P<0.05$）。

表 10.4 聚 γ-谷氨酸对水稻幼苗过氧化物酶（POD）活性的影响

处理	POD 活性/［U/（g · min)］	提高率/%
CK	2.770±0.14 b *	—
Glu 100mg/L	2.806±0.11 b	1.31
γ-PGA 50mg/L	3.137±0.17 a	13.25
γ-PGA 100mg/L	3.785±0.27 a	36.64
γ-PGA 150mg/L	3.225±0.15 a	16.45

* 与空白对照组不同的字母表示差异显著（$P<0.05$）。

5. γ-PGA 对水稻幼苗脯氨酸含量的影响

γ-PGA 浸种处理的水稻，叶片的脯氨酸含量相对于空白对照组都有不同程度的提高，如表 10.5 所示，脯氨酸含量随 γ-PGA 的处理浓度增大而提高，其中 150mg/Lγ-PGA 组增加 11.84%。

表 10.5 聚 γ-谷氨酸对水稻苗脯氨酸含量的影响

处理	Pro 含量/（μg/gFW）	增加幅度/%
CK	22.716±0.64 a *	—
Glu 100mg/L	23.096±0.15 a	1.67
γ-PGA 50mg/L	24.660±1.10 ab	8.56
γ-PGA 100mg/L	25.328±0.30 b	11.50
γ-PGA 150mg/L	25.405±0.27 b	11.84

* 与空白对照组不同的字母表示差异显著（$P<0.05$）。

（二）γ-PGA 对稻瘟病敏感型水稻品种 CO39 抗稻瘟病的影响

1. γ-PGA 灌根处理诱导水稻抗稻瘟病

水杨酸和γ-PGA 灌根处理的水稻可以抵抗梨孢菌的感染，结果如表 10.6 所示，水杨酸组和γ-PGA 组的相对抗病率分别为 18.82%、13.53%、20.34%、19.83%，其中γ-PGA 100mg/L 处理组抗病效果最好。

表 10.6　γ-PGA 灌根处理的水稻的诱导抗病效果

处　理	平均病斑数/个	病情指数	相对抗病率/%
CK	11.12	0.944	—
水杨酸 100mg/L	9.18	0.767	18.82 a*
γ-PGA 50mg/L	10.70	0.817	13.53 b
γ-PGA 100mg/L	8.65	0.752	20.34 c
γ-PGA 150mg/L	9.13	0.757	19.83 a

* 与空白对照组不同的字母表示差异显著（$P<0.05$）。

2. γ-PGA 喷叶处理诱导水稻抗稻瘟病

水杨酸和γ-PGA 喷叶处理同样可以诱导水稻抗稻瘟病，结果如表 10.7 所示，水杨酸组和γ-PGA 组的相对抗病率分别为 31.79%、38.25%、40.47%、41.89%，其中γ-PGA 150mg/L 处理组抗病效果最好。与灌根处理相比，喷叶处理的诱抗效果更好。

表 10.7　γ-PGA 喷叶处理的水稻的诱导抗病效果

处　理	平均病斑直径/mm	病情指数	诱抗效果/%
CK	4.06±0.13	0.941	—
水杨酸 100mg/L	3.67±0.22	0.642	31.79 a*
γ-PGA 50mg/L	3.60±0.04	0.581	38.25 b
γ-PGA 100mg/L	3.42±0.21	0.560	40.47 c
γ-PGA 150mg/L	3.45±0.06	0.547	41.89 d

* 同一列中不同的字母表示差异显著（$P<0.05$）。

3. γ-PGA 喷叶处理对水稻幼苗苯丙氨酸裂解酶活性的影响

水杨酸和γ-PGA 喷叶处理的水稻苗在接种梨胞菌后 1～10 天，叶片中的苯丙氨酸裂解酶（PAL）活性逐渐增加，结果如图 10.3 所示，水杨酸和γ-PGA 诱导处理组显著高于对照（$P<0.05$）。水杨酸组反应较快，但在 3 天后γ-PGA 组赶上并超过水杨酸组，150mg/L 组在第 8 天（γ-PGA 诱导 10 天后接菌 9 天）达到峰值。较 CK 组提高近 117%，比水杨酸组峰值高 7%。

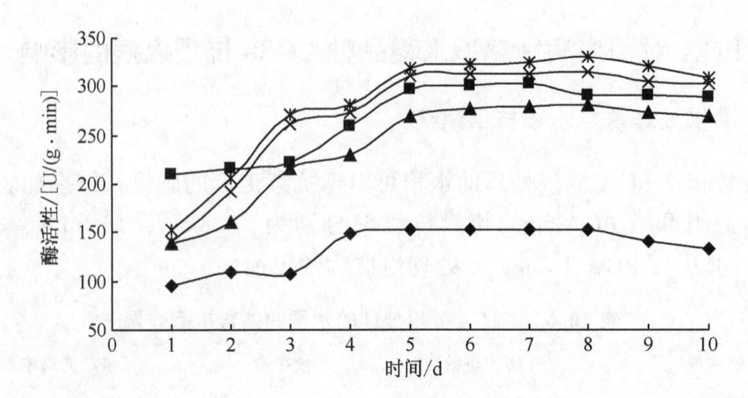

图 10.3　经水杨酸和 γ-PGA 喷叶处理的水稻苗接种梨胞菌 F1366 后 PLA 酶活性变化

—◆— CK　—■— SA100mg/L　—▲— 50mg/L　—×— 100mg/L　—✳— 150mg/L

4. γ-PGA 喷叶处理对水稻幼苗过氧化物酶（POD）活性的影响

水杨酸和 γ-PGA 喷叶处理的水稻苗在接种梨胞菌后 1～10 天，叶片中的 POD 活性逐渐增加，结果如图 10.4 所示，水杨酸和 γ-PGA 诱导处理组显著高于对照。其中水杨酸诱导处理组增长迅速，在前 5 天高于 γ-PGA 处理组，150mg/L 组在第 7 天达到峰值。较 CK 组提高近 34%，比水杨酸组峰值高 9%。

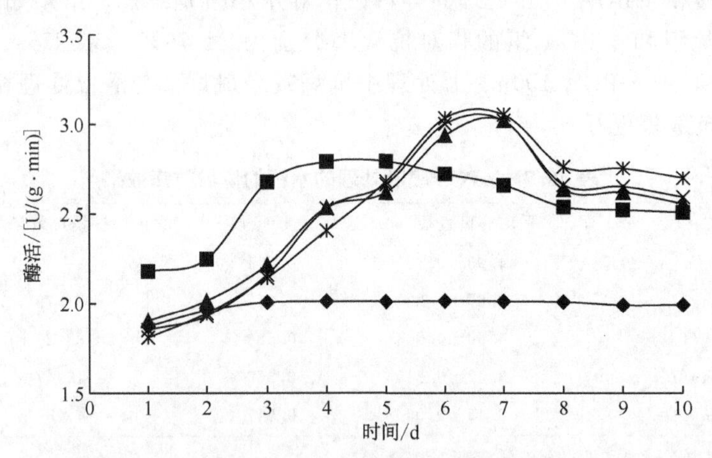

图 10.4　经水杨酸和 γ-PGA 喷叶处理的水稻苗接种梨胞菌 F1366 后 POD 酶活性变化

—◆— CK　—■— SA100mg/L　—▲— 50mg/L　—×— 100mg/L　—✳— 150mg/L

（三）聚 γ-谷氨酸植物疫苗促水稻大田增产的初步机制

以杂交稻‘扬两优 6 号’为研究对象，设 1 个对照，2 个处理，在同一块田中，每个处理各 3 个小区，每个小区面积 0.2 亩。田间管理相同，具体浸种与施肥措施如下：

对照组：按常规情况浸种，并在秧苗长到1叶1心时，追肥1次（尿素1kg，加水10kg稀释，均匀泼洒）。

处理1：用100mg/L的γ-PGA溶液浸种，浸种时间和其他处理方式与对照组相同；在秧苗长到1叶1心时，追肥1次（尿素1kg，同时每亩加γ-PGA 1g，加水10kg稀释，均匀泼洒）。

处理2：用200mg/L的γ-PGA溶液浸种，浸种时间和其他处理方式与对照组相同；在秧苗长到1叶1心时，追肥1次（尿素1kg，同时每亩加γ-PGA 2g，加水10kg稀释，均匀泼洒）。

在生长期间，观察统计秧苗和分蘖情况，成熟后测产量，结果见表10.8，表10.9。

表10.8　聚γ-谷氨酸浸种和泼施对秧苗生长的影响

处理	秧苗长势	烂秧死苗情况	株高/cm	叶龄/叶	分蘖/个	总根数/条	白根数/条	根长/cm	百株鲜重/g
处理1	强	无	46.8	7.92	3.8	82.5	18.8	11.64	657
处理2	强	无	48.2	7.99	3.7	72.0	18.0	11.26	652
CK	中	轻	43.9	7.67	2.4	54.8	13.4	14.48	528

表10.9　聚γ-谷氨酸浸种和泼施对产量性状的影响

内容 处理	全生育期/d	有效穗/（万/亩）	结实情况			千粒重/g	理论产量/（kg/亩）	实际产量/（kg/亩）
			总粒数	实粒数	结实率/%			
处理1	133	11.89	143.6	135.6	94.4	28.80	464.3	444
处理2	135	12.04	151.6	143.0	94.3	29.03	499.8	481
CK	128	11.13	142.9	133.8	93.6	28.60	426.0	420

从表10.8、表10.9来看，与清水比较，用γ-PGA浸种和泼施的秧苗长势旺，分蘖数多，亩有效穗增加，最终表现为亩产量明显提高。具体表现为以下几方面：

1. 秧苗长势

用γ-PGA浸种和追施，处理1和处理2的株高分别比对照高2.9cm和4.3cm；单株分蘖数分别比对照多1.4和1.3个；总根系比对照分别多27.7和17.2条，白根数分别比对照多5.4和4.6条，根长分别比对照短3.84cm和3.22cm；百株鲜重分别比对照重129g和124g。从处理1和处理2之间的秧苗长势比较，处理1略好于处理2。

2. 分蘖成穗

用 γ-PGA 浸种和追肥，处理 1 和处理 2 的亩有效穗分别比对照高 0.76 万穗和 0.91 万穗，高于对照 6.8％和 8.2％。处理 2 的亩有效穗比处理 1 高 0.15 万穗（1.25％）。

3. 综合性状

处理 1 和处理 2 的生育期比对照分别延长 5～7 天，成熟时，植株的抽穗期比对照推迟 3～4 天，植株高度比对照高 1～2cm，根系比对照多且长，难以拔起。生长期间叶色比对照稍浓绿，分蘖比对照略早、快、多，抗纹枯病能力比对照稍强。而处理 1 和处理 2 之间综合性状差异不大。

4. 产量性状

处理 1 和处理 2 的亩有效性穗分别比对照高 0.76 万穗和 0.91 万穗，每穗实粒数分别比对照多 1.8 和 9.2 粒，千粒重分别比对照重 0.2g 和 0.43g，理论亩产分别比对照高 38.3kg 和 73.8kg，实际亩产分别比对照高 24kg 和 61kg，高于对照 5.6％和 14.5％。处理 1 和处理 2 之间，处理 2 亩有效穗高于处理 1 0.25 万穗，每穗实粒数多 7.4 粒，千粒重重 0.23g，理论亩产高 39.4kg，实际亩产高 37kg（8.3％）。

以上结果表明，聚 γ-谷氨酸可以增强水稻根系的发育，同时可以诱导和激发作物的免疫调节机制，使体内的叶绿素、吲哚乙酸、脯氨酸、淀粉酶、过氧化物酶等主要代谢调节酶的活性提高，从而增强水稻的生长和抗病能力。

五、聚 γ-谷氨酸在农业中的应用前景

在几种主要农作物上的应用实践表明，聚 γ-谷氨酸不仅可以促进多种蔬菜、柑橘、玉米、水稻和烟叶等作物的生长和生理活性，诱导作物抗病性，从而提高作物的产量和品质，而且在水稻上诱导抗稻瘟病的效果较水杨酸明显，说明它可以作为一种促进生长的新型植物疫苗。随着其诱导抗稻瘟病作用机制研究的深入，其在水稻上的应用将更广泛。而且，它还具有性能优越、生产设备投资少、生产成本低、生产原料可再生、对环境友好和使用方便等特点，可为在农业生产上大规模使用提供保障。

推广应用聚 γ-谷氨酸，可为农民带来经济效益，降低每亩施肥成本，增加每亩生产收益。若使用聚 γ-谷氨酸植物疫苗 10～25g/亩，可以减少肥料使用 10％以上，增产增效 10％～30％。因此，γ-谷氨酸在农业上的应用前景非常广阔。

（陈守文　谢国生　周光林）

参考文献

陈守文，喻子牛，江昊等. 2003. 聚γ-谷氨酸产生菌及生产聚γ-谷氨酸的方法. 中国发明专利，专利号ZL03118908. 3

Ashiuchi M，Misono H. 2002. Biochemistry and molecular genetics of poly-γ-glutamate synthesis. Appl Microbiol Biotechnol，59：9～14

Ashiuchi M，Nakamura H，Yamamoto T，et al. 2003a. Poly-γ-glutamate depolymerade of *Bacillus subtilis*：production，simple purification and substrate selectivity. J Mol Cat B：Enzym，23：249～255

Carenza M. 1992. Recent achievements in the use of radiation polymerzation and grafting for biomedical applications. Radiat Phys Chem，39：485～490

Han OH，Choi HJ. 1999. NMR study of poly（γ-glutamic acid）hydrogels prepared byγ-irradiation：characterization of bond formation and scission. Bull Korean Chem Soc，20：921～924

He LM，Neu MP. 2000. Vanderberg L A. *Bacillus lichenformis* γ-glutamyl exopolymer：physiochemical characterizsation and U（Ⅵ）interaction. Environ Sci Technol，34：1694～1701

Jin HD，Chang HN，Lee SY. 2001. Efficient recovery of Poly γ-glutamic aci from highly viscous culture broth. Biotechnol Bioeng，76：219～223

Kanioka M，FurusawAK. 1997. Poly（γ-glutamic acid）Hydrogel from microbial poly（γ-glutamic acid）and alkanediamine with water-soluble carbodiimide. J Appl Polym Sic，65：1889～1896

Kishida A，Kubota H，Endo T. 1998. Aqueous solution properties of bacterial poly-γ- glutamate. J Bioact Comp Polym，13：270～273

Kunioka M，Choi HJ. Hydrolytic degradation and mechanical properties of hydrogels prepared from microbial poly(amino acid)s. Polym Degrad Stabil，1998，59：33～37

Mclean RJC，Beauchemin D，Clapham L，et al. 1990. Metal-binding characteristics of the gamma-glutamyl capsular polymer of *Bacillus licheniformis* ATCC 9945. Appl Environ Microbiol，59：3671～3677

Mitsuiki M，Mizuno A，Tanimoto H，et al. 1998. Relationship between the Antifreeze Antivites and the Chemical Structures of Oligo-ang Poly(glutamic acid)s. J Agric Food Chem，46：891～895

Perez-Camero G，Congregado F，Bou JJ，et al. 1999. Biosynthesis and ultrasonic degradation of bacterial poly（γ-glutamic acid）. Biotechnol Bioeng，63：110～115

Shih IL，Van YT. 2001. The production of poly-（γ-glutamic acid）from microorganisms and its various applications. Biores Technol，79：207～225

Yoon SH，Lee SY，et al. 2000. Production of Poly γ-glutamic aci by fed batch culture of *B acillus licheniformis*. Biotechnol Lett，22：585～588

Zanuy D，Aleman C，Munoz-Guerra S. 1998. On the helical conformation of un-ionized poly（γ-D-glutamic acid）. Int J Biol Macromol，23：175～184

第十一章　植物诱导抗病性激发子及其应用前景

在自然界，因病害给植物生产造成的损失一般在10%以上，目前对植物病害采取的防治措施以选育抗病品种和化学防治为主。抗病育种一直是控制植物病害的关键措施。但在自然界中，抗病育种的速度有时很难适应病原菌的变异速度。如选育抗稻瘟病的水稻品种，选育出抗病性稳定的水稻品种一般需要6～8年，但由于稻瘟病菌的遗传背景复杂，易于变异，常常导致一个新的抗稻瘟性水稻品种在大面积种植3～5年后就严重感病（周建明，1999；孙国昌，1998）。化学防治也是控制植物病害的关键措施之一，但容易在环境中形成污染，且病原菌容易产生抗药性。在全球减少化学农药用量的趋势下，寻找无公害、高效的防治植物病害的方法成为必然。20世纪80年代以来，随着分子生物学理论和技术的应用和发展，植物诱导抗性成为植物病理学科乃至生命学科的热门话题。激发子等作为一类重要的植物抗病性诱导因子，在植物和病原菌相互作用中，已引起了人们广泛的兴趣。它的进一步开发而成为新一代的环境友好型植物保护剂，越来越引起人们的重视（Lyon et al.,1997）。

一、激发子

（一）概念

Cruickshank和Perrin（1968）首次报道了菜豆链核盘菌（*Monilinia fructicola*）菌丝提取物中的一种多肽（monilicon A）能诱导菜豆果皮一种异黄酮类植保素——菜豆素（phaseolin）的形成和积累。Keen（1972）将能够诱导植物细胞合成和积累植保素的物质命名为激发子（elicitor）；现在激发子的概念被扩展为：除了病原物以外的、能诱导植物产生植保素的生物和非生物的诱导抗性因子（Hahn，1996）。激发子的作用是使植物能感知病原侵袭信号，并进行信号转导，进而做出一系列有效的防御反应，从而获得对病原菌的抗性（Griffin，1996）。

（二）激发子的来源

根据来源不同，激发子可分为非生物激发子（abiotic elicitor）和生物激发子（biotic elicitor）两大类。非生物激发子是指具有激发子活性的非生物化学物质及一些理化胁迫。生物激发子是指来源于病原微生物、其他微生物、寄主植物或由寄主-病原物互作后所产生的激发子。

1. 非生物激发子

一些化学物质和物理因子可以诱导植物产生抗病性反应，这些因子如乙烯、水杨酸（SA）、茉莉酸（JA）、茉莉酸甲酯（MeJA）、合成肽和高浓度盐等化学和物理因子的处理能使植物发生防卫反应。如外源 JA 处理可以显著减轻水稻幼苗稻瘟病的发生，喷雾处理后第 2 天即产生了诱导抗病效果，这种抗性可以维持 15 天左右，如果进行二次 JA 处理可以增强诱导抗病性，延长抗性的持续期（邹志燕等，2006）。

关于非生物激发子的作用，目前主要有以下一些观点：① 非生物激发子主要起酶的辅基和新酶合成因子的作用；② 非生物激发子通过激活未受病原菌侵染的植物体内非活性状态的激发子起作用；③ 刺激植物细胞壁释放内源激发子；④ 非生物激发子的作用并不是诱导植保素的合成，而是抑制植保素的降解（Yoshikawa，1978；王金生，1999）。

2. 生物激发子

根据来源不同，生物激发子可以分为两类——外源激发子（exogenous elicitor）和内源激发子（endogenous elicitor）。

（1）外源激发子　由病原微生物和其他微生物产生的激发子称为外源激发子。许多研究表明，激发子广泛存在于微生物的组成成分中。目前研究和发现的激发子多数是由真菌产生的。真菌细胞壁主要由多糖、蛋白、脂类、几丁质和一些糖蛋白组成，而从真菌细胞壁中获得的β-葡聚糖、糖蛋白、几丁质、蛋白、脂类或其降解产物等，都表现出激发植物产生防卫反应的活性（Arase et al.，1990）。

1）糖蛋白类激发子　糖蛋白类激发子是激发子种类中很重要的一类，目前已从许多病原菌中分离到了各种糖蛋白类激发子。例如，从大豆大雄疫霉（*Phytophthora megasperma* f. sp. *glycina*）细胞壁与滤液中分离到分子质量为 42 kDa的糖蛋白激发子，可激发植保素的产生（Keen et al.,1980）。

大多数糖蛋白激发子活性位点在糖基部分。例如，从水稻稻瘟病菌（*Magnaporthe griea*）中分离的 CSBI 和 GP66 糖蛋白激发子，经胰蛋白酶处理和热处理后，其活性并不丧失，而用高碘酸钠处理后，激发子活性丧失，说明该激发子活性组分为糖基部分（李云锋等，2005；纪春艳等，2006）。从小麦叶锈菌（*Puccinia gramimis* f. sp. *tritici*）的菌丝细胞壁和芽管管壁中获得的糖蛋白激发子，用链霉蛋白酶（pronase）或胰岛素（trypsin）处理对激发子活性没有影响，用高碘酸处理，激发子活性消失；表明该激发子的糖基部分为活性位点，均可诱导木质素的形成（Kogel et al.,1988）。

另外一些糖蛋白激发子活性部分在蛋白。从大豆大雄疫霉（*P. megasperma* f. sp. *glycina*）细胞壁与滤液中分离到的可诱导植保素产生的糖蛋白激发子，用高压灭菌和高碘酸处理，对激发子活性没有影响，而用链霉蛋白酶或胰岛素处理后，则没有活性，说明激发子活性部分在蛋白部分。

2）多肽类激发子　多肽类激发子是研究最早的一类激发子。早在1968年就已报道多肽 monilicolin A 具有激发子活性，可诱导菜豆积累菜豆素。现有许多激发子被确定为多肽。几种致病疫霉属（*Phytophthora* spp.）真菌可产生一类高度保守的小分子蛋白家族，称为激发素（elicitin），这类激发子为全蛋白。激发素处理烟草后，可从烟草叶片的接种点转移，进而诱导叶片系统性的枯死反应，并可诱导 PR 蛋白的合成（张正光等，2001；詹海燕等，2007；纪睿等，2005）。

3）寡糖类激发子　寡糖类激发子是最早被定性的一类激发子。它们的分离和定性确定了糖类能作为植物生物信号物质起作用的概念。常见的寡糖类激发子有葡聚糖、半乳糖醛酸寡糖以及几丁质寡糖等。大多数真菌细胞壁的主要成分为分支的β-葡聚糖，似乎植物都能识别出这些极微量的结构有差异的寡糖，进而作出防卫反应。

几丁质和脱乙酰几丁质也是许多真菌细胞壁的重要组分。几丁质是 *N*-乙酰-*D*-葡糖胺以β-1,4 连接的线状多聚体分子，脱乙酰几丁质是β-1,4 葡糖胺的多聚体分子。许多研究表明，几丁质和脱乙酰几丁质及其降解产物［（GlcNAc）＞4］能够诱导水稻、小麦、番茄等植物的防卫反应。从菜豆镰孢菌（*Fusarium solani*）菌丝细胞壁获得的脱乙酰几丁质可诱导豌豆豆荚积累植保素，也能诱导细胞的本质化和合成蛋白酶抑制物（Bordelius et al.,1989）。

4）脂类激发子　脂类也是真菌来源的一类激发子，目前研究最多也最深入的是马铃薯晚疫病菌（*P. infestans*）的脂肪酸激发子。脂肪酸激发子一般具有很高的诱导活性，尤其在有多糖存在的情况下能大大加强这些脂类的激发子活性。在马铃薯块茎中诱导植保素合成的花生四烯酸或十二碳五烯酸的所需浓度大概为 330 nmol/L（Maniara et al.,1984）。

5）其他类型激发子　燕麦叶枯毒素是由长蠕孢菌（*Bipolaris victoriae*）产生的寄主专化性毒素。Mayama 等（1983）用低浓度的该毒素处理与长蠕孢菌亲和性互作的燕麦品种（*Avena sativa*）可激发燕麦植保素（avenalumin）的产生，使燕麦对禾冠柄锈菌（*P. coronata* f. sp. *avenae*）具有抗性，起到了激发子的作用。而从单孢锈菌（*Uromyces appendiculatus*）中分离到的一种激发子，与已报道的各种激发子性质均不相同，其性质仍不清楚（Ryerson et al.,1992）。

（2）内源激发子　由植物本身所产生的激发子，称为内源激发子（Beissmann et al.,1992）。目前许多研究表明，微生物与植物细胞表面的接触可导致寄主防卫机制的激活，植物产生的酶类（几丁质酶、酯酶、葡聚糖酶等）可释放微生物表面的激发子；而真菌产生的酶类也可从植物细胞壁上释放出激发子。大豆子叶、大豆细胞壁、马铃薯和其他植物组织所含的葡萄糖、蔗糖等物质都是植保素的有效诱导物。目前研究最多的是植物细胞壁中的寡糖物质，如寡聚半乳糖醛酸和木聚糖片段等。例如，用果胶酶处理萝卜细胞，释放出来的寄主细胞组分可激发萝卜植保素的产生。用来源于黄瓜炭疽菌的聚半乳糖醛酸酶处理，黄瓜细胞壁可以释放一系列的半乳糖醛酸激发子，可诱导植保素和本质素的生成。

内源激发子从受侵染的植物细胞或死的细胞中释放出来后，通过激发邻近健康细胞植保素的合成而起作用（韩胜芳等，2000）。有资料表明，内源激发子和外源激发子作为相同方式作用的信号共同对植物起诱导作用，从而达到最大的诱导效果。而缺乏7-β-葡聚糖苷激发子的真菌则通过释放寡聚半乳糖醛酸酶降解植物细胞壁，释放出内源激发子来加强植保素的合成。

（三）激发子的专化性

根据其对寄主植物的特异性反应，生物激发子又可分为非专化性激发子和专化性激发子两类（Keen，1975）。激发子是否是小种/品种专化性激发子，即由病原菌一个小种获得的激发子是否只激发与病原菌非亲和性互作关系的寄主产生防卫反应，已引起了广泛的关注。已有证据表明，寄主-病原菌互作体系中，与亲和性小种相比，非亲和性小种侵染寄主后，植保素合成量更大，合成速度更快，因而，诱导植保素积累量的多少可以判别激发子的小种/品种专化性。也有学者认为激发子是否具有专化性，可以根据激发子是否只激发非亲和性互作寄主细胞的过敏性坏死反应来进行评价。

1. 非专化性激发子

对植物防卫反应的激发没有特异性，对不同品种甚至种的植物都有同样的激发活性，这类激发子称为非专化性激发子。目前所发现的激发子多数为非专化性激发子，其成分主要有糖蛋白、葡糖甘露糖胶、葡聚糖、花生酸、二十碳四烯酸、多聚半乳糖醛酸内切酶、脱乙酰几丁质、果胶内裂解酶、肽、草酸、半乳糖醛酸酶等。从黑根霉、致病疫霉、前腐皮镰孢菌、刺盘孢、黄枝孢以及大雄疫霉等病原菌的细胞壁中均已分离到这类非专化性激发子。例如，从黄枝孢的培养液、菌丝提取液以及菌丝细胞壁上都分离到一种大分子的激发子，可以诱导马铃薯产生日齐素、豌豆产生豌豆素和大豆产生大豆素等，表明它没有小种间的专化性。

寄主植物中同样也存在诱发植保素合成的非专化性激发子，如从大豆子叶、大豆细胞壁、马铃薯和菜豆胚轴以及其他植物组织中所获得的葡聚糖、蔗糖、10～15个糖残基等物质，都是植保素的有效诱导物。

2. 专化性激发子

激发子对寄主植物防卫反应的诱导，与其同源小种具有相似的诱导非亲和植物的抗性，即由病原菌一个小种获得的激发子只激发与病原菌非亲和性互作关系的寄主产生防卫反应，这类激发子称为专化性激发子（李云锋等，2004）。专化性激发子都是由病原微生物所产生，存在于病原物的组分或分泌物中。

目前已证实专化性激发子主要为寡葡聚糖、糖蛋白、（多）肽等，而且一些专化性激发子为病菌无毒基因的产物。例如，被黄枝孢菌（*C. fulvum*）感染的番茄叶片胞间液中含有一种相对分子质量为3049的多肽，该多肽是病原真菌无毒基因 *avr*9 的产物，它仅可诱导含相应抗病基因 *cf*9 的番茄品种的坏死反应。从丁香假单胞大豆致病变种（*P. syringae* pv. *glycinea*）的非亲和性小种中分离到的 syringolide 激发子为无毒基因 *avrD* 的产物，可诱导含抗病基因 *Rpg4* 的大豆品种产生植保素。

一种病原物往往产生多种类型的激发子，如大豆疫霉的菌丝细胞壁中既有葡聚糖、糖蛋白等非专化性激发子，又有专化性激发子存在，这从一个侧面反映了植物病原物激发子存在的普遍性及其在病害系统中的重要作用。从信号物质激发子的角度分析，也正好解释了植物对大多数病原物具有普遍抗性的机理。

二、植物对病原生物激发子的识别

对从大雄疫霉（*P. megasperma* f. sp. *glycina*）的细胞壁降解物中获得的葡聚糖激发子的研究表明，植物对特定结构的葡聚糖才具有激发子活性，改变葡聚糖的结构将大大降低其活性，甚至没有诱导抗病活性。这一现象意味着植物细胞上具有识别激发子的特定受体的存在。受体指植物细胞表面存在的能够与激发子发生识别反应、活化信号传递过程、诱导植物防卫基因表达的分子（Kakitani et al.,2001）。大量研究结果表明，植物识别具有某些特定结构的激发子，并快速诱导活化特定的基因，而对其他激发子组分没有反应（Liu et al.,2002；Nürnberger et al.,2002；Okinaka et al.,2002）。

Yoshikawa等（1983）首次证实，用同位素标记的大雄疫霉（*P. megasperma* f. sp. *glycina*）β-1，3-葡聚糖激发子（mycolaminaran）能被大豆根细胞膜上的特异性结合蛋白所识别，诱导大豆素的形成，并发现该结合位点具有高度专化性，从而首次证明了寄主表面的激发子受体的存在。而后，该受体由Umemoto等（1997）纯化得到，是一个75 kDa的膜蛋白。

目前，已在豆科植物、小麦、大麦、番茄、欧芹和水稻悬浮细胞上都发现或分离到一些激发子受体（范军等，1999），这些受体都存在于细胞质膜上，但也有存在于微粒体胞上的研究报道（Meindl et al.,2000；Nuernberger et al.,1995；Umemoto et al.,1997；Xiang et al.,2008；Yoshikawa et al.,1983）。

三、激发子诱导植物抗性物质的代谢基础

受到激发子的诱导后，植物可以通过各种代谢途径在体内形成各种与抗病原物有关的物质。这些物质就是植物抗病的物质基础。目前研究表明由激发子诱导的植物防卫反应主要包括：离子渗漏、氧化突发、过敏反应、抗菌物质（如植保素）的合成和积累、降解病菌细胞表面多聚物的糖基水解酶（如葡聚糖酶和几丁质酶等）的产生、抑制病原水解酶活性的蛋白的产生以及胞壁木质化加固、伤口栓质化、胞壁胼胝质和侵填体的形成、富含羟脯氨酸糖蛋白的积累等（Shudo et al.,2001）。

1. 木质素

木质素（lignin）是植物细胞壁的主要成分之一，其含量的增加可以加强细胞壁，增强组织木质化程度，提高细胞壁抗真菌穿透、抗酶溶解的能力，限制了水和营养物质从寄主向病菌扩散，使病原菌得不到足够的营养，从而起到抑制病原菌生长及增殖的作用，并对病原微生物的扩展起屏障作用（Shudo et al.,2001）。木质素含量的增加是寄主植物抗性反应的一种特性，是其防护的第一道屏障。如用稻瘟病菌（*M. grisea*）来源的糖蛋白激发子处理水稻幼苗后，可以迅速诱导非亲和性互作水稻品种叶片木质素含量的增加（李云锋等，2004）。

2. 植保素

激发子诱导后，植物产生和积累植保素（phytoalexin），是植物诱导抗性的一个重要标志。植保素又称为植物抗毒素或植物保卫素，是植物受病原物侵染后产生的一类低分子质量的抗病化合物，其产生的速度和积累的量直接反映了植物抗病性的强弱。在健康植物中没有植保素存在，植保素的产生是植物对病原菌侵染或胁迫的一种主动的抗病性反应。目前已发现并鉴定的植保素达 200 多种。植保素的抗病作用已在多种病害体系中得到研究，并且表明植保素积累的时空效应与诱导抗性效应相关联（Weinberger et al.,2007）。

3. 活性氧

大部分正常的细胞中都有活性氧（reactive oxygen species，ROS）的代谢和调控机制，将其浓度维持在一定范围内。一旦受到激发子的诱导或胁迫，植物

ROS合成加快，形成“氧化迸发”（oxidative burst），这是植物抗病的最早期反应之一（宋凤鸣等，1996）。

4. 病程相关蛋白

病程相关蛋白（pathogenesis-related protein，PR蛋白）是指植物在病理或病理相关的环境下诱导产生的一类可以直接攻击病原菌的蛋白。激发子处理后，可以快速诱导植物病程相关蛋白基因的表达（Chisholm et al.,2006）。如水杨酸或许多生物激发子处理植物后，植物在提高植株抗病性的同时，会大量积累病程相关蛋白。如在MeJA诱导后，百合花（*Lilium longiflorum*）*PR-10*基因的表达量明显增加。

植物在受到激发子诱导后，很多植物防御酶的活性也增强。防御酶类物质不只是作为单独的抗病诱导因子起作用，更多的是间接参与其他抗病防卫反应（李云锋等，2004；Chisholm et al.,2006）。例如，苯丙氨酸裂解酶（PAL）是植保素、木质素及酚类物质合成的关键酶，当植物被诱导后，PAL活性明显增强，而且PAL活性增强与木质素含量的变化呈相似趋势。其他酶如超氧化物歧化酶（SOD）、脂肪酸氧化酶（LOX）、过氧化物酶（POD）、查尔酮合成酶（CHS）等，都分别以不同方式直接或间接参与抗病防卫反应。大多情况下植物的诱导抗性物质通过不同的信号网络途径协同作用，从而起到抗病的作用。

四、激发子的应用前景

激发子能够诱导植物产生抗病性，抵抗病原物的侵染，而这种抗病机制是调动了植物本身所具有的抗病潜能，而不是同抗菌素那样直接对病原物产生抑制作用，这种抗病机制促使人们对激发子进行新一代植物保护剂（植物疫苗）的开发研究。

许多文献报道了生物与非生物激发子无论在实验室、温室还是大田条件下，均可诱导植物产生抗性，因此将抗性激发子作为一种病害防治的应用方法成为可能。Lyon等（1995）报道了利用激发子防治大田谷类白粉病具有中等水平的防效。Calonnec等（1996）也证实在田间条件下，用激发子诱导的小麦抗性，可使小麦白粉病的发病程度控制在44%～57%，达到中等水平抗性。李金波等（2008）研究发现，稻瘟菌激发子可以诱导多种非寄主植物（玉米、黄瓜、辣椒）产生诱导抗病性，抵抗多种真菌病原的侵染，诱导抗病效果达到50%以上。

合成型激发子CGA245704［benzo（1，2，3）thiadiazole-7-carbothioic acid *S*-methyl mether］是第一代通过激发小麦产生抗性，用于防治小麦白粉病的植物保护剂，在德国已投入市场（Lyon et al.,1997）。而合成型激发子CGA245704作为植物保护剂，其性质被定位划分为植物营养剂，而不是农药，显然这种分类已考虑了安全性方面的问题。

从已知的生物激发子的结构来看，激发子易被土壤中的微生物迅速降解。激发子诱导的植物抗性组分由于都是植物的正常组分，因此对人和动物也基本无影响或影响很小。但根据不同法规，激发子在商业化前应与农药一样达到安全标准。目前美国已制定了激发子应用与传统杀真菌剂相似的安全标准。

激发子的应用可以减少杀菌剂的使用。同时，抗性激发子可与杀真菌剂一起使用加强药效，提高防治水平。Reglinski 等（1994）证明可根据植物在田间对抗性激发子的反应来选择育种计划。植物不同品种对抗性激发子反应的不同，可能是由于植物对激发子的吸收、激发子对植物的抗性机理诱导、植物抗性机理的变化或抗性反应传递的差异而引起。

五、激发子作为植物免疫疫苗的前景分析

激发子的研发和应用为病害防治提供了新的机遇（Lyon et al.,1997），将激发子开发作为植物保护剂，通过激发植物自身抗病相关基因的表达，增强植物的免疫能力，抵抗病原的侵染（邱德文，2004）。激发子药物是通过调动植物体内的免疫反应而达到抗病的目的，这是一类具有疫苗作用的新型植物保护剂，其具有以下优点：① 激发子易降解，具有对人畜无害、环境友好的特点；② 激发子的作用机理是诱导植物本身的抗性，自身不对病原菌起作用，因此不会产生病原菌的抗药性问题；③ 激发子诱导抗病性具有高效性，一般在 nmol/L 水平即可诱导植物产生抗病性，具有用量低、高效的特点；④ 激发子具有诱导的植物抗病谱广、抗病持续时间较长的优点；⑤ 激发子的作用是在植物识别之后调动固有的防御机制来抵抗病原菌的侵染，其产生的抗病机制可以针对病原菌的所有小种，因此，可以解决由于病原菌小种变异而引起的品种抗病性丧失问题；⑥ 激发子的应用可以部分代替化学农药的使用，减少化学农药的使用量，符合环境保护的需要。

以上特点表明激发子作为植物免疫疫苗具有良好的应用前景，尤其符合农业可持续发展和环境保护的重大需求，也将为抗病品种的改良和新型高效、无公害农药的研制提供可靠的理论依据。因此将激发子等生物药物视作新一代的植物保护剂，具有巨大的潜力。

（李云锋　王振中）

参考文献

范军，彭友良，Qun Zhu ChrisLamb．1999．水稻悬浮细胞中稻瘟菌激发子诱导性受体类似激酶 cDNA 的克隆及特征分析．植物病理学报，29（3）：235～239

韩胜芳，王智炘，王冬梅等. 2000. 感染叶锈菌后小麦叶片细胞间隙液中激发子的分离纯化. 植物病理学报，30 (4)：370

纪春艳，李云锋，王振中. 2006. 稻瘟菌糖蛋白激发子（CSBI）的纯化及其鉴定. 植物生理与分子生物学报，32 (5)：587～592

纪睿，张正光，王源超等. 2005. 疫霉菌激发子 PB90 诱导烟草悬浮细胞的凋亡. 科学通报，50 (5)：448～452

李金波，纪春艳，王振中. 2008. 稻瘟病菌激发子诱导非寄主植物的抗病效果，植物病理学报，38 (1)

李云锋，王振中，贾显禄. 2004. 稻瘟菌激发子 CSBI 诱导水稻防御相关酶的活性变化. 作物学报，30 (6)：613～617

李云锋，王振中，贾显禄. 2004. 稻瘟菌激发子 CSBI 专化性及相关性质研究. 植物病理学报，34 (3)：237～243

李云锋，王振中，贾显禄. 2004. 稻瘟菌糖蛋白激发子诱导的水稻叶片膜脂过氧化及过敏性反应. 植物生理与分子生物学报，30 (2)：158～162

李云锋，王振中. 2005. 稻瘟菌 GP66 激发子诱导的水稻膜脂过氧化及保护酶活性变化. 植物病理学报，35 (1)：43～48

邱德文. 2004. 微生物蛋白农药研究进展. 中国生物防治，20 (2)：91～94

宋凤鸣，郑重，葛秀春. 1996. 活性氧及膜脂过氧化在植物-病原物互作中的作用. 植物生理学通讯，32：377～385

孙国昌，杜新法，柴荣耀等. 1998. 遗传同质性在水稻品种抗瘟性丧失中的作用初探. 中国农业科学. 31 (4)：78～80

王金生编著. 1999. 分子植物病理学. 北京：中国农业出版社. 272～279

詹海燕，薛惠明，潘娟等. 2007. 疫霉 31kDa 激发子的分离纯化及其诱导烟草细胞死亡机理的初步研究. 植物病理学报，37 (3)：278～283

张正光，王源超，郑小波. 2001. 棉疫病菌 90KD 胞外蛋白激发子生物活性与稳定性研究. 植物病理学报，31 (3)：213～218

周建明，朱群，白永延. 1999. 稻瘟病菌侵染水稻的机理. 植物生理学通讯，35 (1)：49～51

邹志燕，王振中. 2006. 茉莉酸诱导水稻幼苗对稻瘟病抗性作用研究. 植物病理学报，36 (5)：432～438

Arase S，Kinoshita S，Kano M，et al. 1990. Studies on host-selective infection mechanism of *Pyricularia oryzae* Carra. Ann Phytopathol Soc Japan，56：322～330

Beissmann B，Engels W，Kogel K，et al. 1992. Elicitor-active glycoproteins in apoplastic fluids of stem-rust infected wheat leaves. Physiological Molecular Plant Pathology，40：865～875

Calonnec A，Goyeau H，Vallavieille-Pope C. 1996. Effects of induced resistance on infection efficiency and sporulation of *Puccinia striiformis* on seedlings in varietal mixtures and on field epidemics in pure stands. European J Plant Pathol，102：733～41

Chisholm ST，Coaker G，Day B，Staskawicz BJ. 2006. Host-microbe interactions：shaping the evolution of the plant immune response. Cell，124 (4)：803～14

Cruickshank IAM, Perrin DR. 1968. The isolation and partial characterization of monilicolin A, a polypeptide with phaseollin-inducing activity from Monilinia fructicola. Life Science, 7: 449～458

Griffin DH. 1996. Fungal Physiology (second edition). New York: Wiley-Liss Inc, 15～28

Hahn MJ. 1996. Microbial elicitors and their receptors in plants. Annu Rev Plant Phytopathol, 34: 387～412

Kakitani M, Umemoto N, Yoshikawa M. 2001. Glucan elicitor receptor, DNA molecule coding therefor, fungus-resistant plants transformed with the DNA molecule and method for creating the plants. Official Gazette of the United States Patent and Trademark Office Patents, 1246

Keen NT, Legrand M. 1980. Surface glycoproteins: evidence that they may function as the race-specific phytoalexin elicitors of *Phytophthora megasperma* f. sp. *glycinea*. Physiological Plant Pathology, 17: 175～192

Keen NT, Partridge JE, Zaki AI. 1972. Pathogen-produced elicitor of a chemical defense mechanism in soybeans monogenically resistant to *Phytophthora megasperma* var. *sojae*. Phytopathology, 62: 768

Keen NT. 1975. Specific elicitors of plant phytoalexin production: determinants of race specificity in pathogens? Science, 187: 74～75

Liu GZ, Pi LY, Walker JC, et al. 2002. Biochemical characterization of the kinase domain of the rice disease resistance receptor-like kinase XA21. Journal Biological Chemistry, 277 (23): 20264～20269

Lyon GD, Newton AC. 1997. Do resistance elicitors offer new opportunities in integrated disease control strategies? Plant Pathology, 46 : 636～641

Lyon GD, Reglinski T, Newton AC. 1995. Novel disease control compounds: The potential to immunize plants against infection. Plant Pathology, 44: 407～427

Maniara G, Laine R, Kuc J. 1984. Oligosaccharides from *Phytophthora infestans* enhance the elicitation of sesquiterpenoid stress metabolites by arachidonic acid in potato. Physiology Plant Pathology, 24: 177～182

Mayama S. 1983. The role of avenalumin in the resistance of oats crown rust. Mum Fac Agric. Kagawa Univ, 42: 36～44

Meindl T, Boller T, Felix G. 2000. The bacterial elicitor flagellin activates its receptor in tomato cells according to the address-message concept. Plant Cell, 12: 1783～1794

Nuernberger T, Nennstiel D, Hahlbrock K, et al. 1995. Covalent cross-linking of the *Phytophthora megasperma* oligopeptide elicitor to its receptor in parsley membranes. Proc Natl Acad Sci USA, 92: 2338～2342

Nürnberger T, Brunner F. 2002. Innate immunity in plants and animals: emerging parallels between the recognition of general elicitors and pathogen-associated molecular patterns. Curr Opin Plant Biology, 5 (4): 318～324

Okinaka Y，Yang CH，Herman E，et al. 2002. The P34 syringolide elicitor receptor interacts with a soybean photorespiration enzyme，NADH-dependent hydroxypyruvate reductase. Mol-plant-microbe -interaction，15 (12)：1213～1218

Reglinski T，Newton AC，Lyon GD. 1994. Assessment of the ability of yeast-derived resistance elicitors to control barley powdery mildew in the field. Journal of Plant Diseases and Protection，101：1～10

Ryerson DE，Heath MC. 1992. Fungal elicitation of wall modifications in leaves of *Phaseolus vulgaris* L. cv. Pinto II. Physiological Molecular Plant Pathology，40：283～298

Shudo E，Iwasa Y. 2001. Inducible defense against pathogens and parasites：optimal choice among multiple options. J Theor Biology，209 (2)：233～47.

Umemoto N，Kakitani M，Yoshikawa M. 1997. The structure and function of a soybean β-glucan-elicitor-binding protein. PNAS，94：1029～1034

Weinberger F. 2007. Pathogen-induced defense and innate immunity in macroalgae. Biological Bullutin，213 (3)：290～302.

Xiang T，Zong N，Zou Y，et al. 2008. *Pseudomonas syringae* Effector AvrPto Blocks Innate Immunity by Targeting Receptor Kinases. Curr Biology，18 (1)：74～80

Yoshikawa M，Keen NT，Wang M C. 1983. A receptor on soybean membranes for a fungal elicitor of phytoalexin accumulation. Plant Physiology，73：497～506

Yoshikawa M. 1978. Diverse modes of action of biotic and abiotic phytoalexin elicitors. Science，275：546～547

第十二章　植物-病原物互作的分子机制与分子免疫

健康植物进行着正常有序的生理生长代谢活动。病原物接触、附着、识别、侵入和定殖寄主植物以及在寄主体内扩展的过程中，常借助寄生性和机械压力产生胞外酶、毒素、生长调节物质和植物先天免疫（innate immunity）抑制因子等，改变和破坏寄主植物细胞和器官的正常生理功能，攫取寄主植物的营养物质和水，诱发一系列病变，致使植物产生病害特有的症状。随着模式植物和模式植物上模式病原物基因组学，以及植物-病原物互作功能基因组学、蛋白质组学和代谢组学的研究深入，植物-病原物互作的机制更加清晰，控制植物病害的分子免疫学技术更加成熟和完善，利用植物疫苗赋予植物产生免疫性不仅成为可能，而且在实践中已成为控制植物病害的重要手段。

一、植物免疫基础是植物-病原物互作协同进化的结果

经协同进化，仅有相当少的微生物在植物上建立起了其致病生态位（pathological niche）从而成为病原物。植物对病原物侵染的忍耐、抵抗和适应性是在共同进化过程中逐渐产生和形成的。不同的学者从不同侧面分析植物的抗性时，可能给予不同的名称。从寄主和非寄主的角度来看，某种病原物不能侵染的植物种，都属于非寄主（nonhost），非寄主对某种病原物的抗性称非寄主抗性（nonhost resistance），如白叶枯病菌能够危害水稻，但不能侵染烟草，则烟草对白叶枯病菌表达了非寄主抗性。在寄主范围内的植物种或品种，对某种病原物的抗性就属于寄主抗性（host resistance），生产上多数表现为品种-小种专化性抗性（cultivar-race specific resistance）。

因不具有类似动物的免疫系统，寄主植物常依赖自身的先天免疫（innate immunity）系统来抵御可能的病原物的侵染（Nurnberger et al.,2004）。植物先天免疫系统常可探测非自身产生的病原物相关分子模式（pathogen-associated molecular pattern，PAMP）或微生物相关分子模式（microbe-associated molecular pattern，MAMP）而被活化从而使植物表达非寄主抗性（Underwood et al.,2007）。通常在植物中存在能够感受不同 MAMP 的专化性模式识别受体（pattern-recognition receptor，PRR），它们被激活后，植物常可对病原物和其他微生物的侵染产生广谱抗病性。例如，在细菌中存在的鞭毛蛋白（flagellin）就

是 MAMP，植物中对应的模式识别受体是 FLS2 蛋白，该鞭毛蛋白可通过 FLS2 而活化植物的先天免疫从而表现广谱抗病性（Li et al.,2005）。

另一方面，病原物中存在大量的寄主植物先天免疫抑制因子。目前发现，病原真菌主要是通过芽管或吸器，病原细菌通过Ⅲ型分泌系统（type Ⅲ secretion system）分泌这些抑制因子，从而使寄主植物丧失先天免疫的功能，在症状上表现为感病性（Nomura et al.,2006)。这些抑制因子多为病原菌的毒性因子，其中一些毒性因子可由植物中的抗病基因（resistance，*R*）识别，从而表现为“基因对基因”关系的专化性抗性。能够被 *R* 基因识别的毒性因子，则称之为无毒基因（avirulence，*avr*）。目前基因组学揭示，革兰氏阴性植物病原细菌通过Ⅲ型分泌系统分泌的毒性蛋白达 30～50 种，其中水稻白叶枯病菌的毒性因子推测至少有 50 多个，其中归属于 *avrBs*3 家族的毒性基因就有 15 个以上（Takashi et al.,2006；Schornack et al.,2006；Yang et al.,2004）。

二、植物与病原物互作的遗传学

寄主植物与其病原物之间存在有复杂的相互作用关系。20 世纪中叶，在亚麻抗病性和亚麻锈菌致病性的遗传学研究的基础上，弗洛尔（Flor）提出了“基因对基因假说”（gene-for-gene theory)，用以阐明寄主植物与病原物互作的关系。该学说认为，对应于寄主方面的每一个决定抗病性的基因，病原物方面也存在一个与之匹配的无毒基因。任何一方的有关基因都只有在另一方相对应的基因作用下才能被鉴定出来。目前已提出或证实在水稻稻瘟病、小麦锈病、小麦白粉病、马铃薯晚疫病、苹果黑星病、番茄病毒病、马铃薯金线虫病、向日葵列当等 40 多个寄主-病原物系统中存在基因对基因关系。基因对基因假说不仅可用以改进品种抗病性与病原物致病性的鉴定方法、预测病原物新小种的出现，而且对于抗病性机制和植物与病原物共同进化理论的研究也有指导作用。

(一) 植物抗病基因

目前已从不同植物克隆得到 40 多个针对不同类型病原物的抗病基因（*R*)，如水稻抗白叶枯基因 *Xa1*、*Xa3*（*Xa26*)、*xa5*、*xa13*、*Xa21* 与 *Xa27*，水稻抗稻瘟病基因 *Pi9*，小麦抗叶锈病基因 *Lr10*，番茄抗叶霉病基因 *Cf2*、*Cf4*、*Cf5*、*Cf9*，苹果抗黑星病基因 *HcrVf2*，亚麻抗锈病基因 *L6*、*L11* 等。大多数 *R* 基因编码产物具有保守的结构域，根据该特征可将它们分为以下类型（表 12.1)。

(1) 富含亮氨酸重复单元（leucine rich repeat，LRR）　每一 LRR 约含 24 个氨基酸，富含亮氨酸，并具有相对固定的位置。根据细胞定位，LRR 可分为胞外 LRR（extracellular LRR，eLRR）和胞内 LRR。它们的保守氨基酸结构分别为 LxxLxxLxxLxxLxxNxLxGxIPxx 和 LxxLxxLxxLxxLxx（N/C/T)

x (x)Lxx GxIPxx。其作用主要参与蛋白质与蛋白质互作，包括特异识别病原物激发子及与 R 蛋白分子内其他结构域进行分子内互作。

(2) 核苷酸结合位点 (nucleitide-binding site NBS)　具有核苷酸结合活性，主要作用是参与抗病信号转导。

(3) 果蝇 Toll 蛋白和哺乳动物白细胞介素 I 受体同源域 (Toll/interleukin-I receptor homology region, TIR)　主要作用是参与抗病信号转导。

(4) 蛋白激酶域 (protein kinase, PK)　参与胞内信号转导。

表 12.1　植物抗病基因的主要类别及其相应的无毒基因

类别	*R* 基因	植物	病原物	无毒基因	R 蛋白特点
1	*Hm1*	玉米	*Helminthosporium*	无	HC 毒素还原酶
2	*Asc-1*	番茄	*Alternaria alternata* f. sp. *lycopersici*	未知	TM helix-LAG1
3°	*Pto*	番茄	*Pseudomonas syringae* pv. *tomato*	*avrPto*	Ser/Thr 蛋白激酶
3B	*PSB1*	拟南芥	*P. syringae* pv. *phaseolicola*	*avrPphB*	
4°	*RPS2*	拟南芥	*P. syringae* pv. *maculicola*	*avrRps2*	CC-NBS-LRR 细胞内蛋白
	RPM1	拟南芥		*avrRpm1*	
	RPP8	拟南芥	活体寄生物	*avrRPP8*	
	Mla1 *Mla6*	大麦	*Blumeria graminis* f. sp. *hordei*	*AvrMla6*	
	Lr10	小麦	*Puccinia*	未知	
4B	*L*	亚麻	*Melamspora lini*	*AvrL567A/B*	TIR-NBS-LRR 细胞内蛋白
	RPP4	拟南芥	*Peronospora parasitica*	*AvrRPP4*	
	RPP5			*AvrRPP5*	
4C	*Bs2*	胡椒	*X. campestris* pv. *campestris*	*avrBs2*	NBS-LRR 细胞内蛋白
	Dm3	莴苣	*Bremia lactuca*	未知	
	Lr21	小麦	*Puccinia triticina*	未知	
4D	*RRS-1*	拟南芥	*Ralstonia solannacearum*	*popP2*	TIR-NBS-LRR-NLS-WRKY
4E	*Pi-ta*	水稻	*Magnaporthe grisea*	*AvrPita*	NBS-LRD (缺乏典型的 LRR)
5°	*Cf-9*	番茄	*Cladosporium fulvum*	*Avr9*	eLRR-TM
	Cf-4			*Avr4*	
	Cf-2			*Avr2*	
	Cf-5			*Avr5*	

续表

类别	R 基因	植物	病原物	无毒基因	R 蛋白特点
5B	*Ve1*	番茄	*Verticillium albo-atrum*	未知	CC-eLRR-TM-ECS
	Ve2			未知	eLRR-TM-Pest-ECS
6	*Xa-21*	水稻	*X. oryzae* pv. *oryzae*	未知	eLRR-TM-kinase
7	*RPW8*	拟南芥	*Erisyphe*	未知	具有 CC 的膜蛋白
8	*Rpgl*	大麦	*Puccinia graminis* f. sp. *tritici*	未知	有两个串联的激酶
9	*mlo*	大麦	*B. graminis* f. sp. *hordei*	未知	G 蛋白偶联受体 GPR

注：表中所列 *R* 基因是植物抗细菌和真菌病害的基因类新。LAG1：寿命基因；ECS：内吞作用信号；Elrr：胞外 LRR；LRD：富亮氨酸结构域；PEST：Pro-Glu-Ser-Thr；sCT：单细胞质尾巴；TM：跨膜。

(5) 卷曲螺旋域（coiled coil，CC）　具有亮氨酸拉链结构（leucine zipper，LZ)，参与胞内信号转导。

(6) 核定位信号（nuclear localization signal，NLS）　主要作用是使蛋白定位于细胞核内。

绝大多数 R 蛋白为胞内 NBS-LRR 类型，氨端带有 CC 或 TIR 结构域，如水稻抗稻瘟病基因 *Pi9* 和小麦抗叶锈病基因 *Lr10* 为 CC-NBS-LRR 类。典型的 R 蛋白还有主体在胞外的 eLRR-TM-PK 类、胞内 PK 类等。抗病基因在识别与信号转导过程中起重要作用。

(二) 病原物无毒基因

与植物 *R* 基因相比，病原菌无毒基因（*avr*）研究得更为深入，目前已从真菌、细菌、病毒和卵菌中克隆到无毒基因。由于细菌和病毒的 *avr* 基因容易克隆和鉴定，这些病原物上克隆的 *avr* 基因数量较多，相对而言，在其他病原物如真菌、卵菌中克隆的 *avr* 基因数目较少。

在病毒中，已在 TMV、PVX、PVY、TvMV 和 ToMV 等 10 多种病毒中鉴定了 *avr* 基因。病毒 *avr* 基因功能执行蛋白大多为病毒的外壳蛋白、复制酶蛋白和运动蛋白等，Avr 激发子可能只是这些蛋白的部分片段。如 TMV 中被烟草 *N* 基因识别的 Avr 激发子为复制酶蛋白中解旋酶区域 50 kDa 蛋白。

在细菌中，已有 60 多个 *avr* 基因被克隆到。其中 *AvrBs3* 基因家族编码产物具有明显的结构特征，即中间区域含有由富含亮氨酸重复单元组成的结构域，该结构域在多数寄主植物过敏性反应中起重要作用。然而，其他细菌 *avr* 基因产物无明显序列同源性。

在真菌中，已从番茄叶霉菌（*Cladosporium fulvum*)、水稻稻瘟病菌

(*Magnaporthe grisea*)、亚麻锈菌(*Melampsora Lini*)、*Rhynchosporium secalis*、*Fusarium oxysporium* f. sp. *lycopersici* 等病菌上克隆到 *avr* 基因，其中亚麻锈菌 AvrL567 是从形成吸器的专性寄生真菌中克隆的第一个无毒基因。

卵菌中 *avr* 基因的克隆工作起步较晚，目前已克隆的 *avr* 基因包括大豆疫霉菌(*Phytophthora sojae*)的 *Avr*1*b*、致病疫霉(*P. infestanse*)的 *Avr3a*、拟南芥霜霉菌(*Hyaloperonospora parasitica*)的 *ATR1* 和 *ATR13*。

总体来讲，绝大多数病原物 *avr* 基因相互之间及与已知序列之间均无明显相似性，表明病原物中被植物识别位点的多样性及植物识别病原物的高效性。病原物 *avr* 基因具有双重功能，在抗病寄主植物中，与植物 *R* 基因互作导致小种-品种专化性抗性产生，而在不含 *R* 基因的感病寄主植物中，起促进病原物侵染或有利于病原物生长发育等毒性作用。现有研究结果证实，*avr* 基因产物具有致病性效应分子的作用，通常是植物先天免疫或基本抗性的抑制因子。

三、植物与病原物的识别

寄主与病原物的识别(recognition)是指病原物与寄主接触时双方特定信号和分子交流与作用的过程，包括病原物接触、识别和侵染等重要阶段，能启动或引发寄主植物一系列的病理变化，并决定植物最终的抗病或感病反应类型。只有当病原物接收到有利于生长和发育的最初识别信号，病原菌方可突破或逃避寄主的防御体系，成功地从寄主中获取营养，被作为可亲和的对象而识别，与寄主建立亲和性互作关系。如果最初识别信号导致植物产生强烈的防卫反应，如过敏性反应、植物保卫素的积累等，而病原物的生长和发育受到抑制，双方表现出非亲和性互作关系。病原物与寄主之间的亲和性识别导致病害的发生，而非亲和性识别则导致抗病性的产生。寄主与病原物的识别作用可根据发生时间分为接触识别和接触后识别两种类型。

(一)接触识别

接触识别是指寄主与病原物发生机械接触时引发的特异性反应。这种特异性反应依赖于两者表面结构的理化感应及表面组分化学分子的互补性。对于大多数真菌，孢子黏附于寄主植物表面是其建立侵染的第一步。这种黏附不仅是将繁殖结构锚定于寄主植物表面，而且也是寄主识别及随后真菌发育所必需。孢子黏附需要特定的环境信号并分泌一些黏着物质，不同种类真菌的孢子黏附所需的特定信号及分泌的黏着物质有显著区别。许多真菌的孢子黏附所需的特定环境信号为表面硬度和疏水性等物理信号。比较典型的黏着物质为水不溶性糖蛋白，如稻瘟病菌(*Magnaporthe grisea*)及玉米炭疽病菌(*Colletotrichum graminicola*)分泌此类物质，有的真菌孢子产生脂质和多糖。至于环境信号，稻瘟病菌需要潮湿的空气或露滴，以便使孢子顶端黏质水化并溢出，从而通过顶端黏附于植物疏水表面。禾谷类白粉菌孢子释放的角质酶，不仅可将孢子黏附于寄主表面，而且使孢子与寄主表面接触区域更加亲水化，有利于孢子萌发形成的芽管在寄主表面的附着和发育。多数真菌孢子在合适条件下萌发形成芽管后，进而分化形成附着胞和侵入栓，这些结构对寄主表面接触刺激具有强烈的反应，如引起芽管生长方向改变，或诱导附着胞的形成。真菌芽管的生长受寄主植物表面的结构特征所导向的现象称为向触性。表面硬度和疏水性是稻瘟病菌和炭疽菌属的多种真菌形成附着胞的重要刺激信号。对菜豆锈菌（*Uromyces appendiculatus*）的研究结果表明，芽管顶端 10 μm 是最主要的信号接收区，只有与寄主表面的接触面才对信号具有感应能力。

寄主和病原物之间的接触识别属一般性识别，通常不涉及寄主品种与病原物小种之间的特异性分子直接互作。

（二）接触后识别

寄主和病原物之间发生机械接触后，病原物的侵入过程也会引发一系列特异性反应。这种特异性反应的产生依赖于两者互补性相关基因产物的存在。植物对病原物的识别主要有以下两种机制。

1. 病原菌相关分子模式识别

病原菌相关分子模式（pathogen-associated molecule pattern，PAMP）最早指诱发哺乳动物先天免疫反应的病原物表面衍生分子的结构元件。拥有病原菌关联分子模式的该类分子在结构上保守，在病原物中拥有重要功能，广泛存在于各类病原物却不存在于潜在的寄主中。目前在各类与植物有关的微生物中也普遍发现了这类分子模式，现称为微生物相关分子模式（microbe-associated molecular pattern，MAMP）（Zeier，2007）。同时，寄主也拥有模式识别受体（pattern recognition receptor，PRR），可与微生物表面衍生分子直接结合，从而识别拥有这些分子模式的非自我对象，诱发防卫反应，阻止病原物的侵染。现已明确的动物病原物的病原菌关联分子包括革兰氏阴性细菌的脂多糖（lipopolysaccharide，LPS）（Keshavarzi et al.,2007）、革兰氏阳性细菌的肽聚糖、真细菌的鞭毛蛋白（flagellin）（Xinyan et al.,2005）、非甲基化细菌的DNA片段，以及真菌细胞壁衍生物——葡聚糖、壳多糖、甘露聚糖和蛋白质等。越来越多的证据表明，植物与病原物互作中存在类似的识别机制。植物病原物有功能类似的病原关联分子模式，被植物识别后激活植物的防卫反应。目前至少有两个植物病原物的病原关联分子模式识别体系已被证实。

同一种病原菌关联分子模式的识别体系可能同时存在于多种植物之中，一种植物可能有多种病原关联分子模式的识别体系。植物针对每种病原关联分子模式具有各自的识别体系，但是针对某种病原菌关联分子模式产生的反应并非以该病原菌关联分子模式特异性的方式进行，一种病原菌关联分子模式被特异的植物识别蛋白识别后，不仅活化该识别互作下游防卫信号转导途径，而且增加了其他病原菌关联分子模式识别蛋白的积累，激活这些互作下游防卫信号转导途径。这表明植物在识别任何一种病原菌关联分子模式后启动的是非特异的防卫反应。这种非特异性的防卫反应，被认为是植物的先天免疫系统（innate immunity system）。

2. 病原菌效应分子识别

革兰氏阴性植物病原细菌通过Ⅲ型分泌系统（type Ⅲ secretion system，TTSS）（Collmer et al.,2000）向植物细胞内输入效应分子，每种病原细菌的效应分子有30～50个不等。许多效应分子为病原细菌的毒性因子，在感病寄主中有利于病原物的侵染。此外，许多效应分子能抑制植物通过识别病原菌关联分子模式而激活的基础防卫反应（basal defense）（Kim et al.,2005）。目前已鉴定出16种这类效应分子，其中部分效应分子作用于植物的靶标已经明确。

针对病原物通过形成效应分子抑制植物识别病原菌关联分子模式而激活的基础防卫反应的策略，植物进一步形成抗病基因（resistance gene，*R*）来识别病原物的效应分子，进而激发基因对基因抗性（gene-for-gene resistance），限制病原物的侵染。被植物抗病蛋白识别的病原物效应分子称为无毒蛋白（Avr）。

抗病蛋白对无毒蛋白的识别方式多数情况下为间接识别，符合“保卫假说”（guard hypothesis）。该假说认为，病原物效应分子作为毒性因子在寄主植物中有一个或多个作用靶标，通过操纵或修饰此作用靶标，该效应分子有助于病原物在感病寄主中的侵染和致病；在抗病寄主植物中，病原物效应分子对植物作用靶标的操纵或修饰导致“病原物诱导的修饰自我”（pathogen-induced modified-self）的分子模式形成，从而激活互补的抗病蛋白，活化下游信号转导途径，导致抗性的产生（Kim et al.,2006）。根据该假说内容，多种效应分子可以分别进化，操纵同一植物寄主靶标；与一个植物寄主靶标相关的多个抗病蛋白可同时进化；抗病蛋白将因识别“病原物诱导的修饰自我”的分子模式而被激活。“保卫假说”很好地解释了病原物Avr和植物*R*基因的生物学功能，即*avr*基因的基本功能是作为病原物的毒性因子，在病原物的侵染、抑制寄主防卫反应或获取营养或水分等过程中起重要作用；而*R*基因的基本功能是作为监控蛋白/保卫者，保卫植物的重要组分（被保卫者）免受病原物的攻击。“保卫假说”已在多个*R*/*avr*识别互作体系中得到证实。

抗病蛋白对无毒蛋白的识别方式也有直接识别，即受体-配体模式，符合基因对基因假说。在该模式下，植物抗病蛋白为受体，病原物无毒蛋白为配体，两者直接结合，导致抗病信号的产生和转导；该模型在识别研究早期提出，并一度被普遍接受。但到目前为止，只有3对 *R*/Avr 互作符合该模式。分别是水稻 Pi-ta 与稻瘟菌 AVR-Pita，拟南芥 AtRRSl-R 和青枯病菌 PopP2，以及亚麻 L 和亚麻锈菌 AvrL。这3对 *R*/Avr，均能直接相互结合。

针对寄主植物的抗病蛋白介导的抗性，病原物又进化形成了一组新的效应分子，能抑制基于过敏性坏死反应的抗病蛋白介导的抗性。现已发现至少有9个病原物效应分子可有效抑制或逃避基于过敏性坏死反应的程序性细胞死亡（programmed cell death，PCD）（Krzymowska et al.，2007；Abramovitch et al.，2005）。

因此，不同识别类型以及由此活化的不同抗性类型体现出了一定的进化关系。病原菌关联分子模式的识别为“非自我”识别，导致非寄主抗性和基础抗性的产生，病原物通过进化可以形成非激发性病原菌关联分子模式来逃避，或者进化形成该抗性的抑制因子来抑制和克服基础抗性，而随后植物又进化形成能识别这些病原物效应分子的受体，即抗病蛋白，通过识别被修饰的自我，诱发抗病性的产生，这种抗性即病原物小种-植物品种的专化性抗性。

四、植物抗病防卫反应的信号转导

植物抗病防卫信号转导可以由病原物侵染、物理因子、生物或非生物激发子等外源信号的刺激引发，导致对不同类别病原物的抗性。信号转导通常开始于细胞对外源信号的识别，信号识别是实现信号转换的过程，在这一过程中，细胞膜接受的外源信号通过内源信号的介导，转换为细胞内的可传递信息。细胞内信息传递由多种信号转导因子接力完成，信息最终传递给信号转导调控因子，信号转导调控因子通常是转录调控因子，它们调控效应基因的表达，引导抗病性表型。一个信号转导过程组成一个信号通路或信号转导途径（signal transduction pathway），不同信号通路的交叉对话，是生物细胞协调、平衡生长发育的重要手段，也是植物协调防卫反应与生长发育的重要手段。

（一）信号转导的主要环节

植物抗病基因的保守序列在专化抗病性信号转导中起重要作用，信号转导可分为三个主要环节。第一，植物通过细胞外 LRR 或 TIR 功能域识别外源信号，决定抗病特异性。LRR 结构域在蛋白-蛋白互作、肽-配体结合以及蛋白-碳水化合物互作中起作用。因此，位于细胞外的 eLRR 在识别外源信号时起作用，如水稻 Xa21 和亚麻 L2 的产物，都由 LRR 决定抗病性的特异性。第二，通过 NBS 功能域内的蛋白质磷酸化作用转导外源信号。NBS 结构域的主要功能是发生蛋白质磷酸化；ATP 或 GTP 的结合可以活化蛋白激酶或 G 蛋白，它们活化后经 cAMP 等因子介导，参与生物中许多不同的过程。在植物抗病性中，NBS 结构域在防卫反应、过敏反应等信号通路的启动中发挥重要作用。番茄抗病基因 *Pto* 编码的蛋白是一个激酶，介导对丁香假单胞菌的抗性。第三，通过细胞内 LRR 等功能结构域传递磷酸化信号。蛋白激酶磷酸化的发生及磷酸化信号向下游传递，可能需要其他因子的协助。磷酸化信号转导过程最终与防卫反应相偶联，导致植物抗病性（Belkhadir et al.,2004）。

（二）基本信号通路

植物激素水杨酸（salicylic acid，SA）、乙烯（ethylene）、茉莉酸（jasmonic acid，JA）介导的抗病性在不同植物中可以被不同外源信号诱发、抵抗不同类别的病原物，被称为植物抗病防卫基本信号通路。由激素介导的主动防卫机制潜伏于不同植物中，在一定条件下，都可以被诱导激活，3 种激素信号转导过程各具特点。①水杨酸通过抑制过氧化酶或抗坏血酸氧化酶的活性，使 H_2O_2 或其他活性氧积累，导致活性氧爆发；但对水杨酸如何引导抗病性信号转导，还不清楚。在水杨酸信号转导在下游分支中，某些含锚蛋白重复序列的蛋白或蛋白激酶都可以激活防卫反应基因的表达，导致抗病性。植物受某些外源信号，包括乙烯或其前体刺激后，合成、积累乙烯，乙烯与其受体的结合引发信号转导。②乙烯信号转导影响植物生长发育、抗病、抗逆等过程。③茉莉酸被受体 JARl 识别，调节转录调控因子 COI1 的功能，COI1 激活泛素连接酶 SCFCOI1 介导的 26S 蛋白酶体对转录因子 SOCl 的水解，调控效应基因表达。结果是影响植物生长与植物衰老等过程，调节植物抗病性。

同时，3 种激素介导的抗病防卫基本机制各有独特之处，如水杨酸信号转导的诱导因子包括不亲和互作、许多专性寄生病原物的侵染、各种生物与非生物激发子刺激，而诱发茉莉酸/乙烯信号转导的因素主要有创伤、某些环境胁迫（如臭氧毒害）、昆虫取食、从根系入侵的病原物；3 种激素各有特殊的信号转导调控因子，激活的效应基因不同，如乙烯、茉莉酸与水杨酸诱导的 *PR* 基因表达谱不同，如在拟南芥中，乙烯和茉莉酸可以诱导抗菌蛋白基因 *Thi2. 1* 和 *PDFl. 2* 以及 *PR-3*、*PR-4* 的表达，而水杨酸不能诱导 *Thi2. 1* 和 *PDFl. 2* 的表达，但可以诱发 *PR-1*、*PR-2* 和 *PR-5* 的表达。

总的来讲，植物抗病防卫反应的信号转导是一个十分复杂的过程。植物抗病性的发生和发展依赖于不同的信号通路。过敏性通路、抗病防卫基本信号通路可能彼此独立，或同时被启动，或在上游的某环节交叉。植物抗病防卫不同信号通路从上游到下游，都有交叉，形成复杂的信号网络，在不同通路之间相互借用，使植物能够快速有效地调动防卫反应。

五、植物免疫激活生化因子的利用策略

中国是当今世界首屈一指的人口大国和农业大国。《国家中长期科学和技术发展纲要》(2006～2020)把“农业科技整体实力进入世界前列，促进农业综合生产能力的提高，有效保障国家食物安全”确立为科技发展总体目标之一。然而，由病原生物致灾的农作物病害却给我国农业粮食安全生产造成巨大损失。近年来，农作物病害的发生呈现出新的趋势：①传统重大农作物病害，如稻瘟病、稻白叶枯病和稻纹枯病依然是影响水稻生产的主要原因，例如，稻瘟病发病面积每年可高达 8000 万亩，个别地方绝产；②随着农业种植结构、栽培技术的调整和全球气候变暖，以往一些危害较轻的、潜在的农作物病害逐年加剧，局部地区爆发成灾，如在水稻主产区江苏省，水稻条纹叶枯病在 20 世纪 90 年代以前只是零星发生，90 年代后期开始迅速上升，至 2003 年江苏省发生面积超过 1000 万亩，全国发生面积则达 1500 万亩；③水稻品种的抗病性丧失速度呈现加速的趋势。此外，如水稻纹枯病，因缺乏可利用的植物抗源，至今仍无有效的方法进行防治，致使其每年发病面积近 2 亿亩，南方稻区几乎没有不发生纹枯病的稻田。

植物免疫学是通过遗传学、生物化学、细胞生物学和生理学等现代分子生物学手段，研究植物与病原生物之间相互关系和病害防治方法的一门前沿学科，是分子植物病理学的重要研究内容之一。最近 10 年，分子植物病理学在研究理论体系的发展、关键现象的解释和研究技术的更新等方面均取得了重要突破。同时，该领域内的诸多基础研究成果，如成功分离的植物抗病基因和病原生物的关键致病因子，已经被运用于农作物抗病新品种的培育和作为农药分子设计的候选靶标。正因其在生物学理论和农业生产上的重要性，目前，分子植物病理学得到了世界上各科技发达国家的高度重视，也是植物分子生物学进展最为快速的前沿分支学科之一。

目前，植物免疫激活生化因子的利用策略主要有以下三方面：

（一）重组防病微生物

随着生物技术的发展，生物农药正通过基因（重组）工程技术朝着定向表达生产和应用方向发展。将一种或多种微生物的活性物质控制基因整合到另一种生防微生物中，使一种防病微生物具有多种防病作用。

（二）基因工程药物学设计

基因工程生物农药正展现出较好的应用前景。另外，还可通过基因重组技术，将一些由基因控制的具有杀菌活性或具有分子疫苗作用的产物（肽或蛋白质）通过蛋白质技术进行设计和生产，并通过转基因技术实现其在植物体内表达

从而防治植物病害。具有杀菌防病作用的转基因植物称为植物农药（plant pesticide）或转基因植物农药，也是植物病害生物防治的范畴。

（三）抗病转基因植物

抗病转基因植物是指用基因工程（遗传转化）的手段提高植物的抗病能力，获得转基因植物的技术。自 1983 年第一例转基因植物获得成功以来，国内外科学家设计发明了多种转化方法用于植物抗病基因工程。这些转化方法包括：农杆菌介导法、基因枪法、花粉管通道法、离子束介导法等。其中农杆菌介导法的基因转移占绝大多数，在成功的例子中占 80%。基因枪法也是主要的转化方法，其他的转化方法也都成功地得到了转基因植株，各具特点。

针对小麦、水稻、玉米、棉花、烟草及多种果蔬上的重要病害，抗病基因工程育种取得了重要研究成效。例如，抗环斑病毒的转基因木瓜的成功应用，拯救了美国夏威夷等地区濒危的木瓜产业。虽然如此，植物抗病基因工程的重点和难点是用于转基因的目的基因。根据植物-病原物互作类型、互作机制和互作环节，应用于抗病转基因植物的目的基因主要有以下类别：

1. 植物抗病基因

从广义上讲植物抗病基因（resistance gene）与防卫反应基因（defense gene）都是在植物抗病反应过程中起抵抗病菌侵染及扩展的有关基因（见植物抗病基因部分）。所谓抗病基因就是 Flor 经典遗传学基因对基因假说中所指的与病原菌无毒基因相对应的，存在于植物特定品种中，在植物生长的整个周期或其中某个阶段为组成型表达的植物抗病品种所特有的一类基因。植物抗病基因产物多为植物膜蛋白，是抗病反应信号转导链的起始组分，当与病原菌的无毒基因直接或间接编码产物（配体）识别后，启动并转导信号，激发如过敏反应（HR）和系统获得抗性（SAR）。植物防卫反应基因的特点是，在抗病和感病品种中均存在，其差异主要体现在基因表达的时间、空间及产物含量的不同，为组成型或诱导型表达的一类基因。植物抗病基因工程所首选的最佳目的基因是来自植物自身的抗病基因。但由于植物的基因组十分庞大，加之人们对抗病基因产物的功能了解甚少，以及克隆手段的限制，直到 1992 年成功克隆了抗病基因以后，植物抗病基因工程才出现了质的飞跃。

2. 病原物无毒基因

目前无毒基因在植物抗病基因工程上的实际应用远比植物本身的抗病基因广，且有良好的应用前景。无毒基因编码的产物多是蛋白类激发子。植物病理学家正利用抗病基因和无毒基因双组分系统这一新策略应用于抗病基因工程。将一对符合基因对基因关系的抗病基因和无毒基因置于一个受病原菌诱导的启动子之下，共同来转化待改造的植物。受诱导时转基因植物表达两种基因，其产物相互识别后启动植物内在的抗病机制，对病原物侵染产生广谱抗性。这一策略有望在马铃薯抗晚疫病的基因工程中取得成功。另外，植物病毒的外壳蛋白基因（CP基因）也被视为无毒基因，利用该基因建立的抗病转基因植物是比较成熟的基因工程策略。自1986年获得抗烟草花叶病毒（TMV）的转基因烟草以来，至少已针对15个植物病毒组的30余种病毒实施了这一策略，已转化了烟草、番茄、瓜类、甜菜、马铃薯、苜蓿和水稻等栽培植物，有的转基因品系已进入田间试验或投入使用。

3. 植物信号转导途径关键基因

植物抗病过程中存在一系列复杂的信号转导过程和分子生物学反应，这些反应从病原菌侵染点开始的过敏反应（HR）并延伸到远处组织的系统获得抗性（SAR），受到细胞内信号转导网络的调控。植物体内水杨酸（SA）途径、茉莉酸（JA）途径、乙烯（ET）途径和一氧化氮（NO）途径中的关键基因，如SA途径中的*EDS1*、*PAD4*、*NPR1*，JA途径中的*FAD3*、*COlI*、*JAR1*，ET途径中的*EIN2*、*PDF2*，NO途径中的*NOS1*等基因均可能成为转基因植物的目的基因，如在拟南芥中超量表达该途径中调控基因*NIM1*/*NPRl*，则转基因拟南芥对某些病原细菌和真菌的侵染表现抗性。

4. 植物防卫反应基因

植物的防卫机制极其复杂，包括水解酶和病程相关蛋白（PR蛋白）的产生、植物保卫素的合成和积累、细胞壁的木质化作用以及富含脯氨酸糖蛋白在细胞壁的积累等许多方面。自1986年schlumbaum等首次报道提纯的菜豆几丁质酶具有抗真菌活性以来，已经相继从菜豆、水稻、烟草、油菜、马铃薯、小麦、玉米和甜菜等多种植物中克隆到了几丁质酶基因，对立枯丝菌等20多种真菌表现出体外抑菌活性。一些葡聚糖酶基因也从大豆、大麦、烟草等作物中分离，与合适的启动子构建载体后转化植物获得了转基因植物。

5. 抗菌蛋白基因

抗菌蛋白基因具杀死病原菌的活性。从某些植物、昆虫、微生物中分离的抗菌蛋白，已经成功获得了转基因抗病植物。目前人们还通过基因工程方法对抗菌蛋白及其他类似蛋白进行分子组合药物学设计，以期获得理想的抗菌蛋白转基因植物。

6. 病原菌相关分子模式/模式识别受体系统

该系统中无论来自病原菌的MAMP基因或是植物中的PRR基因，在植物中进行转化后，有可能赋予植物广谱、持久的抗病性。例如，革兰氏阴性植物病原细菌中的harpin类蛋白就是一类MAMP，可在非寄主上引起过敏反应，对多种植物有促进生长、诱导抗病抗虫等功能，其转基因植物已展现出较好的应用前景（Wang et al.,2007；Oh et al.,2007；Kvitko et al.,2007）。

（陈功友）

参考文献

Abramovitch RB, Martin GB, AvrPtoB. 2005. A bacterial type III effector that both elicits and suppresses programmed cell death associated with plant immunity. FEMS microbiology letters, 245 (1): 1～8

Belkhadir Y, Subramaniam R, Dangl JL. 2004. Plant disease resistance protein signaling: NBS-LRR proteins and their partners. Curr Opin Plant Biol, 7 (4): 391～399

Collmer A, Badel JL, Charkowski AO, et al. 2000. Pseudomonas syringae Hrp type III secretion system and effector proteins. Proc Natl Acad Sci USA, 97 (16): 8770～8777

Keshavarzi M, Soylu S, Brown I, et al. 2004. Basal defenses induced in pepper by lipopolysaccharides are suppressed by Xanthomonas campestris pv. vesicatoria. Mol Plant Microbe Interact, 17 (7): 805～815

Kim KC, Fan B, Chen Z. 2006. Pathogen-induced Arabidopsis WRKY7 is a transcriptional repressor and enhances plant susceptibility to Pseudomonas syringae. Plant Physiol, 142 (3): 1180～1192

Kim MG, Da Cunha L, McFall AJ, et al. 2005. Two Pseudomonas syringae type III effectors inhibit RIN4-regulated basal defense in Arabidopsis. Cell, 121 (5): 749～759

Krzymowska M, Konopka-Postupolska D, Sobczak M, et al. 2007. Infection of tobacco with different Pseudomonas syringae pathovars leads to distinct morphotypes of programmed cell death. Plant J, 50 (2): 253～264

Kvitko BH, Ramos AR, Morello JE, et al. 2007. Identification of harpins in Pseudomonas syringae pv. tomato DC3000, which are functionally similar to HrpK1 in promoting translocation of type III secretion system effectors. J Bacteriol, 189: 8059～8072

Li X, Lin H, Zhang W, et al. 2005. Flagellin induces innate immunity in nonhost interactions that is suppressed by Pseudomonas syringae effectors. Proc Natl Acad Sci USA, 102 (36): 12990～12995

Li XY, Zhang WG, Zou Y, et al. 2005. Flagellin induces innate immunity in nonhost interactiions that is suppressed by Pseudomonas syringae effectors. PNAS, 102 (36): 12990～12995

Mishina TE, Zeier J 2007. Pathogen-associated molecular pattern recognition rather than development of tissue necrosis contributes to bacterial induction of systemic acquired resistance in Arabidopsis. The Plant Journal, 50: 500～513

Nomura K, Debroy S, Lee YH, et al. 2006. A bacterial virulence protein suppresses host innate immunity to cause plant disease. Science, 313 (5784): 220～223

Nurnberger T, Brunner F, Kemmerling B, et al. 2004. Innate immunity in plants and animals: striking similarities and obvious differences. Immunol Rev, 198: 249～266

Oh J, Kim JG, Jeon E, et al. 2007. Amyloidogenesis of type III-dependent harpins from plant pathogenic bacteria. J Biol Chem, 282 (18): 13601～13609

Schornack S, Meyer A, Romer P, et al. 2006. Gene-for-gene-mediated recognition of nuclear-targeted AvrBs3-like bacterial effector proteins. J Plant Physiol, 163 (3): 256～272

Takashi Fujikawa HI, Jan E. Leach, and Shinji Tsuyumu. 2006, Suppression of Defense Responsein Plants by the avrBs/pthA Gene Family of Xanthomonas spp. MPMI, 19 (3): 342～349

Underwood W, Zhang S, He SY. 2007. The Pseudomonas syringae type Ⅲ effector tyrosine phosphatase HopAO1 suppresses innate immunity in Arabidopsis thaliana. Plant J, 54 (4): 658～672

Wang X, Li M, Zhang J, et al. 2007. Identification of a key functional region in harpins from Xanthomonas that suppresses protein aggregatiion and mediates harpin expression in E. coli. Molecular biology reports, 34 (3): 189～198

Yang B, White FF. 2004. Diverse members of the AvrBs3/PthA family of type Ⅲ effectors are major virulence determinants in bacterial blight disease of rice. Mol Plant Microbe Interact, 17 (11): 1192～1200

第十三章 病原菌效应子对植物免疫抗性激活及抑制的分子机制

自然生长的植物会接触大量的、种类繁多的病原微生物。在长期适应环境且与病原微生物协同进化的过程中，植物需建立一套系统、复杂的抗性机制来抵御生长过程中可能遭遇到的各种病原微生物的侵袭。对植物抗性机制这一重大科学问题的探索和揭示，有助于人们有效地利用植物抗性，建立起控制植物病害的新策略和新技术。

植物免疫抗性可理解为寄主植物对病原物特异性识别而诱导产生的主动抗性反应。围绕植物抗性反应的激活和抑制，植物及病原微生物分别会做出对各自有利的，且相互对立统一的进化选择。植物选择的进化方向是对病原微生物侵染做出特异性的识别和应答，产生主动的抗性反应；病原物选择的进化方向则相反，钝化和抑制植物特异性的识别和应答，抑制植物抗性的产生。

植物对病原微生物做出特异性识别和应答，产生主动抗性的分子机制的研究结果表明，植物抗病基因产物以直接和间接的方式对病原物无毒基因产物信号的识别、转导并最终激活植物防卫反应（Dangl et al.,2001；Jones，2001）。这些研究成果为利用植物抗病基因，通过遗传改良的方法增强植物的抗病性提供了可能（McDowell and Woffenden，2003）。这方面的研究一直是植物病理学研究的热点，已取得显著进展，今后依然是人们研究和探索的焦点。

本章将重点介绍近年来国内外有关病原微生物特异性抑制植物抗性产生的分子机制，即病原物效应子钝化和抑制植物特异性的识别和应答，阻断植物抗性反应产生的分子机制。展望这一领域最新进展和突破，将有助于人们全面系统地了解和揭示植物抗性产生的分子机制，建立植物病害控制的新技术和新方法。

一、病原菌效应子及有关基础研究

大量研究结果表明，病原细菌Ⅲ型效应子对寄主植物抗性的激活和抑制决定了互作中植物抗（感）病性状的表现（Mudgett，2005）。互作中诱导产生的病原菌效应子经Ⅲ型分泌系统分泌。Ⅲ型分泌系统是类似注射器结构的跨膜通道，可直接将病原菌的效应子注入植物细胞内。病原菌效应子的原初功能是与植物细胞内特定靶标基因产物作用，改变植物细胞的代谢途径，抑制植物抗性的产生，从而为病原菌的生长和繁殖营造有利的环境，并导致植物病害的发生，寄主也就表现感病性状（Abramovitch et al.,2004；Buttner et al.,2002）。

效应子的另一作用是：在病原菌与植物协同进化过程中，寄主植物产生的抗病基因产物可特异性应答病原菌特定的效应子组分，并启动和激活植物的专化性抗性，以抵御病原菌的侵染。已有不少研究证实，一些早先被确认的病原菌无毒基因产物，实质上就是能被寄主抗病基因产物特异性应答的病原菌效应子（Abramovitch et al.,2003；Alfano，2004）。

长期以来，有关植物抗性的激活机制，即不亲和互作中植物抗病基因产物与病原菌无毒基因产物专化性识别，介导并激活植物抗病性产生的分子机制的研究，一直是分子植物病理学研究的核心内容（Durrant et al.,2004）。这些研究成果也为利用植物抗病基因，通过遗传改良的方法增强植物的抗病性提供了行之有效的技术和方法，并在实际生产中得到广泛的应用，取得了显著的经济效益和社会效益（McDowell et al.,2003）。相比较而言，在很长一段时期内，对病原菌致病性，即病原菌对抑制寄主植物抗性分子机制的研究一直未能受到应有的重视，也缺乏细致深入的研究。原因在于：①从研究对象考虑，病原菌致病性很可能是多基因控制的复杂性状，难以进行研究；②从应用前景考虑，病原菌抑制寄主抗性并导致寄主感病的分子机制研究不如植物抗病机制研究那么明朗和确切；③从技术层面考虑，相应的研究技术需要建立、发展、成熟和积累的过程（Mudgett，2005）。

近年来，人们日益关注和意识到：植物抗病基因资源的限制及病原菌对单个或少数抗病基因控制的植物专化性抗病性的适应和克服，易于导致病害的爆发和流行，严重威胁农业生产，并造成巨大的损失；而病原菌抑制植物抗性分子机制的研究则有望从一全新的研究层面，从植物病害形成和发生的关键环节入手，开拓和创立植物病害控制的新途径和新技术。随着基因组学、生物信息学、基因功能分析等分子生物学平台和技术的发展和成熟，特别是有关动物病原细菌致病分子机制研究的突破，植物病原细菌抑制寄主植物抗性分子机制的研究已日渐成为植物病理学研究的热点，并取得显著进展（Abramovitch et al.,2004；Mudgett，2005）。主要集中在以下几个方面：①致病效应子经Ⅲ型分泌系统（TTSS）分泌并注入寄主细胞机制的研究；②植物病原菌致病效应子及其编码基因的鉴别和确认；③亲和互作中病原菌基因表达图谱的分析，以揭示侵染过程中病原菌效应子和毒性因子的表达特征；④确认效应子的生理功能及其在寄主细胞抗病信号转导网络中的靶标分子；⑤致病效应子与寄主细胞靶标分子作用后对植物抗病信号转导网络途径的阻断和抗病性的抑制作用；⑥在上述研究基础上，创立植物病害控制的新策略并研究安全、有效的植物病害防治新技术。

目前有关植物病原菌致病性及植物感病性分子机制的研究已勾勒出亲和互作的大致过程：①侵染中，病原菌在基因表达水平会做出相应的调节和变化，以适应寄主环境并从寄主获取所需的营养；②病原菌通过致病效应子调节并改变寄主细胞的生理代谢过程，特别是抑制或阻断植物抗病信号转导网络过程及抗病性反应的产生，这样植物细胞丧失了应有的抗病性，病原菌为自己创造一个侵染植物并获取营养的生存环境，导致病害的形成和发生。番茄、烟草，拟南芥等双子叶植物与 *P. syringae* pv. *tomato* 亲和互作的研究，已初步揭示病原菌的Ⅲ型分泌系统可将各类效应子注入寄主细胞内，进入植物细胞内的效应子能够作用于植物抗病信号转导途径中特定的靶标，抑制植物抗病信号转导网络及抗病反应的产生，从而使植物细胞丧失抗病性，被病原菌侵染，导致病害的发生（Abramovitch et al.,2004；Mudgett，2005）。

二、效应子对植物免疫抗性的诱导和抑制的分子机制

研究发现，病原菌效应子可通过下述方式抑制植物的抗病反应：

（一）假单胞菌效应子 COR 对水杨酸、茉莉酸信号转导途径的调节

有关假单胞菌（*Pseudomonas*）效应子 COR（coronatine）的研究结果表明，效应子 COR 对植物水杨酸（SA）、茉莉酸（JA）信号转导途径具有调节作用。防卫基因表达分析结果显示，COR 对番茄 JA 信号转导途径具有激活作用，同时抑制了番茄 SA 信号转导途径（Reymond et al.,1998）。COR 实际上是 JA 和 MeJA 的类似物，能够诱导植物细胞的坏死反应。研究结果显示，具有完整 JA 信号转导途径的野生型番茄和拟南芥，对 COR 敏感；而 JA 信号转导功能缺失性突变体 *jal1*（番茄）和 *coi1*（拟南芥），则对 COR 表现不敏感，对 *P. syringae* pv. *tomato* 的抗性也增强。在喷施外源 MeJA 的条件下，不产生 COR 的 *P. syringae* pv. *tomato* 对野生型番茄也同样表现出毒性作用。这些结果表明，*P. syringae* pv. *tomato* 产生的效应子 COR 通过激活 JA 信号转导途径，抑制 SA 信号转导途径的方式抑制植物抗病性反应的产生，增强植物对病原菌的感病性（Kloek et al.,2001；Zhao et al.,2003）。

研究结果还证实，毒性的 *P. syringae* 可抑制拟南芥 *NHO1* 基因的作用。*NHO1* 编码甘油激酶，是植物非寄主抗性以及专化性抗性产生所必需的基因之一。拟南芥 *coi1* 突变体的 JA 信号转导受到阻碍，该突变体中的 *NHO1* 基因产物的活性则不受毒性菌株抑制，表明毒性的 *P. syringae* 对拟南芥 *NHO1* 基因产物的抑制作用依赖 JA 信号转导途径；*NHO1* 基因的组成型超表达能够在一定程度上缓解病原菌对 *NHO1* 产物的抑制作用，植物也表现出较强的抗性（Lu et al.,2001）。

（二）病原菌效应子对植物抗病信号转导组分活性的调节作用

1. AvrRpt2 效应子对抗病蛋白活性的正负调节作用

AvrRpt2 是 *P. syringae* pv. *tomato* 中一个独特的效应子，具有激活植物抗病性和抑制植物抗病性的双重作用。AvrRpt2 是半胱氨酸蛋白酶，进入植物细胞后，自我降解成两个多肽片段，其中位于 C 端的肽段激活抗病蛋白 RPS2，启动植物的抗病信号转导过程（Mudgett et al.,1999；Mackey et al.,2003；Axtell et al.,2003）。在植物细胞中，AvrRpt2 还可通过对靶分子 RIN4 蛋白的降解作用来抑制植物抗病性的产生。由于 RIN4 蛋白是植物抗病蛋白 RPM1 介导的抗病反应中不可缺少的组分，AvrRpt2 降解 RIN4 蛋白后，RPM1 无法和其相对应的无毒基因编码产物相识别，抗病蛋白 RPM1 介导产生的抗病反应受到抑制，植物也就丧失了抗病性（ Mackey et al.,2002）。AvrRpt2 对抗病蛋白活性的正负调节作用均发生在信号识别之前。

2. HopPtoD2 效应子抑制 MAKP 抗病信号转导途径

P. syringae pv. *tomato* 中的效应子 HopPtoD2 是具有嵌合（chimeric）双重功能的效应子，其 N 端结构类似于效应子 AvrPphD，而 C 端的结构则具有酪氨酸磷酸酶活性（Bretz et al.,2003；Espinosa et al.,2003）。HopPtoD2 的酪氨酸磷酸酶活性对植物抗病性反应的抑制起着重要的作用。研究结果表明，表达 HopPtoD2 酪氨酸磷酸酶的植物抗病性反应受到抑制，表现为 H_2O_2 产量减少，HR 反应及 PR1 蛋白表达均受到抑制（Bretz et al.,2003）。研究结果还证实，HopPtoD2 在植物细胞中通过去磷酸化作用的靶分子为 MAPK 信号转导途径的组分之一，该组分位于信号转导链 NtMEK2 组分的下游（Espinosa et al.,2003）。

鉴于 AvrPphD 效应子具有无毒基因的功能，且广泛分布于植物病原细菌中，而嵌合有酪氨酸磷酸酶活性的 HopPtoD2 效应子只分布在 *P. syringae* 少数的几个小种中，由此推断，HopPtoD2 效应子所嵌合的酪氨酸磷酸酶活性很可能是病原菌为了克服植物的抗性在进化过程中新获得的功能（Bretz et al.,2003；Espinosa et al.,2003）。

3. 效应子参与 SUMO 调控过程

小分子类泛素调控蛋白（small ubiquitin-like modifier，SUMO）和泛素蛋白的调控作用相似，对翻译后蛋白的活性具有调节作用。SUMO 与无活性的靶分子蛋白结合后，形成 SUMO-靶分子蛋白复合物，复合物经蛋白裂解酶重新剪切后，产生有活性的靶分子蛋白（Johnson，2004）。SUMO 通过对靶分子蛋白活性的调节来调控细胞内的信号转导过程。研究表明，效应子 XopD、AvrBsT、AvrXv4 具有蛋白裂解酶的活性，能够剪切 SUMO-靶分子蛋白复合物，降低细胞内 SUMO-靶分子蛋白复合物的含量，表明这些效应子通过参与 SUMO 调控过程来抑制或激活细胞的信号转导过程，最终影响植物抗性反应的产生（Hotson et al.,2003；Roden et al.,2004）。

（三）对植物程序性细胞死亡的抑制作用

烟草（*N. benthamiana*）中的丝氨酸/苏氨酸激酶类抗病基因产物 Pto 识别 *P. syringae* pv. *tomato* 的 AvrPto 后，激活 Prf 依赖型信号转导途径，成功启动植物细胞过敏反应（HR）的发生。而效应子 AvrPtoB 能够成功阻断这一信号转导途径，并抑制 HR。AvrPtoB 同样能够抑制 Cf-9/Avr9 所介导的专化性抗性反应。Abramovitch 等（2003）的研究结果显示，细胞凋亡诱导蛋白 Bax 诱导植物细胞产生的 HR 可被 AvrPtoB 抑制，H_2O_2、甲萘醌及热激诱导酵母产生程序性细胞死亡反应同样能够被 AvrPtoB 抑制，表明 AvrPtoB 可能是植物 HR 的通用性的抑制剂。目前已证实 *P. syringae* pv. *tomato* 的很多效应子，如 AvrPtoE、AvrPtoF、$AvrPphE_{Pto}$、$AvrPpiB1_{Pto}$ 均能抑制植物细胞 HR 反应（Jamir et al.,2004）。

（四）对植物细胞壁物质合成的抑制作用

显微观察结果显示，在侵染位点，Ⅲ型分泌系统（TTSS）突变型病原细菌可诱导植物细胞壁物质加固和合成，形成细胞壁加厚的乳突结构；而毒性的野生型细菌却抑制了植物这一抗性反应的产生（Bestwick et al.,1995；Brown et al.,1995）。基因芯片分析结果显示，拟南芥中有大量参与植物细胞壁合成的基因受到 TTSS 分泌的效因子的抑制，这些基因表达与 SA 信号转导途径无关（Hauck et al.,2003）。研究证实，AvrPto 是抑制植物细胞壁物质加固和合成的效应子之一，而表达 AvrPto 的拟南芥不再形成乳突结构（Hauck et al.,2003）。*P. syringae* pv. *tomato* 的效应子 HopPtoM 和 AvrE 可抑制 SA 信号依赖型植物细胞壁物质的合成。HopPtoM 和 AvrE 位于 *P. syringae* pv. *tomato* 一保守的编码效应子的基因位点（CEL），CEL 突变体 Δ*CEL* 的致病性明显减弱。HopPtoM 和 AvrE 的抑制作用还加速了植物细胞坏死进程，病症表现更为严重（Alfano et al.,2000）。

（五）对基因转录的直接调控作用

在亲和互作中，黄单胞菌属病原菌中的 AvrBs3 效应子家族成员可加重植物病症的表现，如 *X. campestris* pv. *vesicatoria* 中的 AvrBs3 导致辣椒叶肉细胞的过度增长（Marois et al.,2002）；*X. citri* 中的 PthA 导致柑橘溃疡症状的加剧

(Swarup et al.,1991)；*X. oryzae* pv. *oryzae* 中的 AvrXa7 导致病斑长度的延伸 (Bai et al.,2000)。AvrBs3 效应子家族成员在基因结构上具有很高的相似性，由高度保守的 N 端和 C 端结构域和可变的串联重复的中间结构域构成，AvrBs3 效应子家族的所有成员在 C 端均具有 3 个 NLS 和一个 AAD 功能域，表明这些效应子有可能在细胞核中对基因转录起直接调控作用（Van den Ackerveken et al., 1996；Yang et al.,2000)。病原菌侵染过程中 AvrBs3 效应子具体调控哪些基因，是如何调控的，尚待进一步研究。

三、增强植物免疫抗性的靶向性策略和途径的前景展望

近几年来，病原菌Ⅲ型分泌系统及其所分泌效应子的研究，增进了人们对病原菌致病性及植物感病性分子机制的了解。这些研究进展，也为植物病害控制新策略的应用和新技术的建立提供了契机和可能，如抑制效应子表达及Ⅲ型分泌系统的分泌，或解除效应子对植物抗性反应的抑制作用，修复或改造植物感病基因靶标等均有望发展成为安全、有效控制植物病害发生的新技术（Abramovitch et al.,2004；Mudgett，2005；Lu et al.,2001)。显然，病原菌致病性及植物感病性分子机制的研究具有重大的科学意义和良好的应用前景。

动物病原细菌致病的分子机制同样是通过Ⅲ型分泌系统及其所分泌效应子对宿主细胞抗性的抑制作用。目前，在动物病原细菌新药物开发研究中，Kauppi 等（2003）已用假结核耶尔森菌（*Y. pseudotuberculosis*）建立了受效应子浓度调控的报道基因表达检测体系，用报道基因的表达来检测病原菌效应子的分泌情况。并用这一实验体系筛选抑制效应子分泌，降低病原菌致病性的化合物，作为新药物研制开发的关键组分。我们围绕黄单胞菌属的植物病原细菌也开展了相似的研究，目前已初步建立了报道基因检测体系，可望用这一体系筛选抑制黄单胞菌效应子产生和分泌的靶向性药物组分。

目前有关病原菌效应子抑制寄主植物抗性分子机制的研究仍处在起步阶段，研究结果基本出自番茄、烟草和拟南芥等双子叶模式植物与 *P. syringae* pv. *tomato* 互作的研究，而国内这方面的研究开展甚少。仍有必要从更为广泛的植物-病原物互作系统研究病原菌致病及植物感病的分子机制。随着研究的深入，人们将鉴定出植物中应答病原菌效应子的靶基因，揭示这些靶基因产物与病原菌效应子互作，导致植物抗性被抑制，病害形成的分子机制。在此基础上，探索定向改造引起植物感病性状形成的靶基因，对于提高植物抗病性、开拓有关研究新技术和新策略具有十分重要的现实意义。

（齐放军　张文蔚　刘　莉　姚沁涛　简桂良）

参考文献

Abramovitch RB, Kim YJ, Chen S, et al. 2003. *Pseudomonas* type III effector AvrPtoB induces plant disease susceptibility by inhibition of host programmed cell death. EMBO J, 22: 60～69

Abramovitch RB, Martin GB. 2004. Strategies used by bacterial pathogens to suppress plant defense. Curr Opin Plant Biol, 7: 356～364

Alfano JR, Charkowski AO, Deng WL, et al. 2000. The *Pseudomonas syringae hrp* pathogenicity island has a tripartite mosaic structure composed of a cluster of type III secretion genes bounded by exchangeable effector and conserved effector loci that contribute to parasitic fitness and pathogenicity in plants. Proc Natl Acad Sci USA, 97: 4856～4861

Axtell MJ, Staskawicz BJ. 2003. Initiation of RPS2-specified disease resistance in *Arabidopsis* is coupled to the AvrRpt2-directed elimination of RIN4. Cell, 112: 369～377

Bai J, Choi SH, Ponciano G, et al. 2000. *Xanthomonas oryzae* pv. *oryzae* avirulence genes contribute differently and specifically to pathogen aggressiveness. Mol Plant Microbe Interact, 13: 1322～1329

Bestwick CS, Bennett MH, Mansfield JW. 1995. Hrp mutant of *Pseudomonas syringae* pv. *phaseolicola* induces cell wall alterations but not membrane damage leading to the hypersensitive reaction in lettuce. Plant Physiol, 108: 503～516

Bretz JR, Mock NM, Charity JC, et al.2003. A translocated protein tyrosine phosphatase of *Pseudomonas syringae* pv. *tomato* DC3000 modulates plant defence response to infection. Mol Microbiol, 49: 389～400

Brown I, Mansfield J, Bonas U. 1995. Hrp genes in *Xanthomonas campestris* pv. *vesicatoria* determine ability to suppress papilla deposition in pepper mesophyll cells. Mol. Plant Microbe Interact, 8: 825～836

Durrant WE, Dong X. 2004. Systemic acquired resistance. Annu. Rev. Phytopathol, 42: 185～209

Espinosa A, Guo M, Tam VC, et al. 2003. The *Pseudomonas syringae* type III-secreted protein HopPtoD2 possesses protein tyrosine phosphatase activity and suppresses programmed cell death in plants. Mol Microbiol, 49: 377～387

Hauck P, Thilmony R, He SY. 2003. A *Pseudomonas syringae* type III effector suppresses cell wall-based extracellular defense in susceptible *Arabidopsis* plants. Proc Natl Acad Sci USA, 100: 8577～8582

Hotson A, Chosed R, Shu H, et al. 2003. *Xanthomonas* type III effector XopD targets SUMO-conjugated proteins in planta. Mol Microbiol, 50: 377～389

Jamir Y, Guo M, Oh HS, et al. 2004. Identification of *Pseudomonas syringae* type III effectors that can suppress programmed cell death in plants and yeast. Plant J, 37: 554～565

Johnson ES. 2004. Protein modification by sumo. Annu Rev Biochem, 73: 355～382

Kauppi AM, Nordfelth R, Uvell H, et al. 2003. Targeting bacterial virulence: Inhibitors of Type III secretion in *Yersinia*. Chemistry & Biology, 10: 241～249

Kloek AP, Verbsky ML, Sharma SB, et al. 2001. Resistance to *Pseudomonas syringae* conferred by an *Arabidopsis thaliana* coronatine-insensitive (coil) mutation occurs through two distinct mechanisms. Plant J, 26: 509～522

Lu M, Tang X, Zhou JM. 2001. *Arabidopsis* NHO1 is required for general resistance against *Pseudomonas* bacteria. Plant Cell, 13: 437～447

Mackey D, Belkhadir Y, Alonso JM, et al. 2003. *Arabidopsis* RIN4 is a target of the type III virulence effector AvrRpt2 and modulates RPS2-mediated resistance. Cell, 112: 379～389

Mackey D, Holt BF, Wiig A, et al. 2002. RIN4 interacts with *Pseudomonas syringae* type III effector molecules and is required for RPM1-mediated resistance in *Arabidopsis*. Cell, 108: 743～754

Marois E, Van den Ackerveken G, Bonas U. 2002. The *Xanthomonas* type III effector protein AvrBs3 modulates plant gene expression and induces cell hypertrophy in the susceptible host. Mol. Plant Microbe. Interact, 15: 637～646

McDowell JM, Woffenden BJ. 2003. Plant disease resistance genes: recent insights and potential applications. Trends in Biotechnology, 21: 178～1831

Mudgett MB. 2005. New insights to the function of phytopathogenic bacterial type III effectors to plants. Annu Rev Plant Biol, 56: 509～531

Mudgett MB, Staskawicz BJ. 1999. Characterization of the *Pseudomonas syringae* pv. *tomato* AvrRpt2 protein: demonstration of secretion and processing during bacterial pathogenesis. Mol Microbiol 32: 927～941

Pedley KF, Martin GB. 2003. Molecular basis of Pto-mediated resistance to bacterial speck disease in tomato. Annu Rev Phytopathol, 41: 215～243

Reymond P, Farmer EE. 1998. Jasmonate and salicylate as global signals for defense gene expression. Curr Opin Plant Biol, 1: 404～411

Roden J, Eardley L, Hotson A, et al. 2004. Characterization of the *Xanthomonas* AvrXv4 effector, a SUMO protease translocated into plant cells. Mol Plant Microbe Interact, 17: 633～643

Swarup S, De Feyter R, Brlansky RH, et al. 1991. A pathogenicity locus from *Xanthomonas citri* enables strains from several pathovars of *Xanthomonas campestris* to elicit cankerlike lesions on citrus. Phytopathology, 81: 802～809

Van den Ackerveken G, Marois E, Bonas U. 1996. Recognition of the bacterial avirulence protein AvrBs3 occurs inside the host plant cell. Cell, 87: 1307～1316

Yang B, Zhu W, Johnson LB, et al. 2000. The virulence factor AvrXa7 of *Xanthomonas oryzae* pv. *oryzae* is a type III secretion pathway-dependent nuclear-localized double-stranded DNA-binding protein. Proc. Natl. Acad. Sci. USA, 97: 9807～9812

Zhao Y, Thilmony R, Bender CL, et al. 2003. Virulence systems of *Pseudomonas syringae* pv. *tomato* promote bacterial speck disease in tomato by targeting the jasmonate signaling pathway. Plant J, 36: 485～499

第十四章　植物疫苗在中国的实践与前景分析

一、植物疫苗的研究现状

自从1901年Ray报道了可以用锈菌的弱毒小种接种小麦来抵抗锈菌的侵染以来，人们在植物诱导抗性方面做了大量的研究。研究结果表明植物诱导抗病性是植物主动抗病性的主要形式，在自然界中普遍存在。科学家们不仅从无毒或弱毒的真菌、细菌和病毒等活体微生物，还从微生物产生的蛋白质、糖蛋白、几丁质、β-葡聚糖及脂类等的研究中发现这些微生物或微生物代谢产物均能激发植物的防卫反应，同时也发现一些化学物质也具有诱导植物抗病的能力，如壳寡糖、水杨酸、二氯环丙烷等，这些具有诱导植物抗性的物质均可作为植物疫苗研究和开发的基础。

（一）国外研究现状

植物在长期的进化过程中，形成了许多同病原物做斗争的特性，其中就包括国内外科学家一直以来所关注的植物自身免疫和由活体微生物、诱导子或激发子诱导的植物获得性抗性两种免疫特性。人们通过研究和利用能使植物获得系统性抗性的资源及特征，并借助于人类免疫与疫苗的研究成果，在植物免疫诱抗药物——植物疫苗的研究中获得了可喜的成绩。1933年，Chestwer首次报道了由病原菌侵染而诱导产生抗病性的现象，20世纪60年代以后植物诱导抗病性的研究引起了广泛的关注。植物诱导抗病性（induced resistance）是指经外界因子（生物或非生物诱导子）诱导后，植物所产生的对病原微生物的抗性现象。植物诱导抗性主要有两种类型：即由病原微生物等诱导的系统获得抗性（systemic acquired resistance，SAR）和由非病原微生物介导的诱导系统抗性（induced systemic resistance，ISR）。ISR是由荷兰的Pieterse等在1996年提出的，他们通过研究发现荧光假单胞菌WCS417r在拟南芥上诱导了一种控制植物系统抗性的新途径，该新途径不同于控制经典系统获得抗性的途径，而且这种新途径引导了一种不依赖于水杨酸的积累与PR蛋白基因的表达的系统抗性形式（Pieterse et al.,1996）。近年来，植物免疫诱抗药物发展迅速，并已得到国际国内权威部门的认证登记及广泛应用。这些免疫诱抗药物不同于传统的杀菌剂，它们不直接作用于病原菌，而是通过激发植物自身的免疫反应，使其获得系统抗性，对病害产生广谱抗性，从而起到抗病增产的作用。利用免疫诱抗药物诱导植物免疫抗性，可最大限度保持和发挥植物自身固有的抗病潜能，保护植物免遭病害的侵染。其中最为成功的是1999年诺华公司第一个商品化的植物抗性诱导剂“Bion”的开发与应用，该产品已在农作物上推广应用并得到广泛认同。2001年，美国康奈尔大学和Eden生物技术公司通过对病原细菌——梨火疫病菌（*Erwinia amylovora*）中过敏性蛋白的研究，成功开发出微生物蛋白激发子类植物抗性诱导剂Messenger（康壮素），该产品被誉为作物生产和食品安全的一场绿色化学革命，已在美国获得登记，被EPA列为免检残留的农药产品，准许在所有作物上使用。目前，该产品已在美国、墨西哥、西班牙等国的烟草、蔬菜和水果上广泛应用。2004年，Messenger通过了我国农业部农药检定所（ICAMA）审定并取得了农药临时登记证，首批推荐在番茄、辣椒、烟草和油菜上使用。

（二）国内研究现状

我国在植物诱导抗病性的研究和应用方面也做了大量工作，并取得了显著进展。20世纪80年代，中国科学院微生物研究所田波等在研究植物病毒病的诱导抗性中成功研制出黄瓜花叶病毒卫星RNA生防制剂（Tien et al.,1987），这一生防制剂可以适用于黄瓜花叶病毒（CMV）引起的多种栽培植物（如青椒、番茄、烟草和瓜类）病毒病的防治。中国农业大学裘维蕃等于1983年研制成功NS-83增抗剂，研究表明NS-83具有体外钝化TMV、抑制TMV初侵染的作用，经根部吸收可降低叶部的侵染，可诱导与抗性相关的细胞分裂素和过氧化物酶活性的增加（雷新云等，1984；裘维蕃等，1994）；田间试验结果表明，在不同地区的番茄、辣椒、烟草上，NS-83均具有不同程度的预防和治疗作用，推迟了田间发病。

近年来，植物免疫诱抗药物在我国也获得了迅速发展。作为一类新型的多功能生物制品，蛋白激发子、寡糖、脱落酸、枯草芽孢杆菌及木霉等现已在国内管理部门登记注册，并得到大面积的推广应用。这些免疫诱抗药物的共同特点是能诱导植物产生对病害的广谱抗性，它们不同于传统的杀菌剂，并不直接杀死病原菌。据不完全统计，目前国内已经在农业部农药检定所获得正式登记的植物免疫诱抗药物主要有康壮素（蛋白质激发子）、益微菌（枯草芽孢杆菌）、壳寡糖和脱落酸等共计21种，这些免疫诱抗药物已经在我国农业生产中起到了越来越重要的作用，也受到了生产者特别是出口和有机食品种植者的广泛欢迎。2000年中国农业科学院邱德文博士从多种病原真菌中提取获得一类新型蛋白并将其命名为激活蛋白，该蛋白能诱导和激活植物自身防卫系统和生长系统，从而产生对病害的抗性，促进植物生长；田间试验表明，激活蛋白农药1000倍液对植物病毒病及其他多种植物病害防效可达70％、增产10％以上；2004年，该成果通过了农业部成果鉴定，达到同类研究的国际先进水平。中国科学院大连化学物理研究所杜昱光研究员等经过十多年的研究，成功研制出壳寡糖制剂，并将其用于防治蔬菜、烟草及木瓜等植物病害中取得良好效果；他们以来源丰富的生物资源为原料，通过糖生物学及寡糖工程技术，研制开发出用于防治粮食作物、经济作物、蔬菜、水果、花卉等植物病毒病和真菌病的系列寡聚糖生防农药产品；1998～2003年，在全国18个省、市用寡聚糖生物农药在烟草等25种作物、18种病害进行了全面的田间药效试验，结果表明，寡聚糖生物农药能有效地控制烟草花叶病（防效72%）、大豆花叶病（防效71%）、棉花黄萎病（防效80%）、辣椒病毒病（防效83%）、木瓜病毒病（防效85%）、苹果花叶病（防效85%）、番茄晚疫病（防效75%）、黄瓜霜霉病（防效70%）等农作物及经济作物病害，同时可调节植物生长，提高产量10%～30%。2002年中国科学院成都生物研究所与龙蟒福生科技公司合作，建立了世界第一条真菌液体深层发酵生产脱落酸的20吨发酵罐工业化生产线，并在世界上首次开发了脱落酸（S-诱抗素）生物农药制剂“福施壮”、“福生壮芽灵”等，抗逆效果显著，该产品已取得了“农药临时登记”，并正在进行美国EPA登记。此外，将芽孢杆菌和木霉菌接种于植物，可诱导植物体内与多种抗病性相关酶的变化，由于其对植物病害明显的防治效果，目前已被广泛用在生产实践中。

（三）植物疫苗作用机理的研究

近年来，科学家们在植物疫苗研究与应用的同时，也广泛开展了诱抗剂在植物上的靶标受体与作用机理的研究，希望通过对作用机理及信号转导的研究，进一步揭示植物诱导抗性的规律，以开发出高效的植物疫苗服务于农业生产的需要。研究发现激发子只有在被植物识别后，才可以激发植物对病原生物的防御反应并表达抗性，植物识别激发子的物质是受体。很多学者认为受体存在于植物的细胞膜上，而细胞壁上不存在这些结合位点。目前已在大豆、小麦、大麦和水稻等植物中确定细胞膜上存在结合位点。Yoshikawa等（1983）发现用同位素标记的［^{14}C］-mycolaminaran能与大豆细胞膜组分专一结合并能诱导大豆素的形成，且该结合位点具有高度专化性，从而首次证明了病原物激发子能被寄主表面的受体所识别。Schmidt和Ebel（1987）从大豆疫霉中分离了一种具有高度激发子活性的β-1,3葡聚糖，结合实验表明，［^{3}H］或［^{135}I］标记的葡聚糖能饱和及可逆地与大豆细胞高度亲和性结合，而且激发子与膜的亲和度与其诱导活性呈正相关。Cheong和Hahn（1991）进一步证明了膜上的结合位点是蛋白或糖蛋白。Kogel等（1991）研究发现小麦杆锈菌（*P. graminis*）糖蛋白激发子的结合蛋白是小麦细胞膜上的一种膜蛋白，分子质量为30 kDa。近年来越来越多的研究表明活体微生物或激发子诱导的植物系统性获得抗性通常是通过信号转导诱导植物产生乙烯、水杨酸、吲哚乙酸、茉莉酸、植保素和病程相关蛋白等，从而提高植物抵御病原菌的能力。2007 年德国科学家 Shen 在 *Science* 杂志上报道了自然界中的植物具有特殊的可以识别细菌、病毒和霉菌等微生物入侵的免疫传感器(Shen et al.,2007)。2007 年，美国康奈尔大学植物研究所 Klessig 研究小组确定了植物免疫响应过程中的一个关键信号——水杨酸甲酯（methyl salicylate)(Park et al.,2007)。这些作用机理或信号转导的研究将为植物疫苗的研究与应用提供坚实的理论基础，为高效专化性植物疫苗的研制提供丰富的物质资源。

近年来，由于高新技术被越来越多地应用到植物免疫诱导抗性领域中，使生物或非生物免疫诱抗剂（或植物疫苗）的研究和应用向更安全和环保的方向发展，因此，植物疫苗在这方面将比传统化学农药更具优势。可以预见，植物疫苗产业将成为涉农工业中最具发展前景的产业之一。

二、植物疫苗在我国的实践

一直以来，我国从事植物诱导抗性研究的科研人员高度关注国际研究进展，积极与国际同行交流与合作，取得了重要的研究成果，有关成果在实践中得到了广泛的应用并获得了使用者的欢迎。主要研究成果有以下几个方面。

（一）弱毒或无毒株系疫苗

福建省农业科学院刘波研究员等在利用青枯雷尔氏菌转无致病力菌株防治番茄青枯病的研究中取得了十分显著的成绩，利用青枯菌无致病菌株研制出免疫抗病接种剂——鄂鲁冷特（刘波等，2004；林抗美等，2005；葛慈斌等，2006）。用鄂鲁冷特接种番茄盆栽苗，接种 3 天后，再接种强致病力菌株，对照为未接种鄂鲁冷特的盆栽苗，同时接种强致病力菌株；7 天后，前者发病率为 0，后者发病率为 100%，表明鄂鲁冷特具有很好的免疫抗病效果。他们还对青枯雷尔氏菌无致病株系的生产工艺进行了研究，提出了菌种制备方法、发酵培养基配方、发酵控制工艺、浓缩提取工艺、基质干燥工艺、产品配置工艺、产品质量标准、产品保存条件、产品效果检测方法等，生产出青枯病免疫抗病接种剂鄂鲁冷特，用鄂鲁冷特 100 倍液浸种番茄，用清水作对照，而后进行番茄种子发芽、苗床育苗、田间移栽，25 天后调查苗期青枯病发病率，结果处理组发病率低于 3%，对照组发病率高于 38%，说明鄂鲁冷特对番茄苗期青枯病有较好的控制能力。用鄂鲁冷特 300 倍液对茄子苗进行灌根，用清水作对照，处理面积 4 亩，在茄子结实期调查发病率，结果表明使用免疫接种剂的发病率低于 8%，不使用免疫接种剂的发病率高于 47%，防治效果达 83%。

（二）活菌疫苗

活菌疫苗目前主要有芽孢杆菌和木霉菌。多年来，我国已将该两种有益微生物应用于生产实践，在促进植物生长、控制植物病害方面积累了丰富的经验，在寄主靶标部位的定殖、诱导寄主植物发生增强结构抗性的反应、表达防御酶系及其他水解酶基因、提高植物抗病抗逆能力等方面有深入的研究。

早在20世纪80年代中国农业大学的陈延熙教授等在拮抗微生物的研究与应用中就提出了微生态调控（microecological control）的理论，这是在植物微生态学基本原理指导下产生的植物病害防治的新方法，是微生态学在植物病害防治实践中的具体应用（陈延熙等，1985；陈延熙，1990）。微生态调控是调控生态环境与有害微生物（病原菌）的平衡，调节寄主组织细胞同有害微生物的平衡，协调植物体表及体内的共生菌，包括寄主和腐生的微生物同病原物的平衡。生防菌正是通过调控植物微生态系，使因病害而失衡的微生态系重新建立平衡，以达到防治植物病害的目的。其具体的作用机制与生防菌对植物病害直接的拮抗机制类似，亦即：①与病原菌竞争生态位和营养物质；②分泌抗菌物质；③寄生于病原菌；④多种机制对病原菌的协同拮抗作用（刘晓光等，2007；梅汝鸿，1998）。芽孢杆菌控制病害的机制主要有竞争作用、拮抗作用、诱导植物抗性和促生作用等。在诱导抗性方面，芽孢杆菌能够诱导寄主植物发生增强结构抗性的反应、诱导寄主植物表达某些水解酶基因、诱导寄主防御酶系的变化，还能够帮助或促进植物吸收营养和水分，从而提高植物抗逆能力。芽孢杆菌是一类广泛使用的生防菌，具有内生芽孢、分布广、抗逆性强、繁殖速度快、营养要求简单和易于在植物根围定殖等特点。目前国内外已登记的细菌类农药中包括了芽孢杆菌属中的枯草芽孢杆菌、蜡样芽孢杆菌、地衣芽孢杆菌、短小芽孢杆菌以及解淀粉芽孢杆菌等。这些生物农药已被广泛应用于防治植物病害，并已取得良好的效果。

另一类活菌疫苗是木霉。植物根系一旦被非致病性木霉菌定殖后，分别在根部局部性积累和叶部系统性积累拮抗性物质（Howell et al.，2000；Yedidia et al.，2003）。近来研究表明，茉莉酸/乙烯和促分裂原活化蛋白激酶（MAPK）是木霉菌介导的黄瓜系统性诱导抗性重要信号转导途径（Shoresh et al.，2005，2006），PAL的表达受茉莉酸/乙烯（JA/ET）信号途径调控。木霉菌可分泌一系列与诱导抗性有关的代谢物，如蛋白、肽类、寡糖和抗生素等，其中很多种类已证明具有激发植物系统抗性的功能，而宿主植物恰好能够识别这些激发类物质。在植物-真菌互作过程中经常发生信使的交换，在这种互作过程中胞内 Ca^{2+} 信使浓度变化证明 Ca^{2+} 参与了互作中的信号转导，植物对病菌侵染的反应可以通过植物胞内 Ca^{2+} 快速诱导和增加水平得到客观反映，而这种变化随后可激活一系列防御反应的发生。生防真菌木霉 *T. asperellum* T-203菌株所诱发的对黄瓜叶部病原细菌 *Pseudomonas syringae* pv. *lachrymans* 的系统抗病性依赖于ISR中的JA和ET信号转导途径，同时伴随着病程相关蛋白（PR），如几丁质酶、β-1，3-葡聚糖酶及过氧化物酶（POD）编码基因的高水平表达，所以同时具有ISR和SAR的部分特征（Shoresh et al.,2005）。此外某些生防木霉依赖于MAPK信号途径以诱导寄主植物对病原物的系统抗性（Shoresh et al.,2006）。

（三）蛋白类疫苗

关于蛋白类疫苗，最近我国又在激活蛋白的研究领域取得了积极的成果。中国农业科学院邱德文博士研发的激活蛋白农药是从真菌中分离获得的，是由350～450个氨基酸组成的具有诱导植物免疫抗性的热稳定蛋白制品，其在100℃高温下处理0.5h也不会变性，这足以显示激活蛋白的突出特点（邱德文，2004）。该研究成果拥有我国自主知识产权，为蛋白类疫苗的研究与应用提供了一条新途径。

激活蛋白的抗病原理是：当激活蛋白接触到植物器官的表面后，激活蛋白可以作用于植物叶表面的膜受体蛋白，当膜受体蛋白接收了激活蛋白的信号后，就通过植物体内的一系列信号转导，激活与抗病性相关的代谢途径而产生具有抗菌活性的水杨酸和茉莉酸等物质，促进植物的生长，同时植物自身获得了对病菌的免疫抗性，提高了对病菌的抵抗能力（张志刚等，2007；左斌等，2005；赵利辉等，2005）。可见，激活蛋白本身对病菌无直接杀灭作用，因此对环境和植物安全，更不会引起病菌的抗药性。

蛋白激发子疫苗——植物激活蛋白由中国农业科学院邱德文研究员等与北京同昕绿源生物科技有限公司共同研制完成。植物激活蛋白是利用生物高新技术从微生物中分离提取的一类新型蛋白。它能启动植物体内一系列代谢反应，激活植物自身免疫系统和生长系统，从而抵御病虫害的侵袭和不良环境的影响，具有防病虫、抗逆、促进植物生长发育、改善作物品质和提高产量的作用。该产品低毒无残留，是一种对环境友好的新型绿色环保产品。3%植物激活蛋白可湿性粉剂的雄性大鼠急性经口毒性 LD_{50} ＞5000mg/kg，雌性大鼠经口毒性 LD_{50} ＞3830mg/kg，对家兔皮肤无刺激作用。安全使用浓度为1000～1500倍稀释液，喷雾、拌种、灌根均可，适用于番茄、辣椒、西瓜、草莓、棉花、小麦、水稻、烟草、柑橘、油菜等农作物，对病毒病、灰霉病、黑痘病、溃疡病等病害有不同程度的防治效果（邱德文等，2005a，2005b；李丽等，2005；Yao et al.,2007）。

（四）寡糖疫苗

壳寡糖也称几丁寡糖，学名为β-1，4-寡聚-葡萄糖胺，是以壳聚糖为原料，经生物技术降解而成的水溶性好、功能强、生物活性高的低分子质量产品。壳寡糖能够刺激植物的免疫系统，激活防御反应并调控植物生长，产生抗性活性物质，抑制病虫害的发生（Côté and Hahn，1994）。壳寡糖可诱导植物产生抗病性相关酶系，提高植物抗病能力，抑制根腐病菌、黑星病菌等病原菌的生长

(Zhao et al.,2007a；郭红莲等，2003)。壳寡糖还可以用于粮食作物和蔬菜种子的处理，促进种子发芽，激发抗病力，提高产量和品质。另外，壳寡糖在人体内吸收率近100%，其功效是壳聚糖的数十倍。

中国科学院大连化学物理研究所从1996年以来一直从事寡糖生物工程的研究，研制的寡糖产品已有两个获农业部农药临时登记证，同时还具有成熟的寡糖制备技术，可以获得作为激发子的高纯度壳寡糖（Zhang et al.,1999)；经过多年努力，已建立了壳寡糖单体分离纯化技术，并已获得部分单体的结晶，为壳寡糖受体的研究奠定了坚实基础。该所已经开展了壳寡糖激发子与植物细胞上结合过程及结合位点方面的研究，证明壳寡糖在草莓、烟草等植物的悬浮细胞的细胞壁和细胞膜上有结合位点，与壳寡糖的结合具有专一性（Rabea et al.,2003)；明确了壳寡糖诱导烟草细胞产生NO，NO与壳寡糖诱导烟草抗TMV有密切关系(Zhao et al.,2007b)。NO调控抗性相关酶基因表达，如PAL酶、几丁质酶、β-1,3葡聚糖酶。有研究报道，NO在细胞内另一个作用靶标是促分裂原活化蛋白激酶（MAPK)，蛋白磷酸化与脱磷酸化是生物体内信号转导的一种重要机制。

(五) 小分子及其他产物疫苗

我国最早的生物小分子疫苗是中国科学院田波院士领导的研究小组于20世纪80年代研制成功的黄瓜花叶病毒卫星RNA生防制剂，适用于黄瓜花叶病毒(CMV)引起的多种栽培植物（如青椒、番茄、烟草和瓜类）病毒病（田波等，1986；Tien et al.,1987；邱并生等，1985)。根据卫星核糖核酸（RNA）必须依赖CMV的辅助才能复制，又能抑制CMV复制及减轻症状的特性，认为卫星RNA实际上是CMV的分子寄生物，有可能用于病毒病的生物防治。他们于1981年在国际上首先设计了CMV生物防治途径，即在田间流行的CMV基因组RNA中加入卫星RNA，接种到枯斑寄主植物上，经单斑分离筛选出本身不引起症状、对田间的CMV感染有强保护作用、安全稳定的生防制剂。卫星RNA生防制剂在严格控制的温室内，在含烟草花叶病毒枯斑基因的三生烟幼苗上繁殖，收获叶片榨取汁液或经进一步粗提取的制剂，稀释后即可使用。用于青椒和番茄时，在苗床上用卫星RNA生防制剂接种（可用喷枪或摩擦方法）幼苗，接种后移栽到田间，即获得对CMV的抵抗能力。这种方法成本低，方法简便，只需苗期使用一次，节省工时，因系生物防治，不产生公害。卫星RNA生防制剂用于青椒和番茄的防治增产效果显著，可使病情指数降低50%左右，产量增加30%左右，还有促进早熟（1周左右)、增加产值的作用。用黄瓜花叶病毒的卫星RNA生防制剂S52免疫辣椒，能防治辣椒由CMV引起的病毒病。用S52免疫接种辣椒进行田间对比试验，免疫接种50天的防效达71.2%～84.2%，免疫接种80天的防效达55.9%～70.2%（郭麟瑞等，1986；祖茂增等，1986)。

有关脱落酸诱导植物免疫抗性也是非常成功的一个例子。自 1993 年以来，中国科学院成都生物研究所在国家自然科学基金、国家科学技术部和中国科学院“九五”重点科技攻关项目的支持下，研制成功并实现了脱落酸的工业化生产，研究成果达到国际领先技术水平（谭红等，1998；谭红等，专利 ZL00132024.6）。2002 年，成都生物研究所与龙蟒福生科技公司合作，建立了世界第一条真菌液体深层发酵生产脱落酸的 20 吨发酵罐工业化生产线（沈镇平，2003），并在世界上首次开发了脱落酸（S-诱抗素）生物农药制剂“福施壮”、“福生壮芽灵”等，抗逆效果显著，已取得了国家的农药临时登记，目前正在与美国著名生物农药公司 Valent Bioscience 合作，共同申请美国环保署的农药 EPA 登记。目前，S-ABA 的应用研究率先在我国四川、新疆、湖北等地区以及美国、智利、日本、韩国等国家进行，在包括蔬菜、烟草、棉花、花卉、中药材、粮食作物、水果等经济植物应用，其抗逆增产、改善品质的效果显著（江正春和肖亮，2007；王建中，2005）。实验室近期研究结果显示，施用一定浓度的脱落酸，可以有效提高番茄对灰霉病、白粉病和早疫病的抗性，以及黄瓜对黄瓜霜霉病的抗性；同时田间的观察分析显示，一定浓度的脱落酸可以减少黄瓜和番茄 50%～80%的病害，其抗病效果显著。以番茄为模式植物，研究了 S-ABA 诱导番茄对早疫病的抗性，结果表明，抗病性可以提高 30%以上。目前，研究小组正在进行受 S-ABA 诱导的番茄植株生理生化指标及靶基因研究。

此外，华中农业大学的陈守文等在聚 γ-谷氨酸诱导植物免疫抗性方面也取得了积极的成果。在几种主要农作物上的应用实践表明，聚 γ-谷氨酸可以促进多种蔬菜、柑橘、玉米、水稻和烟叶等作物的生长和生理活性，诱导作物抗病性，提高作物的产量和品质（陈守文等，专利 ZL03118908.3；陈守文和喻子牛，2002）。聚 γ-谷氨酸在水稻上诱导抗稻瘟病的效应比水杨酸明显，说明它可以作为一种促进生长的新型植物疫苗。

三、发展植物病害疫苗的可行性及前景分析

我国是农业大国，常年种植粮食作物 1 亿多公顷，棉花 480 万公顷，油料作物 1400 多万公顷，蔬菜瓜果 1800 多万公顷；在粮食作物中，水稻 2800 多万公顷、小麦 2400 多万公顷、玉米 2400 多万公顷、大豆 900 多万公顷。常年防治面积超过 45 亿亩次。植物病害是威胁农业生产的主要因素之一，对植物病害的防治主要以化学防治和抗病品种为主，化学防治曾经对农业生产的发展起到了巨大的推动作用，但也严重污染了环境，破坏了生物多样性，增强了病原菌的抗药性及生理小种的变异；抗病育种一直是控制植物病害的关键措施，而在实际生产中，常常是抗病育种的速度慢于病原菌的变异速度。因此，在全球减少化学农药使用量的趋势下，寻找经济高效与环境相容性好的防治植物病害的方法已成为必

然。植物免疫诱导抗性是国际上近年兴起的重要研究领域，而建立在该理论基础上的植物疫苗被认为是植物保护的新技术和新途径，符合我国农业可持续发展和环境保护的重大需求。

（一）我国发展植物疫苗的可行性

近十几年来，植物免疫诱抗药物——植物疫苗的研究与开发发展迅猛，取得了一大批引人瞩目的重大成果。我国不仅在植物疫苗研究领域成绩卓著，在应用方面也积累了十分丰富的经验。例如，由中国农业大学植物生态研究所研制开发的"益微"微生态制剂已被用于板栗干腐病、苹果霉心病、苹果青霉病、苹果斑点落叶病、苹果轮纹病、小麦纹枯病等多种病害的防治当中，并已取得了良好的效果。作为拮抗疫苗的生防菌，其诱导寄主植物对病原物产生系统抗性的特性已经被广泛应用于植物病害的控制当中。生防细菌的诱导抗性已被应用于甜菜叶斑病、番茄病毒病、番茄斑驳病毒病、番茄细菌枯萎病、长甜椒炭疽病、黄瓜花叶病、广东莱薹猝倒病、火炬松梭锈病及甜瓜枯萎病的防治当中；生防真菌的诱导抗性已被广泛应用于棉苗立枯病、柚子采后腐烂病、番茄枯萎病、黄瓜叶斑病、黄瓜细菌性角斑病、灰霉病、黄瓜病毒病、早疫病及炭疽病的防治当中，这些病害的发生率与严重度均有不同程度的降低。实践证明，将植物疫苗应用于我国的农业生产实践中是可行的，特别是对于减少农药的使用量，减轻农药对环境的污染，实现生态文明具有重要的现实意义。植物疫苗不同于传统的杀菌剂，它们不直接作用于病原菌，而是通过激发植物自身的免疫反应，使其获得系统抗性，对病害产生广谱抗性，从而起到抗病增产的作用。因此，植物疫苗作为植物保护剂用于植物病害的防治时，应以预防为主，在病害发生前使用。应用植物疫苗，一方面可以减少化学农药的使用量，另一方面还可增强化学农药的药效，提高防治水平；同时，根据植物在田间对植物疫苗的反应还可以选择不同的育种计划。

植物疫苗易被土壤中的微生物迅速降解，无残留；植物疫苗诱导的植物抗性组分都是植物的正常组分，对人畜安全。因此，利用植物疫苗防治病害具有对人畜无害、不污染环境的特点。而且利用植物疫苗诱导的植物抗病谱广，抗病持续时间较长，长期或多次诱导不会使植物产生特异性抗性，同时，病原菌也不会产生抗药性，因此，采用植物疫苗诱导植物免疫抗性，可充分利用植物自身的天然防御能力，最大限度地发挥植物自身固有的抗病潜能，减少化学农药使用量，保护生态环境。总之，对环境友好、无污染的植物疫苗符合"生态文明"的要求，是今后生物农药发展的一个重要方向，前景十分广阔。目前，各种激发植物自身防御体系的抗病、抗虫的植物免疫诱抗药物已成为生物源农药开发的新热点，包括激活蛋白、壳寡糖、脱落酸、木霉、芽孢杆菌等在内的植物疫苗必将成为生物农药中的一支新军，服务于我国农业的可持续发展及环境保护事业。

（二）发展植物疫苗的前景分析

随着中国越来越融入世界贸易体系，发达国家纷纷调整并提高了产品进口的门槛，农产品受到的影响首当其冲。我国仅农副产品因农药残留超标而遭国外“绿色壁垒”封杀的损失每年就高达 70 多亿美元。植物免疫诱抗药物——植物疫苗的使用，将为我国农产品出口创造十分有利的条件，极大地增强我国农产品的国际竞争力。因此，创制安全高效的植物疫苗已成为当务之急。发展植物疫苗将有效地实现农产品的优质安全生产，提升农产品的经济附加值，扩大我国农副产品外销市场，推进绿色农业产业的发展。这些均对发展农村经济、增加农民收入、促进农村繁荣具有重要推进作用。

我国政府提出建设社会主义新农村的目标要求必须大力改善农村生态环境，保证农村经济可持续发展。植物疫苗属于环境友好型产品，它可促进植物健康生长，减少或减轻植物病害的发生，从而减少化学农药的使用，从源头上减少农药对环境的污染。随着我国经济的迅速发展和人民生活水平的提高，发展和使用植物疫苗是保护生态环境、实现农业可持续发展的需要。刚刚结束的党的十七大也提出“生态文明”的概念，要减少环境污染，需要做到科学用药，不断加强生物防治。在农药的选择上，要逐渐抛弃传统的“杀灭效果越好越高产”的想法，建立以“生物自身防治为主，开发毒性低、分解快、污染小、对环境安全的药剂”的观念。植物疫苗安全、高效、无残留，符合“生态文明”的要求，对保障粮食及食品安全具有非常重要的意义。因此，植物疫苗发展前景广阔，具有巨大的经济效益、社会效益和生态效益。

（邱德文　曾洪梅　杨秀芬　袁京京　杨怀文）

参考文献

陈守文，喻子牛，江昊等．2003．聚-γ-谷氨酸产生菌及生产聚-γ-谷氨酸的方法．中国发明专利，ZL03118908．3

陈守文，喻子牛．2002．聚-γ-谷氨酸的发酵生产和应用．氨基酸和生物资源．24（增刊）：61～64

陈延熙．1990．增产菌的机理和植物生态工程．中国微生态学杂志，1990（2）：57

陈延熙，陈璧，潘贞德等．1985．增产菌的应用与研究．中国生物防治，1（2）：2～23

葛慈斌，刘波，林营志等．2006．生防菌对青枯雷尔氏菌强致病力和无致病力菌株生长竞争的影响．植物保护学报，33（2）：151～156

郭红莲，白雪芳，杜昱光等．壳寡糖对草莓悬浮培养细胞活性氧的作用．园艺学报，30（5）：577～579

郭麟瑞，张秀华，覃秉益等．1986．植物病毒卫星 RNA 生防制剂 CMV—S52 防治番茄病毒

病. 植物病理学报，16（4）：235～237
江正春，肖亮. 2007. S-诱抗素在新疆林业生产上的应用. 新疆农垦科技 2007（02）：55～56
雷新云，裘维蕃，于振华等. 1984. 一种病毒抑制物质 NS-83 的研制及其对番茄预防 TMV 初侵染的研究. 植物病理学报 14（1）：1～7
李丽，邱德文，刘峥等. 2005. 免疫增产蛋白对番茄抗病性的诱导作用. 中国生物防治，21（4）：265～268
林抗美，朱育菁，刘波等. 2005. 福州地区植物青枯病菌生理分化的研究. 中国农学通报，21（12）：321～324
刘波，林营志，朱育菁等. 2004. 生防菌对青枯雷尔氏菌的致弱特性. 农业生物技术学报，12（3）：322～329
刘晓光，高克祥，康振生等. 2007. 生防菌诱导植物系统抗性及其生化和细胞学机制. 应用生态学报，18（8）：1861～1868
梅汝鸿. 1998. 植物微生态学. 北京：中国农业出版社
邱并生，田波，丘艳等. 1985. 植物病毒卫星 RNA 及其病毒生物防治上的应用 I. 用加入卫星 RNA 的方法组建成黄瓜花叶病毒的疫苗. 微生物学报，25（1）：87～88
邱德文. 2004. 微生物蛋白农药研究进展. 中国生物防治，20（2）：91～94
邱德文，肖友伦，姚庆. 2005a. 免疫增产蛋白对黄瓜的促生诱抗相关酶的影响. 中国生物防治，21（1）：41～44
邱德文，杨秀芬，刘峥等. 2005b. 植物激活蛋白对烟草抗病促生和品质的影响. 中国烟草学报，11（6）：33～36
裘维蕃，雷新云，李怀方. 1994. 植物耐病毒诱导剂 NS-83 作用机制的研究. 自然科学进展，4（2）：169～174
沈镇平. 2003. 四川福生公司 S 诱抗素实现工业化生产. 精细与专用化学品，2003（08）：24
谭红，雷宝良，李志东. 2000. 制备天然活性脱落酸的方法. 专利授权号：ZL00132024. 6
谭红，李志东，雷宝良等. 1998. 利用原生质体诱变技术筛选脱落酸高产菌株. 应用与环境生物学报，4（3）：281～285
田波，张秀华，邱并生等. 1986. 一种新的病毒病防治方法——用卫星核糖核酸生物防治黄瓜花叶病毒病. 科学通报，34（06）：479
王建中. 2005. S-诱抗素抗寒效果真显著. 农业知识，2005（6）：51
张志刚，邱德文，杨秀芬等. 2007. 极细链格孢蛋白激发子诱导棉花抗病性及相关酶的变化. 中国生物防治，23（3）：292～294
赵利辉，邱德文，刘峥. 2005. 免疫增产蛋白对基因转录水平的影响. 中国农业科学，38（7）：1358～1363
祖茂增，王宇，张俊荃. 1986. 应用卫星 RNA 防治甜椒病毒病. 中国生物防治，2（2）：83
左斌，邱德文，罗宽. 2005. 免疫增产蛋白对水稻秧苗生长及相关酶的影响. 科学技术与工程，5（17）：1260～1262
Chestwer KS. 1933. The problem of acquired physiological immunity in plants. Review Biol, 8: 275～324

Cheong JJ, Hahn MG. 1991. A specific, high-affinity binding site for the hepta-beta-glucoside elicitor exists in soybean membranes. Plant Cell, 3 (2): 137~147

Cô ѣ F, Hahn MG. 1994. Oligosaccharins: structure and signal transduction. Plant Mol Biol, 26: 1397~1411

Howell CR, Hanson LE, Stipanovic RD, et al. 2000. Induction of terpenoid synthesis ubcotton roots and control of *Rhizoctonia solani* by seed treatment with *Trichoderma virens*. Phytopathology, 90: 248~252

Kogel G, Beissmann B, Reisener HJ, et al. 1991. Specific binding of a hypersensitive lignification elicitor from *Puccinia graminis* f. sp. *tritici* to the plasma membrane from wheat (Triticum aestivum L.). Planta, 183: 164~169

Park SW, Kaimoyo E, Kumar D, et al. 2007. Methyl salicylate is a critical mobile signal for plant systemic acquired resistance. Science, 318: 113~116

Pieterse CMJ, Van Wees SCM, Hoffland E, et al. 1996. Systemic resistance in Arabidopsis induced by biocontrol bacteria is independent of salicylic acid accumulation and pathogenesis-related gene expression. Plant Cell, 8 (8): 1225~1237

Rabea EI, Badawy ME, Stevens CV, et al. 2003. Chitosan as antimicrobial agent: applications and mode of action. Biomacromolecules, 4 (6): 1457~1465

Schmidt WE, Ebel J. 1987. Specific binding of a fungal glucan phytoalexin elicitor to membrane fractions from soybean glycine max. Proc Natl Acad Sci USA, 84: 4117~4121

Shen QH, Saijo Y, Mauch S, et al. 2007. Nuclear activity of MLA iImmune receptors links isolate-specific and basal disease-resistance responses. Science, 315: 1098~1103

Shoresh M, Yedidia I, Chet I. 2005. Involvement of jasmonic acid/ethylene signaling pathway in the systemic resistance induced in cucumber by *Trichoderma asperellum* T-203. Phytopathology, 95: 76~84

Shoresh M, Gal-On A, Leibman D, et al. 2006. Characterization of a mitogen-activated protein kinase gene from cucumber required for Trichoderma-conferred plant resistance. Plant Physiol, 142 (3): 1169~1179

Tien P, Chang XH, Qiu BS, et al. 1987. Satellite RNA for the control of plant diseases caused by cucumber mosaic virus. Annales of Applied Biology, 111: 143~152

Yao Q, Yang X, Liang Y, et al. 2007. Gene expression of a *Magnaporthe griesea* protein elicitor and its biological function in activating rice resistance. Rice Science, 14 (2): 149~156

Yedidia I, Shoresh M, Kerem Z, et al. 2003. Concommitant inducion of sytemic resistance to *Pseudomonas springae* pv. l achryman in cucumber by *Trichoderma asperllum* (T-203) and accumulation of phytoalexins. Appl Environ Microbiol, 69: 7343~7353

Yoshikawa M, Keen NT, Wang MC. 1983; A receptor on soybean membranes for a fungal elicitor of phytoalexin accumulation. Plant Physiol, 73: 497~506

Zhang H, Du YG., Yu XJ. 1999. Preparation of chitooligosaccharides from chitosan by an enzyme mixture. Carbohydrate Research, 320: 257~260

Zhao X，She X，Liang X，et al. 2007a. Induction of antiviral resistance and stimulary effect by oligochitosan in tobacco. Pesticide Biochemistry and Physiology，87：78～84

Zhao X，She X，Yu W，et al. 2007b. Effects of oligochitosan on tobacco cells and role of endogenous nitric oxide burst in the resistance of tobacco to Tobacco Mosaic Virus. Journal of Plant Pathology，89 (1)：69～79

第十五章　植物疫苗品种介绍

一、黄瓜花叶病毒卫星RNA生防制剂

该项成果是由中国科学院田波院士领导的科研小组于1983年研制成功的一种防治植物病毒病害的新制剂，适用于黄瓜花叶病毒（CMV）引起的多种栽培植物（如青椒、番茄、烟草和瓜类）病毒病。卫星核糖核酸（RNA）必须依赖CMV的辅助才能复制，抑制CMV复制，减轻植物症状，可以认为卫星RNA实际上是CMV的分子寄生物，有可能用于病毒病的生物防治。田波院士于1981年在国际上首先设计了CMV生物防治途径，即在田间流行的CMV基因组RNA中加入卫星RNA，接种到枯斑寄主上，经单斑分离筛选出不引起植株症状的黄瓜花叶病毒卫星RNA的生防制剂。该制剂对田间CMV感染有较强的保护作用且安全稳定。卫星RNA生防制剂在严格控制的温室条件下，用烟草花叶病毒枯斑寄主三生烟幼苗上繁殖病毒粒子，收获烟草叶片榨取汁液或进一步粗提取后形成制剂经稀释后即可使用。用于青椒和番茄时，在苗床上用卫星RNA生防制剂接种幼苗（可用喷枪或摩擦方法），接种后移栽到田间，即获得对CMV的抵抗能力。这种方法成本低，操作简便，只需苗期使用一次，节省工时，因系生物防治，不产生公害。卫星RNA生防制剂用于青椒和番茄的防病增产效果显著，可使病情指数降低50%左右，产量增加30%左右，还有促进早熟（1周左右）、增加产值的作用（郭麟瑞等，1986）。

二、NS-83增抗剂

NS-83增抗剂是由中国农业大学裘维蕃、李怀方和雷新云等于1983年研制成功的生防制剂。室内试验表明，NS-83具有体外钝化TMV、抑制TMV初侵染的作用，此外，经根部吸收还可诱导与抗性相关的细胞分裂素和过氧化物酶活性的增强（雷新云等，1987）。田间试验结果表明：在不同地区的番茄、辣椒、烟草上使用NS-83，均具有抑制侵染和降低病情指数的作用，推迟田间发病期。同时，NS-83增抗剂还对桃蚜传播的芜菁花叶病毒（TuMV）有很好的抑制作用(孙凤成等，1995)。

三、新型植物生化激活剂——康壮素

康壮素（在美国商品名Messenger）是由植物病原细菌产生的蛋白激发子开

发的一种农用生物技术产品，剂型为3%微颗粒剂，微毒。2000年在美国获得登记，被美国环境保护局（EPA）列为残留免检的农药产品，准许在所有作物上使用。2001年，荣获美国总统颁发的“绿色化学挑战奖”，并被称为是“植物保护和农产品安全生产上的一次绿色革命”。现已在美国、墨西哥、西班牙等国的烟草、蔬菜和水果上广泛应用。

2001年康壮素经我国农业部农药检定所（ICAMA）审定通过，取得了农药临时登记证（证号为：LS200160），首批推荐在番茄、辣椒、烟草和油菜上使用。康壮素的有效成分是一种过敏蛋白，该蛋白是一种能诱导植物产生防卫反应、增强植物生长发育的功能蛋白。对农、林作物具有提高免疫力、增强抗病虫性和调节生长发育、改善品质、增产增收等诸多功能（宋益民等，2000）。康壮素与常用农药相比有两点显著区别：①不直接杀菌杀虫，而是提高植物自身免疫力，抵御病虫危害和其他不良环境的影响；②是一种信号物质，与植物表面接触后产生的信号能引起植物体内的代谢调节变化，活化疏通植物的多种信号转导系统。这种信号通过细胞内和细胞间的连续传递，使转录和翻译不断增强，从而激活植物多种防卫基因表达，合成抗性相关酶类和利于植物生长的生物活性物质，最终表现出增强植物抵御病虫侵染的能力和减轻病虫危害的生物效应，并增强植物健壮生长（王正刚等，1998）。试验证明，康壮素对40多种作物约60种病害都有不同程度的抗病作用。对辣椒病毒病诱抗效果达40.7%～63.3%，最高96.9%；对番茄叶霉病诱抗效果达70.1%；对草莓灰霉病诱抗效果达60.38%；对黄瓜白粉病诱抗效果达44.05%；对黄瓜霜霉病诱抗效果达59.12%（吴永汉等，2002）。山东菜农在彩椒上的应用结果表明，在生长期喷雾使用稀释500～1000倍的康壮素3次，病毒病株率减少74.2%，脐腐病株率减少42.9%，烟粉虱发生率下降23.5%。

四、蛋白激发子抗病疫苗——植物激活蛋白

植物激活蛋白是由中国农业科学院植物保护研究所邱德文研究员等与北京同昕绿源生物科技有限公司共同研制完成。植物激活蛋白是从微生物中分离提取的一种热稳定蛋白。它能启动植物体内一系列代谢反应，激活植物自身免疫系统和生长系统，从而增强植物抵御病虫害的侵袭和不良环境的能力，具有防治病虫害、抗逆、促进植物生长发育、改善作物品质和提高产量的作用（邱德文，2005）。该产品不属于转基因产品，无毒无残留，是一种对环境友好的绿色环保产品。

3%植物激活蛋白可湿性粉剂对雄性大鼠经口毒性LD_{50}＞5000mg/kg，雌性大鼠经口毒性LD_{50}＞3830mg/kg，对家兔皮肤无刺激作用，属于低毒无刺激制剂。安全使用浓度1000～1500倍液，喷雾、拌种、灌根均可。适用于番茄、辣

椒、西瓜、草莓、棉花、小麦、水稻、烟草、柑橘、油菜等农林作物，对多种病毒病、真菌病和细菌病均有良好的效果。

激活蛋白对植物生长具有如下作用：促进植物根系生长，提高对土壤肥料的利用率；改善果实发育、提高品质；促进花粉受精，提高座果率和结实率；提高叶绿素含量，增强光合作用；改善植物生理代谢作用，增强抗病防虫等抗逆性能。激活蛋白的功能有：① 苗期促根：种子处理或苗床期喷洒，对水稻、小麦、玉米、棉花、烟草、蔬菜、油菜等作物的幼苗根系有明显的促生长作用（徐锋等，2006），表现为根深叶茂，苗棵茁壮；② 营养期促生长：提高叶片的叶绿素含量、增强光合作用，作物表现为叶色加深、叶面积增大、叶片肥厚、生长整齐，增加产量；③ 生殖期促结实：能提高花粉受精率，从而提高座果率和结实率，对授粉率低的植株效果尤为明显，作物成熟期表现为粒数和粒重增加，瓜果类表现为果型均匀，品质提高；④ 防病抗虫：调节植物体内的新陈代谢，激活植物自身的防御系统，从而达到防病抗虫的目的（黄志农，2007）。

五、芽孢杆菌疫苗——增产菌

增产菌是中国农业大学陈延熙教授等根据植物微生态学的原理（Andreote et al.,2004）研制而成的植物微生态制剂。该制剂是从植物体分离得到的一些有益微生物的统称，也叫益微，具有适应性广、亲和性强、安全性高等特点。增产菌属植物微生态制剂，具有独立的使用原则，掌握这些原则是发挥制剂效能、保证增产的关键（Andreote et al.,2006）。

增产菌使用方法：① 增产菌品种选择，不同作物应使用不同的增产菌，目前大面积示范推广应用的增产菌有：广谱增产菌，也叫经济作物益微，适用于多种双子叶作物，如棉花、油菜、花生、大豆、西瓜、烟草、茶叶、果树、蔬菜、中草药及花卉等；稻麦增产菌，也叫粮食作物益微，专门用于水稻、小麦、玉米、谷子、高粱等单子叶作物；还有特定作物应用的甜菜增产菌、大豆增产菌、西瓜增产菌、甘蔗增产菌以及苹果防病增产菌等，其剂型分为可湿性粉剂、固体和液体等。② 拌种，包括种芽、块根、块茎，由于各种作物的播种量差异很大，增产菌的用量也有差别，拌种处理以催芽露白后进行效果最佳；播种量在每亩10kg以下的，每亩用增产菌粉剂10～20g，或固体50～100g，或液体100～200ml，拌块根、块茎一般不加大用菌量，播前将其切开，立即拌菌，由于切口营养丰富，增产菌会很快定居繁殖起来。③ 浸蘸根苗，对不带土移栽的秧苗，移栽前每亩用增产菌粉剂10～20g，或固体50～100g，或液体50～100ml，加水15kg溶解稀释成菌液，然后将沥水的秧苗或秧根均匀地蘸上菌液，稍晾一下即可栽植，如果延长蘸秧苗或蘸秧根时间，还可以产生增效作用。④ 叶面喷雾，最好从拌种开始使用，若进行叶面喷雾，原则上要早一些。育苗作物要在出圃前喷1次；移栽作物要在定植成活后喷1次，多次使用时，可每间隔10～15天喷1次；分期采收和采摘的作物，在叶片初展期、新根伸长期喷第1次，以后每采收1次喷1次；针对某种病害使用增产菌时，可在发病前进行喷雾；果树使用增产菌，可在萌发前到采收前进行多次喷雾。

为了保持增产菌在植物体上的菌群优势，可间隔10～15天喷1次。粮食作物在拌种的基础上，一般喷雾1～2次，经济作物喷雾3～5次。为了减少紫外线对增产菌的杀伤，喷雾时间应避开中午强烈阳光，以下午晚些时间喷雾为宜，这样还能使增产菌利用喷雾时的小水滴和晚间植物凝结的小露滴迅速定植繁衍。如果喷后3h内遇雨，需补喷1次。

六、壳聚糖、壳寡糖疫苗

壳寡糖（chitosan oligosaccharide）疫苗由中国科学院大连化学物理研究所杜煜光研究员等研制而成。壳寡糖也称几丁寡糖，学名为β-1,4-寡聚-葡萄糖胺，是以壳聚糖为原料，经生物技术降解而成的水溶性好、作用效果好、生物活性高的低分子质量产品。

壳寡糖是能够有效提高水果和蔬菜产量，防治病虫害、增殖土壤和生物菌肥的有益菌，被誉为不是农药的农药，不是化肥的化肥（Albersheim and Darvill, 1985）。壳寡糖能刺激植物的免疫系统，激活防御反应，调控植物产生抗菌物质，诱导植物抵抗根腐病、黑星病等病害，保证植物丰产丰收；还可促进土壤中自生的固氮菌、乳酸菌、纤维分解菌、放线菌等有益菌的增加；通过拌种、浸种、包衣等方法处理种子，可增强种子发芽势，使种子早出苗、出全苗、出壮苗。大田实验证明，壳寡糖可使果蔬、粮食作物等增产10%～30%，提高产品品质，而且具有良好的抗病虫效果（赵小明，2004）。壳寡糖具有安全、微量、高效、成本低等优势，可以应用于粮食和蔬菜的种子处理，也可用于土壤改良，抑制土壤中病原菌的生长，改善土壤的团粒结构和微生物区系，还可用于饲料添加剂等等。

壳聚糖、壳寡糖的优点：①可使土壤中有益微生物增加，抑制有害菌；②抑制根结线虫，改善土壤连作障碍；③使土壤形成团粒化，改善土壤通气性、排水性和保肥力，促进根系发育，增强根系的营养吸收能力；④活化植物的几丁聚糖酵素（chitimase）的活性，诱导植物抗毒素（phytoalexin）的产生，提高作物抗病能力，减少农药使用量；⑤增加果蔬产品钙含量，以增加作物脆度，减少苦味，改善口感；⑥增进植物对微量元素的吸收能力，增加作物糖度，提早收获，提升品质，延长保鲜期。

七、木霉菌生防制剂

木霉菌可分泌一系列与诱导抗性有关的代谢物，如蛋白、肽类、寡糖和抗生素等，其中很多种类已证明具有激发植物系统抗性的功能，而宿主植物恰好能够识别这些激发类物质（Chen et al.,2005）。木霉菌除了已明确的重寄生、竞争、抗性作用生防机理外，还发现具有以下功能：①可与植物形成共生体（symbiont），在植物器官表面定殖；②在互作区产生生物活性分子，诱导植物发生局部系统抗病性；③促进作物营养吸收；④促进作物生长和提高产量（Harman et al.,2004）。木霉菌（*Trichoderma* spp.）及其分泌的具有疫苗功能的蛋白处理植物根系可诱导叶片对病害的系统抗性，茉莉酸/乙烯（JA/ET）是木霉菌介导的系统抗性的主要信号分子。PR-1、PR-3、PR-5 等病程相关蛋白是木霉菌诱导植物产生的与系统抗性密切相关的防御反应功能蛋白。目前在国际上已有 50 多种木霉菌的不同剂型作为生物农药或生物肥料进行了登记。

八、脱落酸

脱落酸能提高植物对逆境的调节和适应能力，促进种子发芽、幼苗生长、提高作物产量和品质。脱落酸还是一个重要的化学信号分子，能诱导、启动植物 150 多种抗逆基因的表达，约占植物基因总数的 0.5%。能提高水稻促分裂原活化蛋白激酶（mitogen-activated protein kinase，MAPK）的活性，该酶的高表达能增强植株对非生物逆境如干旱、高盐、低温的耐受力。在土壤干旱胁迫下，ABA 诱导叶片细胞质膜上的信号转导，导致叶片气孔不均匀关闭，减少水分蒸腾散失，提高植物抗旱能力。在盐渍胁迫下，ABA 诱导植物增强细胞膜渗透调节能力，降低每克干物质 Na^+ 含量，提高 PEP 羧化酶活性，增强植株的耐盐能力（李宗霆和周燮，1996；龚明等，1990）。

水稻用 0.1～1.0μg/ml ABA 浸种，可提高秧苗的抗寒、抗旱性和抗病性，提高稻米品质。在四川、安徽、海南、湖北、湖南、河南等地近 1000 万亩稻田进行水稻种子处理，抗逆、增产和提高稻米品质效果明显。叶面喷施 0.5～5.0μg/ml ABA，能有效提高蔬菜、烟草、花卉、棉花、水稻等多种农作物的抗旱、抗病能力，尤其是对枯萎病、灰霉病、根腐病及疫病的防御效果特别显著，可大幅减少化学农药的施用量。

九、无致病力菌株疫苗——鄂鲁冷特

利用青枯雷尔氏菌转无致病力菌株生产出免疫抗病接种剂——鄂鲁冷特（刘波等，2004）。番茄盆栽苗接种鄂鲁冷特后 3 天，再接种强致病力菌株，对照采用未接种鄂鲁冷特的组培苗，同时接种强致病力菌株，7 天后，前者发病率为 0，后者发病率为100%，表明鄂鲁冷特具有很好的免疫抗病效果。用鄂鲁冷特100倍液浸种番茄，以清水为对照，将番茄种子在苗床育苗后田间移栽，25天后处理组苗期青枯病发病率低于3%，对照组发病率高于38%，说明鄂鲁冷特对番茄苗期青枯病有较好的控制能力。用鄂鲁冷特300倍液对茄子幼苗进行灌根处理，茄子结实期发病率低于8%，不使用免疫接种剂发病率高于47%，防治效果达83%。研究表明，适宜接种浓度为10^2～10^9，适宜接种温度为22～30℃以上，最佳接种方法为灌根和剪叶法。

（邱德文　袁京京）

参考文献

龚明，丁念城，刘友良. 1990. ABA对大麦和小麦抗盐性的效应. 植物生理学通讯，1990（3）：14～18

郭麟瑞，张秀华，覃秉益等. 1986. 植物病毒卫星RNA生防制剂CMV—S52防治番茄病毒病. 植物病理学报，16（4）：235～237

黄志农，于耀平. 2007. 新型生物农药—植物激活蛋白的应用效果研究. 湖南农业科学，3：121～123，124

雷新云，李怀方，裘维蕃. 1987. 植物诱导抗性对病毒侵染的作用及诱导物质NS-83机制的探讨. 中国农业科学，20（4）：1～6

李宗霆，周燮. 1996. 植物激素及其免疫检测技术. 南京. 江苏科学技术出版社. 158～203

刘波，林营志，朱育菁等. 2004. 生防菌对青枯雷尔氏菌的致弱特性. 农业生物技术学报，12（3）：322～329

邱德文. 2005. 植物激活蛋白对烟草抗病促生和品质的影响. 中国烟草学报，11（6）：33～36

宋益民，高宇人，顾春燕等. 2000. 康壮素在油菜上的应用效果. 安徽农业科学，28（4）：484～485

孙凤成，雷新云. 1995. 耐病毒诱导剂88—D诱导珊西烟产生PR蛋白及对TMV侵染的抗性. 植物病理学报，25（4）：345～349

王正刚，高正良，周本国等. 1998. 康壮素（HarPinZa）对烟草生长发育及抗病能力的影响. 安徽农业科学，2：162～163

吴永汉，叶利勇，吴日锋. 2002. 康壮素在高山稻田盘菜上的应用效果. 上海蔬菜，（2）：30～31

徐锋，杨勇，谢馥交等. 2006. 稻瘟菌激活蛋白对植物生长及其生理活性的影响. 华北农学报，21（5）：1～5

赵小明，杜昱光，白雪芳. 2004. 氨基寡糖素诱导作物抗病毒病药效试验. 中国农学通报，20（4）：245～247

Albersheim P，Darvill AG. 1985. Oligosaccharins：novel molecules that can regulate growth，development，reproduction，and defense against disease in plant. Sci Am，253（3）：58～64

Andreote FD，Gullo MJ，de Souza Lima AO，et al. 2004. Impact of genetically modified *Enterobacter cloacae* on indigenous endophytic community of *Citrus sinensis* seedlings. J Microbiol，42：169～173

Andreote FD，Lacava PT，Gai CS，et al. 2006. Model plants for studying the interaction between *Methylobacterium mesophilicum* and *Xylella fastidiosa*. Can J Microbiol，52：419～426

Chen J，Harman GE，Comis A. 2005. Proteomics related to the biocontrol of *Pythium damping* off in maize with *Trichoderma harzianum*. Journal of integrative plant biology，47 (8)：988～997

Harman GE，Howell CR，Viterbo A，et al. 2004. Trichoderma species-oppotunistic，avirulent plant symbionts. Nat Rev Microbio，12：43～46